U0474131

数物驱动热流场数智仿真理论与算法

何　勇　彭江舟　吴威涛　华　越　著

科学出版社

北　京

内 容 简 介

传热流动系统的设计优化对系统性能和能效的提升具有关键意义。然而，随着系统结构的复杂化，基于传统数值计算方法的性能评估面临着计算资源要求高和计算时间长的挑战，已难以满足工业生产中快速设计优化的需求。因此，本书以提高传热流动模式预测的准确性和高效性为目标，总结了作者和科研团队近年来利用深度学习和大数据理论开展传热流动预测研究的成果。这些研究成果为传热流动系统的快速优化设计提供了重要支撑，具有重要的工程意义。

本书可供航空宇航科学与技术、动力工程、智能科学与技术等领域的科研人员和工程技术人员参考。

图书在版编目（CIP）数据

数物驱动热流场数智仿真理论与算法 / 何勇等著. -- 北京 : 科学出版社, 2025. 5. --ISBN 978-7-03-080357-3

Ⅰ. O414.1

中国国家版本馆 CIP 数据核字第 20247N63B3 号

责任编辑：王　哲 / 责任校对：胡小洁

责任印制：赵　博 / 封面设计：蓝正设计

科学出版社 出版

北京东黄城根北街 16 号

邮政编码：100717

http://www.sciencep.com

北京中科印刷有限公司印刷

科学出版社发行　各地新华书店经销

*

2025 年 5 月第　一　版　开本：720×1000　1/16

2025 年10月第二次印刷　印张：16

字数：320 000

定价：198.00 元

（如有印装质量问题，我社负责调换）

前　言

在现代工业与工程应用中，高效且准确地计算传热与流体流动现象，已成为多领域技术突破的关键需求。以航空航天、能源工程、智能制造等国家高精尖科学领域的研究为例，传热与流动的精准模拟与高效预测对于相关设备的设计优化、资源的高效利用，以及安全性评估具有重要意义。在这些领域，复杂物理场景的数学建模和大规模计算中高计算成本与时间消耗的平衡是长久存在的挑战，有必要为传热流动分析提供更加高效的仿真计算方法和技术。针对这一需求，面向计算传热与流体力学的深度学习与神经网络技术成为流场降阶分析、流动特征识别及快速预测的新型工具。凭借深度学习神经网络的高效数据处理能力与大规模非线性问题求解优势，其能够在复杂多变的工况下实现快速、准确的建模预测，为高精度和高实时性要求的工程问题提供了崭新的解决方案。

本书针对基于数值仿真的传热流动系统设计优化过程中的计算资源要求高和计算时间长的挑战，以深度学习技术为手段，构建超快速高精度传热流动系统性能评估降阶模型。提出具有几何自适应的传热流动降阶预测模型，实现任意几何形状的稳态物理场的快速预测，应用于传热流动系统的布局设计及优化。并通过融合迁移学习和注意力机制对降阶模型的学习和预测性能进行了增强。针对传统卷积神经网络难以处理非均匀结构化或非结构化网格数据的问题，构建基于图神经网络的网格自适应降阶模型，并通过有效融入物理信息，赋予降阶模型对传热流动机理的物理层面理解。结合循环神经网络和图卷积神经网络，实现传热流动系统的瞬态流动预测。

第 1 章主要概述传热流动高效预测的相关现状与挑战，包括传统流场降阶与基于智能算法降阶的预测模型研究进展，从数据驱动和物理驱动两个方面阐述了降阶预测模型的研究进展并分析了现有工作中的不足，介绍了深度学习算法在流场稀疏重构中的研究进展。

第 2 章主要介绍本书涉及的基础理论，包括基于数值计算模型的流场模拟方法和控制方程的计算原理。这些基础理论从本质上为后续工作中的模型搭建和结果分析提供了有力支撑。

第 3 章提出一种基于卷积神经网络的特征自适应传热流动预测模型，介绍了深度学习模型在稳态、瞬态传热流动问题上的构建方法，以及自适应预测多种雷诺数、攻角、几何形状等工况变化的训练方法，详细介绍了深度学习技术在这类问题上的算法框架和数据集构建的方法。

第 4 章提出一种基于迁移学习方法的传热流动预测模型增强技术，介绍了基于卷积神经网络传热流动预测的迁移学习策略、基于迁移学习策略的数据处理流程以及相应传热流动预测模型的构建流程。

第 5 章提出一种利用自注意力网络(Transformer)架构强化卷积神经网络的方法，介绍了 Transformer 模型的基本概念和不同种类的工作原理、混合自注意力机制嵌入卷积神经网络的基本理念，以及基于 UNet 神经网络的 Transformer 传热流动预测模型构建流程。

第 6 章提出一种基于图卷积神经网络的网格自适应传热流动预测模型，介绍了从网格角度自适应几何构型变化的方法、原始离散数据集的节点位置与特征映射至图结构数据的预处理方法、图卷积神经网络传热流动预测模型的构建流程，并对比分析了图卷积模型和传统卷积神经网络模型在传热流动问题上的预测准确性。

第 7 章提出一种融合控制方程的物理神经网络传热流动预测方法，主要针对纯数据驱动模型在学习传热流动数据中缺乏物理约束、模型可解释性差的问题，搭建基于图卷积结构的物理神经网络降阶模型，用于几何自适应的流场预测。

第 8 章提出一种循环神经网络的瞬态流动预测方法，介绍了循环神经网络工作原理、门控循环单元网络工作原理。针对非欧几里得结构下的瞬态传热流动问题，介绍了联合循环神经网络和图卷积神经网络的传热流动预测模型结构搭建与建模机理。

第 3～8 章都有基于相关预测模型开展传热流动典型案例的验证分析。

本书采用多种先进深度学习技术，通过降阶建模实现传热流动预测，在确保性能评估精度的同时，大幅缩短评估时间，满足工业生产中传热流动系统的高效设计优化需求。在介绍深度学习和传热流动理论知识的基础上，本书运用多种深度学习技术进行传热流动力学问题的降阶建模，并通过太阳能集热器、环形换热管、圆柱绕流等多种案例对模型的适用性和性能进行了评估。

本书由南京理工大学何勇教授撰写。在撰写过程中，彭江舟、吴威涛、华越、王祉乔、余长浩、谢浩然等人做了大量辅助工作，在此，一并表示衷心的感谢。在本书的撰写过程中，参考了大量的国内外文献，在此也向相关的作者表示感谢。

在飞速发展的深度学习领域，用于建模分析基础动力学问题的算法颇多，且在不断地迭代更新，书中难免存在不足之处，敬请读者批评指正。

目　录

前言

第 1 章　绪论 …… 1

1.1　传热流动降阶模型的研究背景和意义 …… 1

1.2　深度学习 …… 3

1.2.1　简介 …… 3

1.2.2　研究现状 …… 3

1.3　传热流动降阶模型国内外研究现状 …… 6

1.3.1　传统传热流动降阶模型 …… 6

1.3.2　基于人工智能算法的传热流动降阶模型 …… 9

1.4　本章小结 …… 14

参考文献 …… 14

第 2 章　基础理论 …… 21

2.1　传热流动的基础理论 …… 21

2.1.1　数值计算基础 …… 21

2.1.2　传热流动物理模型 …… 26

2.2　深度学习的基础理论 …… 28

2.2.1　深度学习模型和技术 …… 28

2.2.2　数据集预处理 …… 39

2.2.3　深度学习优化算法 …… 41

2.2.4　深度学习模型评价准则 …… 42

2.3　本章小结 …… 43

参考文献 …… 43

第 3 章　基于卷积神经网络的特征自适应传热流动预测模型 …… 45

3.1　引言 …… 45

3.2　特征自适应模型的背景与挑战 …… 45

3.2.1　研究特征自适应模型的必要性 …… 45

3.2.2　特征自适应模型的关键要素 …… 46

3.3　案例分析 1——基于卷积神经网络的几何自适应稳态传热降阶建模 …… 47

3.3.1 案例说明 ······ 47
3.3.2 训练数据集的生成和预处理 ······ 48
3.3.3 降阶模型的构建与训练 ······ 51
3.3.4 预测结果与分析 ······ 53
3.3.5 降阶模型超参数分析 ······ 61
3.4 案例分析 2——基于卷积神经网络的特征自适应瞬态流场降阶建模 ······ 64
3.4.1 案例说明 ······ 64
3.4.2 训练数据集的生成和预处理 ······ 65
3.4.3 降阶模型的构建与训练 ······ 69
3.4.4 预测结果与分析 ······ 70
3.4.5 全连接网络与卷积网络构建降阶模型对比 ······ 80
3.5 本章小结 ······ 82
参考文献 ······ 83
第 4 章 迁移方法对卷积神经网络的新任务学习和预测性能增强 ······ 84
4.1 引言 ······ 84
4.2 常见迁移学习及应用 ······ 85
4.2.1 常见的迁移学习 ······ 85
4.2.2 迁移学习的应用 ······ 88
4.3 案例分析——迁移学习增强的卷积神经网络多芯片模块传热降阶建模 ······ 88
4.3.1 案例说明 ······ 88
4.3.2 训练数据集的生成和预处理 ······ 89
4.3.3 降阶模型的构建与训练 ······ 90
4.3.4 预测结果与分析 ······ 92
4.3.5 迁移学习与传统卷积神经网络的性能对比 ······ 95
4.4 本章小结 ······ 99
参考文献 ······ 99
第 5 章 Transformer 架构对卷积神经网络的学习和预测性能增强 ······ 101
5.1 引言 ······ 101
5.2 常见 Transformer 架构及应用 ······ 101
5.2.1 Transformer 模型 ······ 101
5.2.2 Vision Transformer 模型 ······ 104
5.2.3 Swin Transformer 模型 ······ 104
5.2.4 Transformer 模型的应用 ······ 105

5.3 案例分析——注意力机制增强的卷积神经网络翅片太阳能集热管传热降阶建模 …… 106
5.3.1 案例说明 …… 106
5.3.2 训练数据集的生成和预处理 …… 106
5.3.3 降阶模型的构建与训练 …… 108
5.3.4 预测结果与分析 …… 110
5.3.5 与传统卷积神经网络的性能对比 …… 122
5.4 本章小结 …… 123
参考文献 …… 124
第 6 章 网格自适应的图卷积神经网络传热流动预测模型 …… 126
6.1 引言 …… 126
6.2 常见图神经网络及应用 …… 126
6.2.1 常见的图神经网络 …… 126
6.2.2 图神经网络的应用 …… 129
6.3 图数据的生成 …… 130
6.3.1 图的概念 …… 130
6.3.2 图的存储结构 …… 131
6.3.3 网格数据到图数据的转换 …… 132
6.4 基于图卷积神经网络的网格自适应预测模型构建方法 …… 136
6.4.1 针对几何自适应问题的基于卷积神经网络的预测模型结构设计 …… 136
6.4.2 模型性能评估 …… 138
6.5 案例分析 1——基于图卷积网络的环形热管自然对流降阶建模 …… 139
6.5.1 案例说明 …… 139
6.5.2 训练数据集的生成和预处理 …… 139
6.5.3 预测结果与分析 …… 141
6.5.4 不同降阶模型预测结果比较 …… 144
6.6 案例分析 2——基于图卷积神经网络的通道内流动降阶建模 …… 148
6.6.1 案例说明 …… 148
6.6.2 训练数据集的生成和预处理 …… 149
6.6.3 降阶模型的构建 …… 150
6.6.4 预测结果与分析 …… 151
6.7 本章小结 …… 162
参考文献 …… 162
第 7 章 物理嵌入方法对图卷积神经网络的学习和预测性能增强 …… 164
7.1 引言 …… 164

7.2 基于物理嵌入耦合图卷积神经网络的传热流动预测模型构建方法 …… 164
7.2.1 物理嵌入耦合图卷积神经网络的预测模型结构设计 …… 164
7.2.2 物理信息神经网络 …… 166
7.3 案例分析 1——物理信息增强的图神经网络稳态热传导降阶建模 …… 166
7.3.1 案例说明 …… 166
7.3.2 训练数据与降阶模型构建 …… 167
7.3.3 预测结果与分析 …… 168
7.4 案例分析 2——物理信息增强的图神经网络强迫对流降阶建模 …… 178
7.4.1 案例说明 …… 178
7.4.2 训练数据与降阶模型构建 …… 178
7.4.3 预测结果与分析 …… 180
7.5 案例分析 3——物理信息增强的图神经网络自然对流降阶建模 …… 191
7.5.1 案例说明 …… 191
7.5.2 训练数据与降阶模型构建 …… 191
7.5.3 预测结果与分析 …… 192
7.5.4 对比纯数据驱动降阶模型 …… 205
7.6 本章小结 …… 207
参考文献 …… 208
第 8 章 循环神经网络耦合图卷积神经网络的瞬态流动预测模型 …… 209
8.1 引言 …… 209
8.2 常见循环神经网络及应用 …… 210
8.2.1 RNN 的基本原理 …… 210
8.2.2 RNN 的基本应用 …… 215
8.3 案例分析 1——循环神经网络耦合图卷积网络的圆柱绕流瞬态流动降阶建模 …… 216
8.3.1 案例说明 …… 216
8.3.2 训练数据集的生成和预处理 …… 216
8.3.3 降阶模型的构建 …… 219
8.3.4 预测结果与分析 …… 222
8.3.5 SGCNN 模型性能分析 …… 228
8.4 案例分析 2——循环神经网络耦合图卷积网络的机翼绕流瞬态流动降阶建模 …… 229
8.4.1 案例说明 …… 229

8.4.2　训练数据集的生成和预处理 …… 229
8.4.3　降阶模型的构建 …… 230
8.4.4　预测结果与分析 …… 233
8.5　本章小结 …… 241
参考文献 …… 241

第1章　绪　　论

1.1　传热流动降阶模型的研究背景和意义

传热与流动是流体力学和热物理学中的核心概念，广泛应用于航空航天、能源动力和智能制造等高科技领域。传热现象包括导热、对流和辐射，是能量在物体间通过温度差异传递的基本过程；流动则涉及流体(液体或气体)在外界力作用下的运动规律。这些概念的应用超越单个行业，涉及从大型机械系统的设计和优化到微观尺度的先进技术。例如，航空航天领域的热管理和气动布局优化依赖于对传热和流动的深刻理解，从而提升飞行器的性能和可靠性。在能源动力系统中，传热与流动控制则是提高能量转换效率的关键，推动了从燃气轮机到核反应堆等技术的进步。随着科技的不断发展，传热与流动的研究也将逐渐延伸到智能制造等新兴领域，为未来技术创新提供坚实的物理基础。

在“十四五”规划提出的目标中，我国计划到2030年将太阳能和风能总装机容量提高至12亿千瓦。这个增长目标与我国的碳中和计划密切相关，太阳能和风能不仅是减少煤炭依赖的关键，还将在未来几年显著增加清洁能源发电比例，满足不断增长的电力需求。在此过程中，传热流动的优化设计(例如，太阳能电池板冷却系统的改进、风力发电机组内部气流传导的优化)将显著提升热效率。此外，随着智能制造技术的飞速发展，我国正在推动诸如集成电路、微机电系统(Micro-Electro-Mechanical System，MEMS)以及下一代电子器件等高精尖制造技术。在这些领域中，微尺度的传热和流动研究是关键。例如，在芯片制造和高性能电子设备中，器件的热管理和散热能力直接影响设备性能和使用寿命。在这些小尺度下，传热和流动的规律已明显不同于常规尺度条件下的传热和流动现象，出现了尺度效应，微尺度传热流动研究逐渐成为前沿热点。我国正在大力推动能源转型与绿色发展，进一步深入对传热流动的研究起着至关重要的作用，相关技术的突破将为传统能源装备和新能源设备的更新与发展提供关键保障。

传热与流动现象在许多工业领域是极其复杂的多物理场耦合问题，如温度、压力、速度和能量的相互耦合。由于这些变量彼此之间呈现复杂的非线性相互作用，科研人员使用的数学模型(如 Navier-Stokes 方程、热传递方程等)都包含高维度和非线性特性，模拟这些现象通常会产生高维度的非线性偏微分方程。传统上，科研人员通过全阶数值模型来求解这些问题，比如通过有限元、有限体积或有限差分法，这些方法可以在极高的分辨率下获得模拟结果。然而，传统全阶模型有一个显著的缺点，即计算量巨大。尤其是在复杂的应用场景下，模拟计算可能需要数天甚至数周的时间，极大地限制了其在实时设计优化和工业控制中的应用。随着工程应用对快速反应的需求不断提高，这一局限性变得尤为突出。例如，在航空航天领域，飞行器的设计优化和热防护系统的评估需要快速、精确的传热流动分析，而传统模型的高计算成本让这一过程变得耗时且低效。全阶数值方法越来越难以满足在这些应用中的实时性和适应性。

为了解决这一问题，科研人员提出传热流动降阶模型的概念，这是一种在保留系统关键物理特性的前提下，通过简化全阶数值模型来大幅减少计算复杂度的方法。降阶模型通过分析全阶模型的行为，从中提取出系统中占主导地位的模式。这些模式通常是采用数学方法(如本征正交分解(Proper Orthogonal Decomposition，POD)或动态模态分解(Dynamic Mode Decomposition，DMD))来获取，并通过这些模式的线性组合来近似复杂的传热与流动现象。通过这种方式，降阶模型能够在保证精度的前提下，实现数倍甚至数十倍的计算加速。降阶模型的优势不仅体现在计算效率上，还体现在使实时控制和设计优化成为可能。比如，在智能制造和工业 4.0 的背景下，传热流动的实时监控和控制需求日益增长，降阶模型为实现这一目标提供了技术基础。它能够将传热流动过程的复杂性简化为低维的数学问题，从而可以在短时间内求解出接近全阶模型精度的结果。

传统的传热流动降阶模型在过去的几十年中发挥了重要作用，满足了工程应用中的大部分需求。然而，随着智能制造和工业 4.0 的全面推进，制造业正经历一场深刻的技术变革。智能制造要求生产系统不仅要高效、灵活，还需要具备自我优化和自我适应的能力。在这种背景下，传统降阶模型的局限性也日益显现。传统方法依赖于预设的物理模型，通常在处理大规模数据或高度非线性的复杂系统时，效率和精度受到限制。在面对快速变化的工况或动态非线性行为时，传统方法可能无法捕捉系统中的微妙变化。为了应对这些新挑战，科研人员开始寻求更灵活、更适应复杂工况的解决方案。

在过去的几年中，深度学习技术飞速发展，并在图像识别、自然语言处理、自动驾驶等领域取得了显著成就，展现出了强大的数据处理和模式识别能力。如今，深度学习已成为推动各个行业技术革新的核心动力，许多传统行业通过引入深度学习，极大提高了效率和智能化水平。面对制造业的智能化转型，将深度学习技术引入传热流动研究领域也被越来越多的学者所关注。与传统模型不同，深度学习通过从大规模数据中自主学习复杂系统的非线性行为，不再局限于预设的物理模式。它能够处理海量数据，快速捕捉系统中难以用传统模型描述的动态特性，从而使仿真和优化过程更加灵活高效。随着智能制造的发展，这种基于深度学习的降阶模型不仅能够满足未来工业系统对高效仿真的需求，还为解决复杂的传热流动问题提供了前瞻性技术支持，成为智能化制造中的重要突破。

因此，将深度学习与传热流动降阶模型相结合，不仅是学科交叉发展的必然趋势，也是当前制造业技术变革的需要。这一技术融合将推动传热流动领域进入一个全新的研究阶段，助力智能制造业更高效地应对复杂的工业问题，确保我国制造业在智能化转型中的持续创新与竞争力。

1.2 深度学习

1.2.1 简介

深度学习(Deep Learning，DL)是人工智能(Artificial Intelligence，AI)和机器学习(Machine Learning，ML)的一个重要分支，通过多层神经网络来模拟人脑的认知和学习能力。它通过训练大量数据，逐步提取和学习数据中的高级特征，最终实现复杂的任务，如图像识别[1]、自然语言处理[2]、语音识别[3]等。深度学习的核心是人工神经网络(Artificial Neural Network，ANN)，其中“深度”是指网络中包含的多个层级，每一层都可以视为一种不同级别的抽象。早期的神经网络一般只包含 1～2 层，而深度学习则通常使用多达几十甚至上百层的网络来进行更复杂的任务处理。深度学习的另一个重要特性是自动特征学习能力。传统的机器学习方法依赖于人工设计的特征提取器，而深度学习能够通过多层网络自动从原始数据中提取特征。这种能力极大地减少了人为干预，并提升了模型在复杂数据集上的表现。

近年来，随着计算能力和数据量的爆炸式增长，深度学习得到了广泛应用。尤其是图形处理器(Graphics Processing Unit，GPU)和分布式计算技术的发展，极大地提高了数值和矩阵运算的速度，使得深度学习算法的运行时间得到了显著的缩短。

值得一提的是，深度学习的成功不仅依赖于其复杂的网络结构和强大的计算能力，还与其在大数据环境下的应用密切相关。当前的大数据环境为深度学习提供了丰富的数据源，使其得以从庞大的数据集中提取出复杂而高效的特征，而大数据的海量性、多样性和高维特性也正是深度学习得以展现优势的关键。随着大数据技术的快速发展，深度学习的训练过程不再局限于实验室中的小规模数据集，而是能够借助云计算和分布式计算技术处理全球范围内的数据。这种数据驱动的学习方法使得深度学习在个性化推荐、精准医疗、智能制造等领域得到广泛应用，并在许多任务中超越了传统方法的性能。

1.2.2 研究现状

深度学习的研究已经成为机器学习和人工智能领域的热点之一，尤其是在过去十年中取得了飞跃式的发展。其相关的研究可以从模型架构、优化算法和训练方法等多个方面进行探讨。

(1) 模型架构的不断创新。

深度学习模型架构的不断发展是其研究的核心之一。目前，最常见的深度学习模型包括卷积神经网络(Convolutional Neural Network，CNN)、循环神经网络(Recurrent Neural Network，RNN)、生成对抗网络(Generative Adversarial Network，GAN)和自注意力网络(Transformer)等。CNN 自 2012 年由 AlexNet 提出以来[4]，已经成为图像处理任务中的标配，并衍生出多种变体，如 ResNet、Inception 等，这些模型通过改进网络层次和连接方式，使得深度神经网络的训练更加高效和稳定。在自然语言处理领域，Transformer 模型自 2017 年提出以来[5]，已经逐渐取代了传统的 RNN，成为处理序列数据的首选。基于 Transformer 的 BERT(Encoder Representations from Transformers)、GPT(Generative Pre-trained Transformer)等模型在语义理解、翻译和生成任务中表现卓越，推动了自然语言处理的进步。此外，GAN 也是近年来备受关注的模型之一。GAN 通过生成器和判别器的博弈过程，实现了高质量图像、音频等数据的生成。在图像合成、风格迁移等领域，GAN 取得了令人瞩目的成果，并且在艺术创作、医学影像生成等实际应用中展现出了巨大的潜力。

(2) 优化算法的进展。

深度学习模型的训练需要强大的优化算法来调整网络参数。目前，基于梯度下降的优化算法[6]，如 Adam(Adaptive Moment Estimation)、RMSProp(Root Mean Square Propagation)、AdaGrad(Adaptive Gradient)等，在深度学习的训练中发挥了重要作用。这些算法通过改进学习率调整方式，提升了模型的收敛速度和稳定性。然而，深度学习模型仍然面临过拟合、梯度消失和梯度爆炸等问题，因此如何设计更加高效、稳定的优化算法依然是当前研究的重点。近年来，基于二阶信息的优化方法也开始受到关注。与一阶方法(如随机梯度下降法(Stochastic Gradient Descent，SGD))不同，二阶方法利用了二阶导数信息(即 Hessian 矩阵)来加速收敛。这类方法在处理小规模数据集和深度较浅的模型时，具有更快的收敛速度和更好的局部最优解。然而，由于 Hessian 矩阵的计算复杂度较高，这类方法在大规模深度学习模型中的应用受到限制。为了缓解这一问题，L-BFGS(Limited-Memory Broyden-Fletcher-Goldfarb-Shanno)等近似二阶方法开始在一些场景中得到应用，特别是在计算资源有限的情况下，这类方法的表现尤其出色。

随着深度学习模型规模的不断扩大，单机训练难以满足现代模型的需求。因此，分布式和并行优化算法成了研究热点。基于数据并行和模型并行的优化方法，通过将模型参数和训练数据分布在多个设备上进行计算，能够极大地缩短训练时间。例如，基于梯度平均的分布式随机梯度下降法能够在多机环境下同步参数更新，从而提高大规模模型的训练效率。此外，硬件技术的发展，使基于图形处理器(GPU)、张量处理器(Tensor Processing Unit，TPU)等处理器的并行优化方法逐渐成为主流。通过在多个处理器上同时进行梯度计算并同步更新模型参数，这些优化方法不仅显著减少了训练时间，还提升了大规模数据集的训练效果。

(3) 自监督学习和无监督学习的兴起。

随着标注数据的获取成本不断增加，自监督学习和无监督学习成了深度学习研究中的热门方向[7,8]。自监督学习是一种特殊的半监督学习方法，其基本思想是在大量无标签数据上生成伪标签，通过预训练任务来学习数据的表征。这些预训练任务可以是预测输入数据的一部分，或是通过变换后的数据重建原始数据。自监督学习的一个显著优势是它能够利用大规模的无标签数据进行预训练，然后将预训练的模型迁移到下游任务中进行微调，从而在少量标注数据的情况下依然取得良好的表现。近年来，基于自监督学习的模型在计算机视觉、自然语言处理、语音识别等领域取得了显著成果。

与自监督学习类似，无监督学习的核心在于从无标签数据中学习数据的内在结构和模式。无监督学习通常通过聚类、降维和密度估计等方法，自动发现数据中的潜在规律。近年来，生成模型的发展为无监督学习带来了新的生命力，特别是 GAN 和变分自编码器(Variational Auto-Encoder，VAE)等模型的兴起，为无监督学习开辟了新的应用前景。GAN 的应用包括图像生成、数据增强、风格迁移等领域，并在图像合成、超分辨率图像生成等任务中取得了显著成功。与此同时，VAE 等概率生成模型通过学习数据的潜在分布，能够在无标签的条件下生成新样本或进行数据降维。这些模型在异常检测、数据生成等任务中也显示出强大的潜力。此外，随着对比学习的发展，传统的无监督学习方法得到了进一步的强化。对比学习通过最大化同类数据点的相似性、最小化不同类数据点的差异性，实现了与自监督学习类似的效果。特别是在计算机视觉领域，科研人员通过无监督对比学习获得了比传统方法更优异的特征表示，从而使得无监督学习在性能上接近甚至超过了有监督学习。

深度学习的应用已经覆盖了多个行业和领域，如医疗、自动驾驶、金融、智能制造等。在医疗领域，深度学习被广泛应用于医学影像分析、疾病诊断和药物研发。基于深度学习的医学影像分类模型已经在癌症检测、病灶识别等任务中超过了人类专家的水平。在自动驾驶领域，深度学习模型用于环境感知、路径规划等任务，显著提升了自动驾驶系统的可靠性和安全性。

尽管深度学习在多个领域取得了显著成果，但仍然面临一些挑战。首先，深度学习模型的训练通常需要大量的标注数据和计算资源，这使得其在低资源环境下的应用受到限制。其次，深度学习模型的黑箱性质使得其在某些关键任务中的可解释性不足，这对医疗等高风险领域的应用提出了挑战。此外，随着模型规模的不断增大，如何提高模型的推理速度、降低计算成本也是今后研究的重点方向之一。未来，深度学习的研究将继续朝着提高模型效率、可解释性和适应性等方向发展。尤其是在边缘计算和量子计算技术的支持下，深度学习有望突破现有的计算瓶颈，实现更加广泛的应用。

1.3 传热流动降阶模型国内外研究现状

1.3.1 传统传热流动降阶模型

目前应用于传热流动的降阶模型主要包括两类：第一类是基于输入输出样本的系统辨识方法，该方法通过数学手段，直接建立输入输出数据之间的映射关系。其特点是模型结构简单，且所需数据量小，主要以 NASA 的 Silva 发展的 Volterra 级数模型为代表。第二类是基于特征提取技术的模态分解方法，其本质是寻找一组低维的子空间(即流动模态或相干结构)，将高维度、复杂传热流动表示为这些子空间在低维坐标系上的叠加，从而在低维空间中描述流场演化。各个特征模态分解方法的主要区别在于特征向量的选择和求取方法的不同。典型的方法包括 POD 和 DMD。本节将对这两类降阶模型方法的研究和发展进行介绍。

(1) 基于系统辨识方法的降阶模型。

基于系统辨识方法的降阶模型中，Volterra 级数模型最早由意大利数学家 Volterra 在 1880 年作为 Taylor 级数的推广而提出[9]。作为一种泛函级数，它描述了非线性时不变系统的输入输出关系，可以实现在任意精度上逼近连续函数。但直到 1942 年，人们才首先将 Volterra 级数用于非线性系统分析[10]。其描述是：对于任意输入 $u[n]$，离散非线性系统的响应 $y[n]$ 可以通过多维卷积得到

$$
\begin{cases}
y[n]=h_0+\sum\limits_{k=0}^{n}h_1[n-k]u[k]+ \\
\sum\limits_{k_1=0}^{n}\sum\limits_{k_2=0}^{n}h_2[n-k_1,n-k_2]u[k_1]u[k_2]+\cdots+ \\
\sum\limits_{k_1=0}^{n}\sum\limits_{k_2=0}^{n}\cdots\sum\limits_{k_m}^{n}h_m[n-k_1,n-k_2,\cdots,n-k_m]\cdot u[k_1]u[k_2]\cdots u[k_m]+\cdots
\end{cases}
\tag{1.1}
$$

式中，$n=0, 1, 2,\cdots$ 为离散时间变量，h_0 为定常状态的响应，$h_m[n-k_1,n-k_2,\cdots,n-k_m]$ 为系统的 m 阶 Volterra 核。可以看出，一旦求出所有 Volterra 核，该系统对于任意输入 $u[n]$ 的时间响应就可以立刻得出。虽然式(1.1)中具有无穷级数，但真实物理系统往往只需要前几阶核就可以较准确描述非线性系统的主要动态特性。特别是对于弱非线性系统，只需要用到二阶核甚至是一阶核即可。然而，由

于 Volterra 核的辨识存在较大困难，其在实际非线性物理系统包括传热流动建模中的应用进展仍然十分缓慢。为了获得在连续或离散系统的时域和频域实用性更强的 Volterra 辨识方法，Stalford 等人[11]提出了一种从已知非线性函数中求取 Volterra 核的解析方法，并通过建立非线性气动力的 Volterra 模型来模拟机翼-颤振简化模型的极限环现象。Tromp 等人[12]应用 CFD(Computational Fluid Dynamics)方法计算阶跃响应辨识了俯仰-颤振翼型的一阶 Volterra 核。Rodrigues[13]应用离散 Volterra 核实现了气动力状态变换，并用于气动弹性分析。

传热流动 Volterra 降阶模型在 1993 年取得了突破性进展，为了考虑系统高频响应，Silva[14]提出了离散气动力脉冲响应的概念，发展了基于 CFD 模型求取 Volterra 核的辨识方法，并成功用于亚声速和跨声速直机翼气动分析。接着 Silva 等人[15,16]以 NASA 的 RSM(Rigid Semispan Model)和 BSCW(Benchmark Supercritical Wing)两个风洞模型实验数据为例，表明 Volterra 降阶模型也可以不依赖 CFD 求解器而仅通过实验数据得到脉冲响应来建立，大大丰富了 Volterra 降阶模型的构建手段。伴随降阶建模方法的研究，Volterra 降阶模型的应用研究也越来越多，被广泛应用于各种翼型、机翼和全机气动弹性及气动伺服弹性分析。

目前，围绕 Volterra 降阶建模效率以及非线性描述能力进一步提升的研究仍在继续。针对以往脉冲响应或阶跃响应一次只能辨识一个结构模态运动下的 Volterra 核，Silva 等人[17,18]提出了多输入多输出的 Volterra 核辨识方法，只需运行一次 CFD 求解器便能求出全部模态的 Volterra 核，极大提高了需要考虑十几阶或更多阶结构模态复杂飞行器的降阶建模效率。国内在 Volterra 降阶模型方面的研究也取得了一定进展。例如，陈刚和徐敏等人[19-21]系统研究了基于 CFD/CSD (Computational Storage Drives)耦合求解器的 Volterra 降阶建模方法，发展了基于 Volterra 降阶模型的气动弹性主动控制律设计方法，并将其应用于翼型、机翼和全机气动弹性主动控制律设计[22,23]，取得了较好的效果。

(2) 基于特征提取技术的模态分解方法的降阶模型。

基于特征提取技术的模态分解方法以 POD 和 DMD 两种为主。其中，POD 是一种源于矢量数据统计分析的方法，从本质上来说，其采用最小二乘法求解系统最优有序正交基，然后通过截断这个最优基获得原系统的降阶模型。根据该原理，传热流动系统可以表示为

$$u(x,t_i)=\sum_{n=1}^{N}\xi_n(t_i)\psi_n(x) \tag{1.2}$$

式中，$u(x,t_i)$ 为流场中各个网格点流场特征数据，$\psi_n(x)\big|_{n=1}^{N}$ 为 POD 基向量，$\xi_n(t_i)$ 表示在 t_i 时刻，第 n 个 POD 基向量的模态系数。早期的 POD 由 Hall 和 Dowellt 等人[24-27]提出，其思想是利用流场特征结构模态建立降阶模型，并基于势流方程

和欧拉方程通过求解矩阵特征值发展了特征模态降阶建模方法。尽管该方法在分析三维问题时会遇到求解大型矩阵特征值的困难，但却为基于流场特征结构降阶模型的构建方法指明了一条道路。在此后的研究中，科研人员主要围绕如何提高寻求流场特征模态和提高 POD 降阶建模效率展开。1996 年，Romanowski[28]将 K-L(Karhunen-Loeve)变换引入传热流动降阶模型的构建。该模型基于时域欧拉方程，以 NACA 0012 翼型为例，利用 K-L 变换寻找经验模态作为流场特征结构，第一次将 POD 方法用于气动弹性降阶建模，获得了极大的成功。而为了进一步提高降阶模型的构建效率，Kim[29]提出了频域 K-L 变换方法，极大提高了 POD 基的求解效率。之后 Thomas 等人[30]将该方法推广到三维跨音速流场建模中，并以 AGARD 445.6 机翼为例展示了 POD 降阶模型的良好性能。近几年，国内学者在 POD 降阶建模上的研究成果非常显著，其中，陈刚等人[31]将平衡截断方法应用于传统时域 POD 降阶模型，使得时域 POD 降阶模型取得了和频域 POD 降阶模型相近的性能，并提出了基于 POD 降阶模型的气动弹性主动控制律设计方法。杨超等人[32]提出的 POD-Observer 方法，通过混合建模方法建立叶片气动力降阶模型，实现了叶片气动力预测。此外，在不可压缩流动和传热问题的快速计算[33-37]、翼型设计优化等降阶模型构建中[38-41]，POD 作为代理模型都取得了较好的结果。

DMD 作为另一种基于特征提取方法的降阶模型，通过从非定常实验测量或数值模拟流场中提取动力学信息，同样能够用于分析复杂非定常流动的主要特征，或建立低阶的流场动力学模型，该方法最早由 Schmid 提出[42]。在 DMD 分析中，首先需要对传热流动时间序列进行处理。通过试验或数值仿真得到的 N 个时刻快照，可以写成 1～N 时刻的快照序列形式，即$\{\boldsymbol{x}_1, \boldsymbol{x}_2, \cdots, \boldsymbol{x}_N\}$，其中第 i 个时刻的快照表示为列向量 $\boldsymbol{x}_i$，且任意两个快照之间的时间间隔均为 Δt。假设流场 $\boldsymbol{x}_{i+1}$ 可以通过流场 $\boldsymbol{x}_i$ 的现象映射表示

$$\boldsymbol{x}_{i+1} = \boldsymbol{A}\boldsymbol{x}_i \tag{1.3}$$

式中，$\boldsymbol{A}$ 为高维流场的系统矩阵。由于 $\boldsymbol{A}$ 的维度很高，需要通过降阶的方法从数据序列中计算出 $\boldsymbol{A}$。利用 1～N 时刻的流场快照，可构建两个快照矩阵 $\boldsymbol{X} = [\boldsymbol{x}_1, \boldsymbol{x}_2, \cdots, \boldsymbol{x}_{N-1}]$和 $\boldsymbol{Y} = [\boldsymbol{x}_2, \boldsymbol{x}_3, \cdots, \boldsymbol{x}_N]$。结合公式的假定，可知

$$\boldsymbol{Y} = \left[\boldsymbol{x}_2, \boldsymbol{x}_3, \cdots, \boldsymbol{x}_N\right] = \left[\boldsymbol{A}\boldsymbol{x}_1, \boldsymbol{A}\boldsymbol{x}_2, \cdots, \boldsymbol{A}\boldsymbol{x}_{N-1}\right] = \boldsymbol{A}\boldsymbol{X} \tag{1.4}$$

DMD 的目的是通过对上述快照矩阵进行数学变换，提取出主导特征值及主要模态。2012 年，Chen 等人[43]证明了在一定条件下，DMD 模态的展开是唯一的，并开发了一种优化 DMD，可根据一组数据分解得到任意数量的模态，在计算物理相关方面具有更高的性能。随后，Wynn 等人[44]提出了一种求解描述流体流动演化的线性模型的新方法，称为最优模式分解(Optimized Mode Decomposition，OMD)。该方法将高维系统投影到一个自定义的固定子空间上，近似线性表示该

系统的动力学特征。采用迭代法求解线性模型与子空间的最优组合，使系统的残差最小。此外，OMD 提供了一个近似的 Koopman 模式和基本系统的特征值。通过合成波形与实验数据验证了 OMD 比 DMD 具有更低的残余误差，能有效捕捉非定常的系统动力学特征。为将该方法推广到非线性流动中，Rowley 等人[45]讨论了 DMD 与 Koopman 模态分解之间的关系，并提出 DMD 模态是 Koopman 模态的一种数值近似方法。通过描述非线性动力学系统的无穷维、线性 Koopman 算子，DMD 可以描述非线性流动中观测量(如速度、压强、密度等)随时间的演化历程。在国内的相关研究中，刘鹏寅等人[46]采用 DMD 方法对风力机翼型的非定常流场进行模态分解与分析，发现 DMD 各阶模态能描述流场的主要流动特征，且主要集中在近尾迹区域；采用前 4 阶模态重构的流场能反映不同时刻流场特征；特定阶 DMD 模态重构的流场可直观描述尾迹区域内两个方向相反的涡相继脱落并向下游传播的非定常流动特征。2019 年，Liu 等人[47]采用 DMD 与 POD 对 ALE 15 水翼空化流场的相干结构进行了分析，发现 POD 能有效分析高能流场中的主要结构，DMD 也能准确提取频率特性，且与 POD 相比，DMD 能更有效地将复杂流场分解为具有特定含义的模态与对应特征值的非耦合相干结构。2021 年，Zhou 等人[48]采用高阶 DMD 研究了不同展弦比的建筑的风压。通过与 POD 的比较，发现由于高阶 DMD 直接重建压力场，而 POD 主要重建能量场，所以以使重建压力场均方根误差最小为原则时，高阶 DMD 将优于 POD 的降阶表现。

然而，这些传统的降阶方法存在一些固有问题。例如在 POD 中，其模态是特征值问题的一系列正交基，与任何真实的流场结构没有直接的联系，且 POD 模态往往将时空域的频率特征混合在一起，不能解析特征流场状态之间的转换关系。另外，在高雷诺数湍流中，POD 难以采用较少的模态解析流场特征。而对于 DMD，因其基于对控制方程线性化的假设，DMD 对解析强非线性动力系统的鲁棒性较差甚至无法准确捕获系统的动力学特征。同时，DMD 需要高质量、高采样率的时间序列数据来进行分析，这导致噪声或低采样率的数据对 DMD 的分析影响较大。此外，DMD 基于有限的时间窗口内的数据进行分析，因此不能捕捉系统的长期行为，尤其是当系统的行为在不同时间尺度上变化时。

1.3.2　基于人工智能算法的传热流动降阶模型

近年来，基于神经网络的人工智能模型应用在高度非线性动态问题的范畴中展现出了巨大潜力。其在传热流动的跨学科应用中，为解决复杂流动问题和提高数值计算的效率提供了有效解决方案[49]。人工智能模型通过对传热流动领域长久以来积累的大量数据(包括模拟数据和实验数据)进行分析和学习，以提取数据中关键特征和模态的方式实现对原系统的降阶分析，可以有效理解和建模复杂传热流动行为。利用神经网络构建的降阶模型(Reduced Order Model，ROM)，其降阶往往是指通过神经网络学习到低维表示或者特征，从而减少原始高维流场的复杂性。这种基于人工智能的降阶模型与传统降阶模型或降阶算法之间的主要区别在于：AI-ROM 不涉及线性化假设，而是通过数据驱动的方式直接建立输入和目标系统输出之间的非线性关系。依赖其强大的非线性映射和特征提取能力，AI-ROM 可以以任意精度近似一个有界连续的函数。AI-ROM 的这种根据现有数据近似流动系统的过程称为模型训练，是使智能降阶模型掌握流体系统流动现象和潜在物理规律的关键。模型训练根据约束方式的不同可以分为数据驱动训练[50-52]和物理驱动训练[53-55]，下面将从这两种训练的角度详细探讨 AI-ROM 在传热流动领域的研究进展。

(1) 数据驱动的传热流动降阶模型。

数据驱动的神经网络模型是指通过大量的数据来训练和调整神经网络参数的方法。这种方法的基本思想是通过提供足够多的输入数据和相应的输出标签，使神经网络能够自动地学习输入数据中的模式和特征，从而完成对特定任务的学习。由于数据驱动的方式不依赖先验假设或专家知识，能够灵活地适应复杂、非线性问题，其在工程优化、智能控制和预测建模等领域具有广泛的应用前景。

在传热流动领域的相关研究中，大多数人工智能算法是以非侵入式[56,57]的数据驱动方法构建降阶模型。非侵入式降阶模型基于降阶信息数据库，通过插值或回归来预测全新参数值的降阶系数。其相比于侵入式模型依赖于原控制方程从而导致实现困难的缺点，非侵入式方法在降阶模型构建过程中与原控制方程完全解耦，更容易实现和改进。非侵入式机器学习用于构建降阶模型的方式主要有两种：一种是结合传统特征提取技术和神经网络的降阶建模方法。近年来，科研人员已经开展了大量工作应用该技术来预测高维复杂流体动力系统。例如，San 等人[58]提出了一种使用单层前馈神经网络来解释截断 POD 模式影响的方法。他们将经典数值分析技术与神经网络强大的非线性拟合能力相结合，构建了全新的非线性动力系统的降阶识别模型。Fresca 等人[59]结合机器学习算法和 POD 方法构建了高效的降阶模型，并在多种时间相关参数化偏微分方程上进行了测试，包括线性平流扩散反应、非线性扩散反应、非线性弹性动力学和 Navier-Stokes 方程，展示了这种方法的通用性及其显著的计算高效性。Miyanawala 等人[60]基于同样的思想，利用 POD 与 CNN 结合的方式对不同模态的时间系数进行预测，发现模型预测精度随着时间步增加具有较好的鲁棒性。在 Wu 等人[61]的研究中，利用 POD 方法生成流场的主要特征模态，随后采用时间卷积神经网络(Temporal Convolutional Network，TCN)对这些特征模态进行建模，由此获得的流场降阶模型对流场数据进行预测，计算时间减少了 3 个数量级，显著地体现了该方法的高效性。这些降阶方法中，流体动力学系统的低维模式仍然由传统方式进行提取，仅在动力学系统的演化中使用机器学习方式预测，这种方式更多地是利用了神经网络的特征分析能力。

事实上，从机器学习角度出发，神经网络本身具有提取流场时空特征的能力，被称为“黑箱”预测模型。而这种方法是通过机器学习算法对整个非线性动力学系统进行降阶建模，包括了特征提取与特征分析。在相关的研究中，Sekar 等人[62]提出的数据驱动降阶模型，通过将深度卷积网络作为编码器、全连接层作为解码器，预测了不同机翼形状上的稳态层流，他们的模型构建了机翼形状、雷诺数和攻角等参数与稳态流场之间准确有效的映射关系。Bhatnagar 等人[63]也开发了用于预测不同机翼形状、攻角和雷诺数下的流动降阶模型，预测流场的均方误差小于10%。Lye 等人[64]利用深度全连接神经网络构建降阶模型，用于构建流体力学中大规模问题的输入参数与可观测结果之间的关系。通过数值实验证明了模型的准确性，同时相比于传统的数值计算，神经网络构建的降阶模型的计算成本低几个数量级。White 等人[65]在全连接网络基础上提出簇网络模型，模型由配对的函数网络和上下文网络组成，通过在一维冲击波算例和二维冲击气泡算例上的测试，证明簇网络在准确性上可与最先进的降阶模型相媲美。Marcato 等人[66]基于全连接神经网络搭建了在多孔介质系统中预测渗透率和过滤速率的降阶模型，研究结果表明，模型对渗透率的预测平均误差低于 2.5%，对过滤速率的预测平均误差低于 5%。以上研究中的降阶模型都涉及了全连接神经网络的概念，尽管这些工作都说明了全连接网络在流场仿真降阶模型构建上的可行性，但全连接网络由于其结构原因无法高效适用于二维和三维问题的建模。困难主要集中在参数共享的限制和缺乏对流场空间信息的考虑：全连接网络中的每个神经元都与上一层的所有神经元相连，这导致每个神经元都有自己独立的权重，使得模型参数量非常庞大。此外，输入全连接网络的数据是数组形式，这使得二维输入数据的空间结构和位置关系没办法有效表达，意味着网络不能充分利用输入数据中的统计特性和局部相关性。

为了提升降阶模型在二维数据中的预测精度，研究人员引入卷积神经网络进一步改进了降阶模型的性能。卷积神经网络作为机器学习神经网络的一个分支，因其善于处理图像任务[67-69]受到大量的关注，进而在医学影像分析[70,71]以及自动驾驶[72,73]等方面做出了巨大的贡献。卷积神经网络利用其核心结构卷积核，通过滑动窗口的方式对输入数据进行卷积操作，提取输入数据的局部特征。在卷积操作后一般会跟随池化操作，用于缩小特征图的空间尺寸，保留输入数据的主要特征并减少冗余信息的影响。卷积神经网络的滑动窗口计算形式使其能够共享节点权重，同一个卷积核可以应用于输入数据的不同位置。这种计算特性减少了训练过程中庞大的参数量，还使得模型能够准确捕获到输入数据中的空间结构和局部相关性，更好地利用流场数据中的空间信息。Murata 等人[74]基于卷积神经网络介绍了一种新的非线性模态分解方法，用于可视化流场的降阶模态，应用低雷诺数下的圆柱体周围流动作为测试案例，证明了提出的模型在流场特征提取中具有巨大的潜力，同时保持了与传统 POD 方法获取模态的可解释关系。Fukami 等人[75,76]用卷积神经网络构建自编码器，提取了二维圆柱绕流以及管道湍流的流场模态。Ribeiro 等人[77]提出了 DeepCFD 模型，其是一种基于卷积神经网络用于高效逼近非均匀稳态层流的解决方案。该模型能预测通道内随机形状绕流体的稳态绕流流动，同时相较于标准 CFD 方法，可以实现高达 3 个数量级的加速。

在国内的相关研究中，Zhang 等人[78]通过卷积神经网络构建了空气动力学预测模型，网络从不同的机翼形状中提取特征，并在多个流动马赫数、雷诺数和攻角等不同流动条件下预测出机翼对应的升力系数，相关结果证明了卷积神经网络模型在几何表示上具有提高预测准确性的优势。Liu 等人[79]基于卷积神经网络建立了激波快速检测模型，网络在提取流场的基础上精确定位激波位置，与 Lovely 等人[80]未使用深度学习技术的工作相比，计算时长显著减少。Zhang 等人[81]基于卷积神经网络的强非线性特征捕捉能力建立瞬态区域检测模型，可以快速识别出分离流等区域。魏晓良等人[82]提出了一种结合卷积神经网络空间特征提取能力与长短期记忆网络(Long Short-Term Memory，LSTM)时间特征提取能力的空化识别方法，使降阶模型对空化区域具有较好的识别能力。这些工作表明基于神经网络的特征识别方法具有较强的非线性识别能力，相较于传统的流场识别方法能够更好地检测潜在流场特征。

(2) 物理驱动的传热流动降阶模型。

数据驱动非侵入式降阶建模方法虽然具有较高的鲁棒性和预测效率，但也存在离线训练成本较高的问题。因为模型需要将大量的高保真数据投影到潜在的特征空间以获得准确的预测性能。而物理驱动降阶模型，如物理信息神经网络(Physics-Informed Neural Network，PINN)，是一种结合了物理知识的机器学习方法，其结合了侵入式和非侵入式方法的建模优点。总体来说，侵入式降阶模型依赖于物理信息，非侵入式降阶模型依赖于数据信息，而 PINN 就是利用物理方程来约束降阶模型寻找子空间的过程。基于 PINN 的思想，降阶模型的训练不仅仅通过最小化模型预测值与数值模拟结果之间的差异来进行，它还将物理方程的残差大小作为限制神经网络的参数更新指标。由于 PINN 在计算物理方程残差时不需要用到标签数据集(高保真数据)，在训练过程中时空域上残差点的数量理论上可以做到无上限。这意味着即使仅用少量的标签数据集，也可以生成足够大的训练数据集来训练准确的降阶模型。

PINN 最早是由 Raissi 等人[83,84]提出，利用守恒方程和边界条件残差构造物理损失函数。最后，通过最小化损失函数来训练神经网络，从而将预测结果约束在物理定律之内，其工作表明神经网络通过拟合的方式可以高效求解以偏微分形式表示的系统控制方程。随后，基于 Raissi 的框架，PINN 建模方法已经被大量应用于计算流体力学领域。例如，Cai 等人[85]开发了一个基于 PINN 的数据驱动策略，用于预测流经圆柱体的热对流温度场。他们在圆柱体表面和尾流区域进行温度采样，但圆柱体表面的热边界条件完全未知。在求解过程中，PINN 计算采样点处的速度和温度场，然后在这些采样点的状态量上强制执行 Navier-Stokes 方程和能量方程。经过 PINN 的训练，模型除了发现未知的边界条件外，还可以以很小的误差预测计算域中各处的温度场。Laubscher[86]通过一个简单的案例研究，评估了 PINN 解决多种物质下稳态对流、扩散流动以及传热问题等正问题的准确性。他设计了单网络和隔离网络两种 PINN 架构，用于在简单的二维矩形域中预测传热问题的动量、物质和温度分布。两种模型的预测结果均与 OpenFOAM 求解器计算的结果进行了比较，两者都获得了高度准确的结果。此外，与单网络 PINN 相比，隔离网络 PINN 的损失平均减少了 62%。Bararnia 等人[87]将 PINN 的应用扩展到解决黏性和热边界层问题。采用 PINN 求解耦合非线性热和黏性边界层方程组，其模型在三个基准问题(Blasius-Pohlhausen、Falkner-Skan 和自然对流)的测试中都获得了合理的预测结果。He 等人[88]采用一个改进的 PINN 框架来解决传热问题。模型中引入了具有可变激活层的自适应激活函数，可以提高训练时的收敛速度和解的准确性。Zobeiry 等人[89]利用 PINN 框架解决传热问题，结果表明，PINN 可以准确预测超出训练数据集范围的传热情况。此外，在不可压缩流预测[90,91]、解决涉及非线性 PDE(Partial Differential Equation)的正问题和反问题[92]、在大涡模拟中构建近壁区域的流动预测模型[93]，以及在生物医学[94]和电力工业领域[95,96]，PINN 框架都取得了显著的研究成果。

所有这些研究表明，PINN 非常适用于以 PDE 形式给出的系统。与纯粹的数据驱动模型相比，PINN 具有众多优势：PINN 在机器学习中包括了物理定律的偏微分形式，使其不仅能够学习数据的模式，还能够学习数据的基本物理定律；由于 PINN 是在区域内满足控制方程的条件下进行训练的，所以即使在没有可观测数据的区域，它也可以实现高性能。然而，PINN 仍然存在一些限制，其中最显著的两个限制是训练成本和模型的可伸缩性[97]。由于点对点的公式需要在大量的配点处进行自动微分运算(需要评估 PDE 的残差)，通过链式法则进行的反向传播过程会生成大型张量[98]。Jin 等人[91]研究了计算域中不同数量的配点对 PINN 训练的影响，结果表明增加配点数可以提高模型性能，这意味着 PINN 需要更多的 GPU 内存和训练时间成本[99]。此外，这样训练的网络在推断问题略有修改时将面临困难，例如，大多数现有的 PINN 框架使用全连接神经网络作为模型结构[100-102]，它们在训练过程中对计算域中几何特征信息并不了解。换句话说，它们只为输入的点集本身计算梯度，而忽略了由点集构成的空间结构。因此，通常只能在固定的几何形状上训练 PINN 模型。当问题发生变化时，必须重新训练 PINN 以解决新的几何形状。

1.4 本 章 小 结

传热流动的降阶模型已经成为应对复杂流体动力学和热传递问题的关键技术。传统的降阶模型，如基于 POD 和 DMD 的模型，虽然在过去几十年中解决了许多工程问题，但其局限性在智能制造和复杂工业应用的背景下日益明显。这些传统方法在处理高度非线性、动态复杂的系统时，往往无法提供足够的精度和实时性。随着深度学习技术的飞速发展，传热流动领域逐渐引入了基于神经网络的降阶模型。这种新方法突破了传统降阶模型的物理假设限制，通过学习复杂数据中的模式，可以更有效地捕捉系统中的非线性动态特性。深度学习降阶模型不仅能够显著加速计算过程，而且在实时控制和系统优化方面展现出强大的潜力。

深度学习与传热流动降阶模型的结合，不仅是学科交叉和技术创新的体现，也是响应当前制造业智能化、自动化变革需求的必然趋势。通过充分利用深度学习的数据处理能力，未来的传热流动仿真与优化将能够以更高效、灵活的方式满足复杂工业应用的需求。并且，随着深度学习算法和计算资源的进一步优化，传热流动降阶模型有望在智能制造、能源工程和航空航天等领域得到更加广泛的应用，为我国智能化制造业的技术进步和竞争力提升做出重要贡献。

参 考 文 献

[1] Zhang F, Li W, Zhang Y, et al. Data driven feature selection for machine learning algorithms in computer vision[J]. IEEE Internet of Things Journal, 2018, 5: 4262-4272.

[2] Olivetti E A, Cole J M, Kim E, et al. Data-driven materials research enabled by natural language processing and information extraction[J]. Applied Physics Reviews, 2020, 7 (4): 041317.

[3] Golik P. Data-driven Deep Modeling and Training for Automatic Speech Recognition[D]. Aachen: RWTH Aachen University, 2020.

[4] Krizhevsky A, Sutskever I, Hinton G E. Imagenet classification with deep convolutional neural networks[J]. Communications of the ACM, 2017, 60(6): 84-90.

[5] Lyu H, Sha N, Qin S, et al. Advances in neural information processing systems[J]. Advances in Neural Information Processing Systems, 2019, 32: 10195511.

[6] Zaheer R, Shaziya H. A study of the optimization algorithms in deep learning[C]//The 3rd International Conference on Inventive Systems and Control (ICISC), 2019: 536-539.

[7] Rani V, Nabi S T, Kumar M, et al. Self-supervised learning: a succinct review[J]. Archives of Computational Methods in Engineering, 2023, 30(4): 2761-2775.

[8] James G, Witten D, Hastie T, et al. Unsupervised Learning[M]//An Introduction to Statistical Learning: With Applications in Python. Cham: Springer, 2023: 503-556.

[9] Volterra V. Theory of Functionals and of Integral and Integro-differential Equations[M]. New York: Dover Publications, 1959.

[10] Wiener N. Response of a Nonlinear Device to Noise[R]. 1942.

[11] Stalford H, Baumann W T, Garrett F E, et al. Accurate modeling of nonlinear systems using Volterra series submodels[C]//American Control Conference, 1987: 886-891.

[12] Tromp J, Jenkins J. A Volterra kernel identification scheme applied to aerodynamic reactions[C]// The 17th Atmospheric Flight Mechanics Conference, 1990: 2803.

[13] Rodrigues E A. Linear and Nonlinear Discrete-time State-space Modeling of Dynamic Systems for Control Applications[M]. West Lafayette: Purdue University, 1993.

[14] Silva W A. Application of nonlinear systems theory to transonic unsteady aerodynamic responses[J]. Journal of Aircraft, 1993, 30: 660-668.

[15] Silva W A, Hong M S, Bartels R E, et al. Identification of computational and experimental reduced-order models[C]//International Forum on Aeroelasticity and Structural Dynamics, 2003.

[16] Silva W A, Piatak D J, Scott R C. Identification of experimental unsteady aerodynamic impulse responses[J]. Journal of Aircraft, 2005, 42: 1548-1551.

[17] Silva W A, Vatsa V N, Biedron R T. Development of unsteady aerodynamic and aeroelastic reduced-order models using the FUN3D code[C]//International Forum on Aeroelasticity and Structural Dynamics, 2009.

[18] Silva W A. Simultaneous excitation of multiple-input/multiple-output CFD-based unsteady aerodynamic systems[J]. Journal of Aircraft, 2008, 45: 1267-1274.

[19] 徐敏, 李勇, 曾宪昂, 等. 基于 Volterra 级数的非定常气动力降阶模型[J]. 强度与环境, 2007, 34: 22-28.

[20] 徐敏, 陈刚, 陈士橹, 等. 基于非定常气动力低阶模型的气动弹性主动控制律设计[J]. 西北工业大学学报, 2004, 22: 748-752.

[21] 陈刚, 徐敏, 陈士橹. 非定常气动力低阶模型及其在气动伺服弹性建模中的应用[C]//第八届全国空气弹性学术交流会会议论文集, 2004: 5-10.

[22] Chen G, Li Y M, Yan G R. Active control law design for flutter/LCO suppression based on reduced order model method[J]. Chinese Journal of Aeronautics, 2010, 23: 639-646.

[23] Chen G, Sun J, Li Y. Adaptive reduced-order-model-based control-law design for active flutter suppression[J]. Journal of Aircraft, 2012, 49: 973-980.

[24] Hall K C. Eigenanalysis of unsteady flows about airfoils, cascades, and wings[J]. AIAA Journal, 1994, 32: 2426-2432.

[25] Romanowski M C, Dowell E H. Using eigenmodes to form an efficient Euler based unsteady aerodynamics analysis[J]. ASME, 1994, 44: 147.

[26] Epureanu B I, Dowell E H, Hall K C. Reduced-order models of unsteady transonic viscous flows in turbomachinery[J]. Journal of Fluids and Structures, 2000, 14: 1215-1234.

[27] Romanowski M, Dowell E. Reduced order Euler equations for unsteady aerodynamic flows-numerical techniques[C]//The 34th Aerospace Sciences Meeting and Exhibit, 1996: 528.

[28] Romanowski M. Reduced order unsteady aerodynamic and aeroelastic models using Karhunen-Loeve eigenmodes[C]//The 6th Symposium on Multidisciplinary Analysis and Optimization, 1996: 3981.

[29] Kim T. Frequency-domain Karhunen-Loeve method and its application to linear dynamic

systems[J]. AIAA Journal, 1998, 36: 2117-2123.

[30] Thomas J P, Dowell E H, Hall K C. Three-dimensional transonic aeroelasticity using proper orthogonal decomposition-based reduced-order models[J]. Journal of Aircraft, 2003, 40: 544-551.

[31] 陈刚, 李跃明, 闫桂荣, 等. 基于 POD 降阶模型的气动弹性快速预测方法研究[J]. 宇航学报, 2009, 5: 1765-1769.

[32] 杨超, 刘晓燕, 吴志刚. 基于 POD-Observer 技术的非定常气动力建模方法[J]. 中国科学(技术科学), 2010, 8: 861-866.

[33] Liu H, Gao X, Chen Z, et al. Efficient reduced-order aerodynamic modeling in low-Reynolds-number incompressible flows[J]. Aerospace Science and Technology, 2021, 119: 107199.

[34] 吴学红, 陶文铨, 吕彦力, 等. 不可压缩流动问题快速计算的降阶模型[J]. 中国电机工程学报, 2010, 30: 69-74.

[35] 胡金秀, 郑保敬, 高效伟. 基于特征正交分解降阶模型的瞬态热传导分析[J]. 中国科学(物理学 力学 天文学), 2015, 1: 81-92.

[36] 胡金秀, 高效伟. 变系数瞬态热传导问题边界元格式的特征正交分解降阶方法[J]. 物理学报, 2016, 65: 014701.

[37] 王烨, 朱欣悦, 孙振东. 基于 POD 降阶模型的正弦波翅片扁管管翅式换热器流动与传热特性分析[J]. 化工学报, 2022, 73: 1986-1994.

[38] 高国柱, 周萌. 基于降阶模型的翼型颤振主动抑制研究[J]. 西安航空学院学报, 2020, 38: 28-31.

[39] 周萌, 高国柱. 基于降阶模型的不同厚度翼型颤振边界预测[J]. 西安航空学院学报, 2019, 37: 7-14.

[40] 刘藤, 李栋, 黄冉冉, 等. 基于降阶模型的翼型结冰冰形预测方法[J]. 北京航空航天大学学报, 2019, 45: 1033-1041.

[41] 李波, 龚春林, 粟华, 等. 本征正交分解在翼型气动优化中的应用研究[J]. 上海航天, 2017, 34: 117-123.

[42] Schmid P J. Dynamic mode decomposition of numerical and experimental data[J]. Journal of Fluid Mechanics, 2010, 656: 5-28.

[43] Chen K K, Tu J H, Rowley C W. Variants of dynamic mode decomposition: boundary condition, Koopman, and Fourier analyses[J]. Journal of Nonlinear Science, 2012, 22: 887-915.

[44] Wynn A, Pearson D S, Ganapathisubramani B, et al. Optimal mode decomposition for unsteady flows[J]. Journal of Fluid Mechanics, 2013, 733: 473-503.

[45] Rowley C W, Mezić I, Bagheri S, et al. Spectral analysis of nonlinear flows[J]. Journal of Fluid Mechanics, 2009, 641: 115-127.

[46] 刘鹏寅, 陈进格, 沈昕, 等. 风力机翼型在大攻角流场下的动力模态分解分析[J]. 上海交通大学学报, 2017, 51: 805-811.

[47] Liu M, Tan L, Cao S. Dynamic mode decomposition of cavitating flow around ALE 15 hydrofoil[J]. Renewable Energy, 2019, 139: 214-227.

[48] Zhou L, Tse K T, Hu G, et al. Higher order dynamic mode decomposition of wind pressures on square buildings[J]. Journal of Wind Engineering and Industrial Aerodynamics, 2021, 211: 104545.

[49] Vinuesa R, Brunton S L. Enhancing computational fluid dynamics with machine learning[J]. Nature Computational Science, 2022, 2: 358-366.
[50] Wu P, Sun J, Chang X, et al. Data-driven reduced order model with temporal convolutional neural network[J]. Computer Methods in Applied Mechanics and Engineering, 2020, 360: 112766.
[51] Li S, Yang Y. Hierarchical deep learning for data-driven identification of reduced-order models of nonlinear dynamical systems[J]. Nonlinear Dynamics, 2021, 105: 3409-3422.
[52] Jiang G, Kang M, Cai Z, et al. Data-driven temperature estimation of non-contact solids using deep-learning reduced-order models[J]. International Journal of Heat and Mass Transfer, 2022, 185: 122383.
[53] Sun L, Gao H, Pan S, et al. Surrogate modeling for fluid flows based on physics-constrained deep learning without simulation data[J]. Computer Methods in Applied Mechanics and Engineering, 2020, 361: 112732.
[54] Ma H, Zhang Y, Thuerey N, et al. Physics-driven learning of the steady Navier-Stokes equations using deep convolutional neural networks[J]. arXiv Preprint, arXiv:2106.09301, 2021.
[55] Chao M A, Kulkarni C, Goebel K, et al. Fusing physics-based and deep learning models for prognostics[J]. Reliability Engineering and System Safety, 2022, 217: 107961.
[56] Pawar S, Rahman S M, Vaddireddy H, et al. A deep learning enabler for nonintrusive reduced order modeling of fluid flows[J]. Physics of Fluids, 2019, 31(8): 085101.
[57] Rahman S M, Pawar S, San O, et al. Nonintrusive reduced order modeling framework for quasigeostrophic turbulence[J]. Physical Review E, 2019, 100: 053306.
[58] San O, Maulik R. Neural network closures for nonlinear model order reduction[J]. Advances in Computational Mathematics, 2018, 44: 1717-1750.
[59] Fresca S, Manzoni A. POD-DL-ROM: enhancing deep learning-based reduced order models for nonlinear parametrized PDEs by proper orthogonal decomposition[J]. Computer Methods in Applied Mechanics and Engineering, 2022, 388: 114181.
[60] Miyanawala T P, Jaiman R K. A hybrid data-driven deep learning technique for fluid-structure interaction[C]//International Conference on Offshore Mechanics and Arctic Engineering. 2019: 58776.
[61] Wu P, Sun J, Chang X, et al. Data-driven reduced order model with temporal convolutional neural network[J]. Computer Methods in Applied Mechanics and Engineering, 2020, 360: 112766.
[62] Sekar V, Jiang Q, Shu C, et al. Fast flow field prediction over airfoils using deep learning approach[J]. Physics of Fluids, 2019, 31(5): 057103.
[63] Bhatnagar S, Afshar Y, Pan S, et al. Prediction of aerodynamic flow fields using convolutional neural networks[J]. Computational Mechanics, 2019, 64: 525-545.
[64] Lye K O, Mishra S, Ray D. Deep learning observables in computational fluid dynamics[J]. Journal of Computational Physics, 2020, 410: 109339.
[65] White C, Ushizima D, Farhat C. Neural networks predict fluid dynamics solutions from tiny datasets[J]. arXiv Preprint, arXiv:1902.00091, 2019.
[66] Marcato A, Boccardo G, Marchisio D. From computational fluid dynamics to structure interpretation via neural networks: an application to flow and transport in porous media[J].

Industrial and Engineering Chemistry Research, 2022, 61: 8530-8541.
[67] Jmour N, Zayen S, Abdelkrim A. Convolutional neural networks for image classification[C]// The International Conference on Advanced Systems and Electric Technologies, 2018: 397-402.
[68] Traore B B, Kamsu-Foguem B, Tangara F. Deep convolution neural network for image recognition[J]. Ecological Informatics, 2018, 48: 257-268.
[69] Al-Saffar A A M, Tao H, Talab M A. Review of deep convolution neural network in image classification[C]//The International Conference on Radar, Antenna, Microwave, Electronics, and Telecommunications, 2017: 26-31.
[70] Jia H, Tang H, Ma G, et al. A convolutional neural network with pixel-wise sparse graph reasoning for COVID-19 lesion segmentation in CT images[J]. Computers in Biology and Medicine, 2023, 155: 106698.
[71] Marullo G, Tanzi L, Ulrich L, et al. A multi-task convolutional neural network for semantic segmentation and event detection in laparoscopic surgery[J]. Journal of Personalized Medicine, 2023, 13: 413.
[72] Zhai X, Liu K, Nash W, et al. Smart autopilot drone system for surface surveillance and anomaly detection via customizable deep neural network[C]//International Petroleum Technology Conference, 2020.
[73] Zhao Y, Chen Y. End-to-end autonomous driving based on the convolution neural network model[C]//The Asia-Pacific Signal and Information Processing Association Annual Summit and Conference, 2019: 419-423.
[74] Murata T, Fukami K, Fukagata K. Nonlinear mode decomposition with convolutional neural networks for fluid dynamics[J]. Journal of Fluid Mechanics, 2020, 882: A13.
[75] Fukami K, Hasegawa K, Nakamura T, et al. Model order reduction with neural networks: application to laminar and turbulent flows[J]. SN Computer Science, 2021, 2: 1-16.
[76] Fukami K, Nakamura T, Fukagata K. Convolutional neural network based hierarchical autoencoder for nonlinear mode decomposition of fluid field data[J]. Physics of Fluids, 2020, 32(9): 095110.
[77] Ribeiro M D, Rehman A, Ahmed S, et al. DeepCFD: efficient steady-state laminar flow approximation with deep convolutional neural networks[J]. arXiv Preprint, arXiv: 2004.08826, 2020.
[78] Zhang Y, Sung W J, Mavris D N. Application of convolutional neural network to predict airfoil lift coefficient[C]//The AIAA/ASCE/AHS/ASC Structures, Structural Dynamics, and Materials Conference, 2018: 1903.
[79] Liu Y, Lu Y, Wang Y, et al. A CNN-based shock detection method in flow visualization[J]. Computers and Fluids, 2019, 184: 1-9.
[80] Lovely D, Haimes R. Shock detection from computational fluid dynamics results[C]//The 14th Computational Fluid Dynamics Conference, 1999: 3285.
[81] Zhang Y, Azman A N, Xu K W, et al. Two-phase flow regime identification based on the liquid-phase velocity information and machine learning[J]. Experiments in Fluids, 2020, 61: 1-16.
[82] 魏晓良, 潮群, 陶建峰, 等. 基于 LSTM 和 CNN 的高速柱塞泵故障诊断[J]. 航空学报,

2021, 42: 435-445.

[83] Raissi M, Perdikaris P, Karniadakis G E. Physics informed deep learning (part I): data-driven solutions of nonlinear partial differential equations[J]. arXiv Preprint, arXiv:1711.10561, 2017.

[84] Raissi M, Perdikaris P, Karniadakis G E. Physics informed deep learning (part II): data-driven discovery of nonlinear partial differential equations[J]. arXiv Preprint, arXiv:1711.10566, 2017.

[85] Cai S, Wang Z, Chryssostomidis C, et al. Heat transfer prediction with unknown thermal boundary conditions using physics-informed neural networks[C]//Fluids Engineering Division Summer Meeting, 2020: 83730.

[86] Laubscher R. Simulation of multi-species flow and heat transfer using physics-informed neural networks[J]. Physics of Fluids, 2021, 33(8): 087101.

[87] Bararnia H, Esmaeilpour M. On the application of physics informed neural networks (PINN) to solve boundary layer thermal-fluid problems[J]. International Communications in Heat and Mass Transfer, 2022, 132: 105890.

[88] He Z, Ni F, Wang W, et al. A physics-informed deep learning method for solving direct and inverse heat conduction problems of materials[J]. Materials Today Communications, 2021, 28: 102719.

[89] Zobeiry N, Humfeld K D. A physics-informed machine learning approach for solving heat transfer equation in advanced manufacturing and engineering applications[J]. Engineering Applications of Artificial Intelligence, 2021, 101: 104232.

[90] Rao C, Sun H, Liu Y. Physics-informed deep learning for incompressible laminar flows[J]. Theoretical and Applied Mechanics Letters, 2020, 10: 207-212.

[91] Jin X, Cai S, Li H, et al. NSFnets (Navier-Stokes flow nets): physics-informed neural networks for the incompressible Navier-Stokes equations[J]. Journal of Computational Physics, 2021, 426: 109951.

[92] Raissi M, Perdikaris P, Karniadakis G E. Physics-informed neural networks: a deep learning framework for solving forward and inverse problems involving nonlinear partial differential equations[J]. Journal of Computational Physics, 2019, 378: 686-707.

[93] Yang X I A, Zafar S, Wang J X, et al. Predictive large-eddy-simulation wall modeling via physics-informed neural networks[J]. Physical Review Fluids, 2019, 4: 034602.

[94] Arzani A, Wang J X, D'Souza R M. Uncovering near-wall blood flow from sparse data with physics-informed neural networks[J]. Physics of Fluids, 2021, 33(7): 071905.

[95] 彭长志, 董旭柱, 阮江军, 等. 基于物理信息神经网络的短间隙流注放电模拟[J]. 高压电器, 2023, 59: 90-97.

[96] 杨珂, 王鑫, 凌佳杰, 等. 基于物理信息神经网络的同步发电机建模[J]. 中国电机工程学报, 2023, 44(12): 4924-4932.

[97] Gao H, Sun L, Wang J X. PhyGeoNet: physics-informed geometry-adaptive convolutional neural networks for solving parameterized steady-state PDEs on irregular domain[J]. Journal of Computational Physics, 2021, 428: 110079.

[98] Baydin A G, Pearlmutter B A, Radul A A, et al. Automatic differentiation in machine learning: a survey[J]. Journal of Machine Learning Research, 2018, 18: 1-43.

[99] Karniadakis G E, Kevrekidis I G, Lu L, et al. Physics-informed machine learning[J]. Nature

Reviews Physics, 2021, 3: 422-440.
[100] Li Y, Liu T, Xie Y. Thermal fluid fields reconstruction for nanofluids convection based on physics-informed deep learning[J]. Scientific Reports, 2022, 12: 12567.
[101] Cai S, Wang Z, Wang S, et al. Physics-informed neural networks for heat transfer problems[J]. Journal of Heat Transfer, 2021, 143: 060801.
[102] Zobeiry N, Humfeld K D. A physics-informed machine learning approach for solving heat transfer equation in advanced manufacturing and engineering applications[J]. Engineering Applications of Artificial Intelligence, 2021, 101: 104232.

第2章 基础理论

2.1 传热流动的基础理论

本节将对相关基础理论进行简要介绍，为后续章节中涉及的复杂模型与计算方法奠定基础。

2.1.1 数值计算基础

数值计算模型是一种使用数学和计算机技术来近似描述和解决实际问题的方法。模型将实际问题转化为数学方程组或数值算法的形式来描述自然现象、物理过程或工程系统等实际问题。在计算流体领域，如满足连续介质假定的流体流动或热量传递等现象，都可以由流体力学基本控制方程——连续性方程、动量方程和能量方程来建立。它们依次遵守质量守恒、动量守恒和能量守恒定律。现用一个微六面体元控制体建立微分形式的流体流动控制方程，如图 2.1 所示，设在直角坐标系中，六面体的边长分别为 dx、dy、dz。

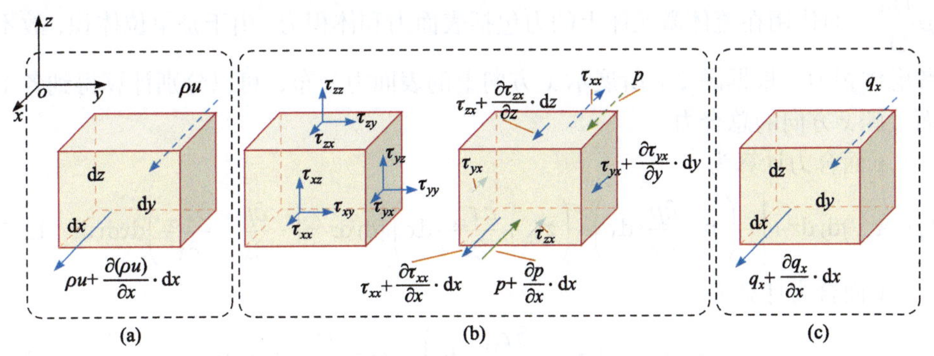

图 2.1 微元体上的受力分析示意图

质量守恒定律：单位时间内微元体中流体质量的变化，等于同一时间间隔内流入/流出该微元体的净质量。按照这一定律，结合图 2.1，可得单位时间内微元体中质量的变化为

$$\frac{\partial}{\partial t}\left(\rho \mathrm{d}x\mathrm{d}y\mathrm{d}z\right) \tag{2.1}$$

式中，ρ 为流体密度。沿 x 方向单位时间流入/流出微元体的流体净质量为

$$\rho u \mathrm{d}y\mathrm{d}z - \left(\rho u + \frac{\partial(\rho u)}{\partial x}\mathrm{d}x\right)\mathrm{d}y\mathrm{d}z \tag{2.2}$$

式中，u 为 x 方向流速大小。同理，沿 y 方向和 z 方向分别为

$$\rho v \mathrm{d}x\mathrm{d}z - \left(\rho v + \frac{\partial(\rho v)}{\partial y}\mathrm{d}y\right)\mathrm{d}x\mathrm{d}z \tag{2.3}$$

$$\rho w \mathrm{d}x\mathrm{d}y - \left(\rho w + \frac{\partial(\rho w)}{\partial z}\mathrm{d}z\right)\mathrm{d}x\mathrm{d}y \tag{2.4}$$

式中，v 为 y 方向流速大小，w 为 z 方向流速大小。三个方向上的流体质量之和与总质量相等后可得

$$\frac{\partial\rho}{\partial t} + \frac{\partial(\rho u)}{\partial x} + \frac{\partial(\rho v)}{\partial y} + \frac{\partial(\rho w)}{\partial z} = 0 \tag{2.5}$$

将其写成散度形式

$$\frac{\partial\rho}{\partial t} + \nabla\cdot(\rho \boldsymbol{u}) = 0 \tag{2.6}$$

动量守恒定律：微元体中流体动量的增加率，等于作用在微元体上各种力的总和。设单位体积上流体微元 x、y、z 方向的动量变化率分别为 $\rho\frac{\mathrm{D}u}{\mathrm{D}t}$、$\rho\frac{\mathrm{D}v}{\mathrm{D}t}$、$\rho\frac{\mathrm{D}w}{\mathrm{D}t}$，而作用在流体微元体上的力包括表面力和体积力。由于是单位体积，故不考虑体积力。根据图 2.1 所展示 x 方向上的表面力分布，可以分别计算得到各个面上朝 x 方向的总合力。

x 面合力计算为

$$(p-\tau_{xx})\mathrm{d}y\mathrm{d}z + \left[-\left(p + \frac{\partial p}{\partial x}\cdot\mathrm{d}x\right) + \left(\tau_{xx} + \frac{\partial\tau_{xx}}{\partial x}\cdot\mathrm{d}x\right)\right]\mathrm{d}y\mathrm{d}z = \left(-\frac{\partial p}{\partial x} + \frac{\partial\tau_{xx}}{\partial x}\right)\mathrm{d}x\mathrm{d}y\mathrm{d}z \tag{2.7}$$

y 面合力计算为

$$-\tau_{yx}\mathrm{d}x\mathrm{d}z + \left(\tau_{yx} + \frac{\partial\tau_{yx}}{\partial y}\cdot\mathrm{d}y\right)\mathrm{d}x\mathrm{d}z = \frac{\partial\tau_{yx}}{\partial y}\mathrm{d}x\mathrm{d}y\mathrm{d}z \tag{2.8}$$

z 面合力计算为

$$-\tau_{zx}\mathrm{d}x\mathrm{d}y + \left(\tau_{zx} + \frac{\partial\tau_{zx}}{\partial z}\cdot\mathrm{d}z\right)\mathrm{d}x\mathrm{d}y = \frac{\partial\tau_{zx}}{\partial z}\mathrm{d}x\mathrm{d}y\mathrm{d}z \tag{2.9}$$

故 x 方向的动量变化率(单位体积)为

$$\frac{\partial(-p+\tau_{xx})}{\partial x} + \frac{\partial\tau_{yx}}{\partial y} + \frac{\partial\tau_{zx}}{\partial z} = \rho\frac{\mathrm{D}u}{\mathrm{D}t} \tag{2.10}$$

式中，p 为压力，τ_{xx} 为 x 面上朝 x 方向的应力分量。相对应地，可以计算得到 y 方向以及 z 方向上的动量变化率

$$\frac{\partial \tau_{xy}}{\partial x}+\frac{\partial(-p+\tau_{yy})}{\partial y}+\frac{\partial \tau_{zy}}{\partial z}=\rho\frac{\mathrm{D}v}{\mathrm{D}t} \tag{2.11}$$

$$\frac{\partial \tau_{xz}}{\partial x}+\frac{\partial \tau_{yz}}{\partial y}+\frac{\partial(-p+\tau_{zz})}{\partial z}=\rho\frac{\mathrm{D}w}{\mathrm{D}t} \tag{2.12}$$

此时的动量方程中引入了大量的未知剪切应力，但对于一个宏观的区域，一般不关注某一个位置上流体的剪切力。因此，可以利用广义牛顿黏性定律将它们转化，该定律内容为

$$\tau_{xx}=2\mu\frac{\partial u}{\partial x}+\lambda\mathrm{div}(\boldsymbol{u});\ \tau_{xy}=\tau_{yx}=\mu\left(\frac{\partial u}{\partial y}+\frac{\partial v}{\partial x}\right) \tag{2.13}$$

$$\tau_{yy}=2\mu\frac{\partial v}{\partial y}+\lambda\mathrm{div}(\boldsymbol{u});\ \tau_{xz}=\tau_{zx}=\mu\left(\frac{\partial u}{\partial z}+\frac{\partial w}{\partial x}\right) \tag{2.14}$$

$$\tau_{zz}=2\mu\frac{\partial w}{\partial z}+\lambda\mathrm{div}(\boldsymbol{u});\ \tau_{yz}=\tau_{zy}=\mu\left(\frac{\partial v}{\partial z}+\frac{\partial w}{\partial y}\right) \tag{2.15}$$

式中，μ 表示流体的黏度，λ 为经验值。代入方程(2.10)～(2.12)后可得动量方程为

$$\rho\frac{\mathrm{D}u}{\mathrm{D}t}=-\frac{\partial p}{\partial x}+\mathrm{div}(\mu\nabla u)+S_x \tag{2.16}$$

$$\rho\frac{\mathrm{D}v}{\mathrm{D}t}=-\frac{\partial p}{\partial y}+\mathrm{div}(\mu\nabla v)+S_y \tag{2.17}$$

$$\rho\frac{\mathrm{D}w}{\mathrm{D}t}=-\frac{\partial p}{\partial z}+\mathrm{div}(\mu\nabla w)+S_z \tag{2.18}$$

式中，S_i 为源项，可包含重力、体积力、电磁力和自定义源项。

能量守恒：微元体内热力学能的增加率，等于进入微元体的净热流量与体积力、表面力对微元体做功之和。设单位体积的微元体能量增加率为 $\rho\frac{\mathrm{D}E}{\mathrm{D}t}$，其中 E 为总能量，它可以表示为内能和动能之和

$$E=i+\frac{1}{2}\left(u^2+v^2+w^2\right) \tag{2.19}$$

式中，当流动不可压时，$i=c_pT$，c_p 为比热；当流动可压时，$i=(\rho,T)$。

按照能量守恒定律，结合图 2.1，计算得到分别从 x、y、z 方向进入微元体的净热流量为

$$q_x \mathrm{d}y\mathrm{d}z - \left(q_x + \frac{\partial q_x}{\partial x} \mathrm{d}x \right) \mathrm{d}y\mathrm{d}z = -\frac{\partial q_x}{\partial x} \mathrm{d}x\mathrm{d}y\mathrm{d}z \tag{2.20}$$

$$q_y \mathrm{d}x\mathrm{d}z - \left(q_y + \frac{\partial q_y}{\partial y} \mathrm{d}y \right) \mathrm{d}x\mathrm{d}z = -\frac{\partial q_y}{\partial y} \mathrm{d}x\mathrm{d}y\mathrm{d}z \tag{2.21}$$

$$q_z \mathrm{d}x\mathrm{d}y - \left(q_z + \frac{\partial q_z}{\partial z} \mathrm{d}z \right) \mathrm{d}x\mathrm{d}y = -\frac{\partial q_z}{\partial z} \mathrm{d}x\mathrm{d}y\mathrm{d}z \tag{2.22}$$

式中，q 为热通量。相加后除以微元体的体积 $\mathrm{d}x\mathrm{d}y\mathrm{d}z$，可得

$$-\frac{\partial q_x}{\partial x} - \frac{\partial q_y}{\partial y} - \frac{\partial q_z}{\partial z} = -\mathrm{div}(\boldsymbol{q}) \tag{2.23}$$

根据傅里叶传热定律有

$$\boldsymbol{q} = -k\nabla T \tag{2.24}$$

式中，k 为热导率。代入式(2.23)，得单位体积的净热流量为

$$-\mathrm{div}(\boldsymbol{q}) = \mathrm{div}(k\nabla T) \tag{2.25}$$

随后是体积力与表面力对微元体所做的功产生的热量(同样不考虑体积力)。由于表面力对流体微团所做的功等于合力与沿着合力方向上的速度分量的乘积，根据前面的推导结果，可得力在各个方向上所做功为

$$\left[\frac{\partial(u(-p+\tau_{xx}))}{\partial x} + \frac{\partial(u\tau_{yx})}{\partial y} + \frac{\partial(u\tau_{zx})}{\partial z} \right] \mathrm{d}x\mathrm{d}y\mathrm{d}z \tag{2.26}$$

$$\left[\frac{\partial(v\tau_{xy})}{\partial x} + \frac{\partial(v(-p+\tau_{yy}))}{\partial y} + \frac{\partial(v\tau_{zy})}{\partial z} \right] \mathrm{d}x\mathrm{d}y\mathrm{d}z \tag{2.27}$$

$$\left[\frac{\partial(w\tau_{xz})}{\partial x} + \frac{\partial(w\tau_{yz})}{\partial y} + \frac{\partial(w(-p+\tau_{zz}))}{\partial z} \right] \mathrm{d}x\mathrm{d}y\mathrm{d}z \tag{2.28}$$

相加后除以流体微元体积 $\mathrm{d}x\mathrm{d}y\mathrm{d}z$，可得到表面力对单位体积的微元体所做的功

$$\rho \frac{\mathrm{D}E}{\mathrm{D}t} = \left[-\mathrm{div}(p\boldsymbol{u}) \right] + S_T \tag{2.29}$$

式中，S_T 为黏性作用流体机械能转换为热能的部分，简称为黏性耗散项。结合式(2.19)、式(2.25)和式(2.29)可得到内能的表达式

$$\rho \frac{\mathrm{D}i}{\mathrm{D}t} = -p\mathrm{div}(\boldsymbol{u}) + \mathrm{div}(k\nabla T) + S_T \tag{2.30}$$

上述方程组无法满足所需求解未知量的个数，因此需要引入气体状态方程

$$p = p(\rho, T) \tag{2.31}$$

在理想气体情况下

$$p = \rho \mathrm{R} T \tag{2.32}$$

式中，R为普适气体常数。

虽然能量方程是流体流动与传热的基本控制方程，但对于不可压缩流体，热交换量较小时，可以不考虑能量守恒方程。此外，通过推导过程可以发现，三种控制方程之间形式非常相似，故可以定义通用变量φ来表示控制方程的通用形式

$$\frac{\partial(\rho\varphi)}{\partial t} + \mathrm{div}(\rho\varphi\boldsymbol{u}) = \mathrm{div}(\Gamma\nabla\varphi) + S_\varphi \tag{2.33}$$

式中，$\frac{\partial(\rho\varphi)}{\partial t}$为变量$\varphi$的增加率，$\mathrm{div}(\rho\varphi\boldsymbol{u})$为$\varphi$的净流出量；$\mathrm{div}(\Gamma\nabla\varphi)$为扩散引起$\varphi$的增加率，$S_\varphi$为源项引起$\varphi$的增加率。变量$\varphi$和$\Gamma$的取值总结在表2.1中。

表2.1 变量φ和Γ在不同方程中的取值

控制方程	φ	Γ
质量方程	1	0
x方向动量方程	u	μ
y方向动量方程	v	μ
z方向动量方程	w	μ
能量方程	i	k

对于求解流动和传热问题，除了使用上述介绍的三大控制方程外，还要指定边界条件，它是控制方程有确定解的前提。边界条件就是在流体运动边界上控制方程应该满足的条件，会对数值计算产生重要影响。在CFD模拟计算时，基本的边界类型包括以下几种：

(1) 入口边界条件：指定入口处流动变量的值。常见的入口边界条件有速度、压力和质量流量入口边界条件。速度入口边界条件用于定义流动速度和流动入口的流动属性相关的标量，但这一条件仅适用于不可压缩流；压力入口边界条件定义流动入口的压力和其他标量属性，可用于压力已知但是流动速度未知的情况，其既适用于可压缩流，还适用于不可压缩流；质量流量入口边界条件一般用于已知入口质量流量的可压缩流动，在不可压缩流动中不必指定入口的质量流量。

(2) 出口边界条件：包含压力出口边界条件和质量出口边界条件。压力出口边界条件需要在出口边界处指定表压，表压值的指定只适用于亚音速流动。如果当地流动变为超声速，就不再使用指定表压，而是从内部流动中求出；质量出口边

界条件是当流动出口的速度和压力在解决流动问题之前未知时，可以使用质量出口边界条件模拟流动。在模拟可压缩流或包含压力出口的情况下，通常不推荐使用质量出口边界条件，以避免流动计算的不确定性。

(3) 固体壁面边界条件：对于黏性流动问题，可设置壁面为无滑移边界条件，也可以指定壁面切向速度分量，给出壁面切应力，从而模拟壁面滑移。可以根据当地流动情况计算壁面切应力和与流体换热情况。壁面热边界条件包括固定热通量、固定温度、对流换热系数、外部辐射换热、对流换热等。

(4) 对称边界条件：对称边界条件应用于计算的物理区域是对称的情况。在对称轴或对称平面上没有对流通量，因此垂直于对称轴或对称平面的速度分量为 0。在对称边界上，垂直边界的速度分量为 0，任何量的梯度为 0。

(5) 周期性边界条件：对于流动的几何边界、流动和换热是周期性重复的情况，通常采用周期性边界条件。

2.1.2 传热流动物理模型

从广义角度来说，传热与流动现象可以通过一个通用的控制方程来表述。这个方程可以描述质量、动量、能量等物理量的传递，适用于包括传热、流动在内的多种物理过程。其数学表达形式如下

$$\frac{\partial(\rho\phi)}{\partial t}+\nabla\cdot(\rho\boldsymbol{u}\phi)=\nabla\cdot\left(\Gamma_\phi\nabla\phi\right)+S_\phi \tag{2.34}$$

式中，ρ 为流体的密度，ϕ 为广义变量，表示不同的物理量，如温度、速度分量或其他，$\boldsymbol{u}$ 为流体的速度矢量，Γ_ϕ 为与传导相关的扩散系数，S_ϕ 为源项，表示内部生成或耗散量，$\nabla\cdot$ 表示散度算子，∇ 表示梯度算子。

质量守恒：令 $\phi=1$，对应的是连续性方程；

动量守恒：令 $\phi=u_i$，u_i 表示速度分量，方程变为动量方程；

能量守恒：令 $\phi=T$，T 为温度，方程变为能量方程。

针对不同的物理过程，方程的形式可以表示成以下形式：

(1) 质量守恒方程。

用于描述流体中的质量守恒。对于不可压缩流体，连续性方程可以简化为

$$\frac{\partial\rho}{\partial t}+\nabla\cdot(\rho\boldsymbol{u})=0 \tag{2.35}$$

假设流体密度是常数(即不可压缩流体)，方程可进一步简化为

$$\nabla\cdot\boldsymbol{u}=0 \tag{2.36}$$

这表明流体的流入速率等于流出速率。

(2) 动量守恒方程。

动量守恒方程用于描述流体运动，基于牛顿第二定律，基本形式为

$$\frac{\partial(\rho\boldsymbol{u})}{\partial t}+\rho\boldsymbol{u}\cdot\nabla\boldsymbol{u}=-\nabla p+\nabla\cdot(\mu\nabla\boldsymbol{u})+\boldsymbol{F} \tag{2.37}$$

式中，p 为压力，μ 为流体的动力黏度，$\boldsymbol{F}$ 为外部体积力，如重力。

对于不可压缩流体，密度保持常数不变，该方程的黏性项可简化为

$$\frac{\partial\boldsymbol{u}}{\partial t}+(\boldsymbol{u}\cdot\nabla)\boldsymbol{u}=-\frac{1}{\rho}\nabla p+\upsilon\nabla^2\boldsymbol{u}+\boldsymbol{F} \tag{2.38}$$

式中，$\upsilon=\frac{\mu}{\rho}$ 为运动黏度。在动量守恒方程中，黏性力项是关键，它描述了流体内部由于黏性而产生的剪切力和应力。对于湍流或者具有强烈速度梯度的流体，黏性力的作用非常重要。当流体是理想流体(无黏性流体)时，动量守恒方程简化为欧拉方程

$$\frac{\partial\boldsymbol{u}}{\partial t}+(\boldsymbol{u}\cdot\nabla)\boldsymbol{u}=-\frac{1}{\rho}\nabla p+\boldsymbol{F} \tag{2.39}$$

此时，流体没有内部摩擦，完全由压力梯度和外力驱动。

(3) 能量守恒方程。

能量守恒方程描述了热量的传递，包括导热、对流和可能的辐射。其一般形式为

$$\frac{\partial(\rho c_p T)}{\partial t}+\nabla\cdot(\rho c_p\boldsymbol{u}T)=\nabla\cdot(k\nabla T)+S_T \tag{2.40}$$

式中，T 为温度，c_p 为定压比热容，k 为热导率，S_T 为热源项。

(4) 热传导方程。

对于纯导热问题(无对流、无辐射)，方程简化为傅里叶导热方程

$$\rho c_p\frac{\partial T}{\partial t}=\nabla\cdot(k\nabla T)+S_T \tag{2.41}$$

这是一维稳态问题的简化形式。在没有热源的情况下，稳态的导热方程可以进一步简化为

$$\nabla\cdot(k\nabla T)=0 \tag{2.42}$$

如果材料是各向同性且导热系数 k 是常数，则可以简化为

$$k\nabla^2 T=0 \tag{2.43}$$

这就是经典的拉普拉斯方程，描述稳态导热问题。

对于二维或三维的热传导问题，方程的形式相同，只是在空间维度上增加了

额外的项。例如，在二维情况下，热传导方程为

$$\rho c_p \frac{\partial T}{\partial t} = k\left(\frac{\partial^2 T}{\partial x^2} + \frac{\partial^2 T}{\partial y^2}\right) + S_T \tag{2.44}$$

(5) 对流换热方程。

对于包含对流换热的情况，能量方程中既有导热项，也有对流项。基于能量守恒，其一般形式为

$$\rho c_p\left(\frac{\partial T}{\partial t} + \boldsymbol{u}\cdot\nabla T\right) = \nabla\cdot\left(k\nabla T\right) + S_T \tag{2.45}$$

在无热源情况下，没有内部热源或耗散(即 $S_T = 0$)，方程简化为

$$\rho c_p\left(\frac{\partial T}{\partial t} + \boldsymbol{u}\cdot\nabla T\right) = \nabla\cdot\left(k\nabla T\right) \tag{2.46}$$

如果对流过程主导，且导热效应可以忽略(即 $k \approx 0$)，则热对流方程简化为对流传热方程

$$\rho c_p\left(\frac{\partial T}{\partial t} + \boldsymbol{u}\cdot\nabla T\right) = 0 \tag{2.47}$$

(6) 辐射换热方程。

对于辐射传热，常用的控制方程是辐射传递方程

$$\boldsymbol{s}\cdot\nabla I(\boldsymbol{x},\boldsymbol{s}) = \boldsymbol{\kappa}\left(I_b - I(\boldsymbol{x},\boldsymbol{s})\right) + S_I \tag{2.48}$$

式中，$I(\boldsymbol{x},\boldsymbol{s})$ 为辐射强度，$\boldsymbol{s}$ 为光线传播的方向，$\boldsymbol{\kappa}$ 为吸收系数，I_b 为黑体辐射强度，S_I 为散射源项。

2.2 深度学习的基础理论

2.2.1 深度学习模型和技术

(1) 全连接神经网络。

全连接神经网络(Fully-connected Neural Network，FNN)也称为多层感知器[1]，是最基本的神经网络形式。FNN 是一种密集连接的前馈型神经网络，其主要由三种基本结构组成：输入层、隐藏层和输出层。每个层级包含大量的神经元，每一个神经元与其所在层级的前一层级和后一层级中的全部神经元相连接，但与其所在层级的神经元之间没有连接关系。神经元之间的连接构建了层与层之间的联系，大量的层级结构使神经网络具备强大的特征提取能力。FNN 的基本结构如图 2.2 所示。

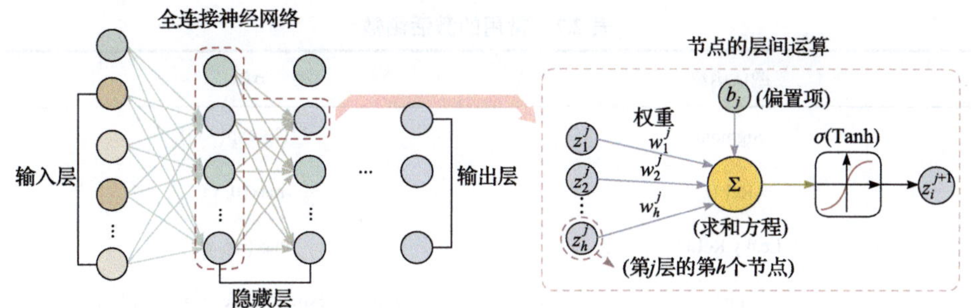

图 2.2　FNN 的基本结构

在 FNN 中，输入层接收原始数据，并随着神经元的连接传递到隐藏层。隐藏层一般由多个层级组成，它们是 FNN 对数据进行特征提取和非线性变换的主要结构。经过隐藏层，数据的高级表示和抽象特征便被神经网络所捕获。具体而言，隐藏层的每个神经元接收来自上一层所有神经元的输出，并将其乘以相应的权重后进行求和，计算出一个结果向量。因此，第 l 层中第 i 个神经元的输出可表示为

$$z_i^l = \begin{bmatrix} w_1^{l-1} * z_1^{l-1} + b^l \\ w_2^{l-1} * z_2^{l-1} + b^l \\ \vdots \\ w_h^{l-1} * z_h^{l-1} + b^l \end{bmatrix} = \begin{bmatrix} w_1^{l-1} * z_1^{l-1} \\ w_2^{l-1} * z_2^{l-1} \\ \vdots \\ w_h^{l-1} * z_h^{l-1} \end{bmatrix} + b^l = \boldsymbol{W}^{l-1} \boldsymbol{z}^{l-1} + b^l \tag{2.49}$$

式中，z_i^l 为第 l 层中第 i 个神经元的输出，w_h^{l-1} 表示 l–1 层中第 h 个神经元的权重，b^l 为第 l 层的偏置项。通过向线性变换的结果添加一个偏置项，可以调整加权输入的基准值，使得神经元对不同范围的输入数据都能够进行有效的响应，从而让模型更灵活以及适应各种数据分布，进而提高模型的拟合能力。此外，考虑到原数据是线性不可分情况，神经网络通常会在神经元加权结果输出之前，利用激活函数[2]对其进行非线性变换。输出的非线性激活过程表示为

$$\check{z}_i^l = \sigma(\boldsymbol{W}^{l-1} \boldsymbol{z}^{l-1} + b^l) \tag{2.50}$$

激活函数用 σ 表示，它将网络的原线性结果转换为非线性值 $\check{z}_i^l$ 输出，使模型能够捕捉到复杂数据中的非线性关系，进一步提高网络的表达能力。例如，在图像分类任务中，物体的边缘、纹理等复杂的非线性特征需要被有效地表示和提取等。此外，通过激活函数，神经网络可以实现从低层次的输入特征到高层次的抽象特征的逐步转换。不同的激活函数可以引入不同形状的非线性响应曲线，从而增强网络对输入数据的灵活建模能力。常用的激活函数如表 2.2 所示，x 为激活函数的输入数据。

表 2.2　常用的激活函数

激活函数	$\sigma(x)$
Sigmoid	$1/\left(1+\exp(-x)\right)$
ReLU	$\max(0, x)$
Leaky ReLU	$\max(\alpha x, x)$
Tanh	$\left(\exp(x)-\exp(-x)\right)/\left(\exp(x)+\exp(-x)\right)$

(2) 全卷积神经网络。

全卷积神经网络(Convolution Neural Network，CNN)，其结构全部由卷积模块构成，是一种专门用于图像处理和语义分割任务的神经网络模型[3]。CNN 出现之前，神经网络对于图像数据的处理一直存在瓶颈：一方面，图像处理的数据量庞大，导致数据处理成本十分昂贵且效率极低；另一方面，图像在数字化的过程中很难保证原有的特征，导致图像处理的准确度不高。CNN 擅于处理图像数据的原因，要归功于其结构组成和层级之间的连接方式。CNN 的主要结构包含有卷积层(Convolution Layer)、池化层(Pooling Layer)和转置(反)卷积层(Transpose Convolution Layer)。这三类结构之间由局部感受野、参数共享和稀疏连接等三种方式连接。CNN 的基本结构如图 2.3 所示。

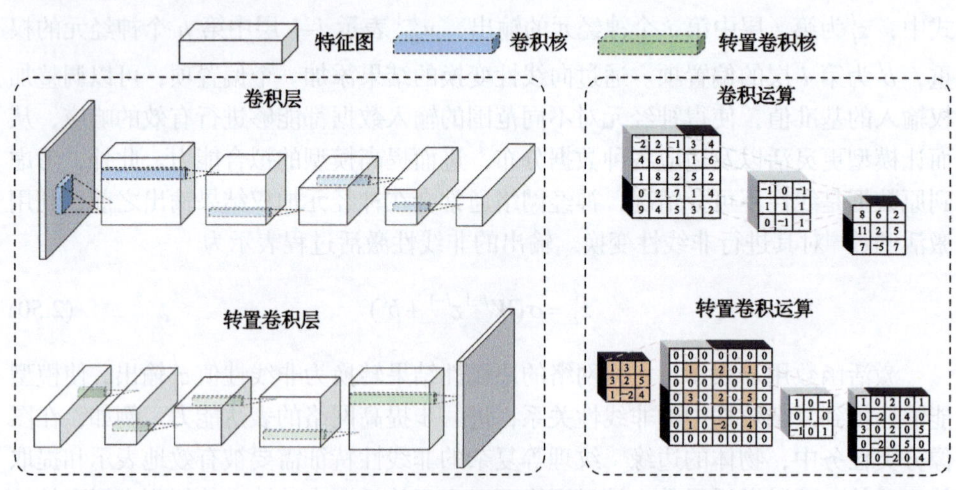

图 2.3　CNN 的基本结构

CNN 由一定数量的卷积层和转置卷积层组成。每个卷积层包含多个卷积核，卷积核通过卷积运算对输入数据特征进行编码压缩获得特征矩阵。数据经过多个卷积运算后，尺寸会明显降低，此时数据特征被高度压缩。高度压缩的特征矩阵

随后由转置卷积层解码，逐步重构至原图像尺寸大小并得到映射结果。这一过程可以表示为

$$\boldsymbol{S}=\text{Encoder}(\boldsymbol{M}),\quad \phi=\text{Decoder}(\boldsymbol{S}) \tag{2.51}$$

式中，$\boldsymbol{M}$ 为输入数据，$\boldsymbol{S}$ 为经 CNN 编码层提取后的特征矩阵，ϕ 为 CNN 解码特征矩阵后的物理场输出。在卷积运算中，数据尺寸的变化主要由卷积核的三个超参数控制，分别是卷积步长(stride)、卷积深度(depth)和零填充(zero-padding)。假设输入的二维数据尺寸是$[M_x,M_y]$，则卷积后的特征矩阵尺寸为

$$\left[S_x,S_y\right]=\frac{\left[M_x,M_y\right]-\left[F_x,F_y\right]+2\times[P,P]}{S}+[1,1] \tag{2.52}$$

式中，$\left[F_x,F_y\right]$为卷积核尺寸，P 为填充值，S 为卷积步长，S_x 和 S_y 分别为特征矩阵尺寸的长和宽。根据参数调整经验，步长不允许大于卷积核尺寸，且经过计算后的特征矩阵尺寸应为整数，否则卷积效果欠佳甚至导致报错。

卷积核本身是一个小的可学习参数矩阵，它在输入数据上滑动并与输入数据的局部区域进行点乘累加。从本质上讲，CNN 就是将某个点的像素值用它附近点的像素值的加权平均来替代，以此完成对图像信息的压缩和提取。卷积运算公式可以表示为

$$\boldsymbol{S}_{i,j,o}=\sum_{c=1}^{c_{\text{in}}}\sum_{m,n=1}^{F_x,F_y}\boldsymbol{M}_{i+m-P,j+n-P,c}*\boldsymbol{W}_{m,n,c_{\text{out}}}+\boldsymbol{b}_o,\quad 1\leqslant i\leqslant M_x-F_x,\quad 1\leqslant j\leqslant M_y-F_y \tag{2.53}$$

这里使用三维张量 $\boldsymbol{M}\in\mathbb{R}^{M_x,M_y,c_{\text{in}}}$ 来表示输入矩阵，其中 M_x 和 M_y 为长和宽，c_{in} 为通道数，一般用来存储额外的特征信息。$\boldsymbol{W}\in\mathbb{R}^{F_x,F_y,c_{\text{in}},c_{\text{out}}}$ 为卷积核的张量表示，F_x 和 F_y 为卷积核的长和宽，c_{out} 为卷积核的深度，也称为卷积核数。P 为填充大小，而 b_o 为每个卷积核的偏置项。同样地，CNN 也会应用激活函数来引入非线性拟合能力，常用的激活函数与 FNN 相似。可以发现，每个卷积核只关注输入数据的局部区域(局部感受野)，而不是整个输入。利用这一特性，网络可以更高效地捕获输入数据的局部空间结构信息。此外，在卷积层中的每个卷积核都具有相同的权重参数。这意味着无论卷积核应用于输入数据的哪个位置，它们将使用相同的权重。这种参数共享的设计减少了需要学习的参数数量，使得网络更加高效。当面临较为复杂的数据时，CNN 可以通过学习一组共享权重(即增加卷积核深度)来提取输入数据的多个特征。

紧接在卷积层后面的是池化层[4]。池化层的主要作用是对输入的特征图进行下采样，即将特征图划分为不重叠的子区域，并从每个子区域中提取一个汇总值作为输出。其作用是通过减少特征图的空间尺寸来降低模型的计算复杂度，同时

增强模型对平移不变性(指池化层能捕捉到目标物体位置变化后的相似特征)的学习能力。最常用的池化操作是最大池化(max pooling)和平均池化(average pooling)。运算过程如图 2.4 所示。

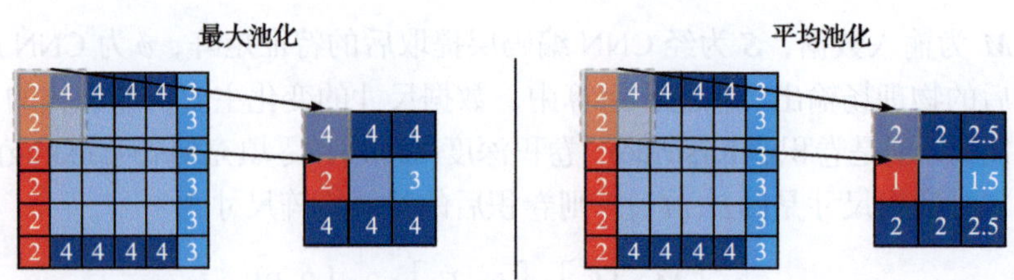

图 2.4 常用的池化操作

在最大池化中，每个子区域内的特征值被汇总为该区域内的最大值，这样可以保留最显著的特征并抑制噪声。而在平均池化中，每个子区域的特征值被汇总为该区域内的平均值，这种方式更加平滑，有助于保留整体特征。池化运算也能降低特征矩阵的维度，其缩小的规律同样符合式(2.52)的方式。通常情况下，池化层的输入为多通道的特征图，每个通道将分别进行池化操作，得到对应通道的汇总特征图作为输出。池化层可以被多次堆叠，以进一步减小特征图的尺寸。

全卷积神经网络的最后一部分是转置卷积层[5]。其主要作用是对输入数据进行上采样，即将高度压缩的特征矩阵放大到高分辨率图像。这个过程相当于在特征矩阵中的数据之间插入一些空白像素，然后通过卷积运算填充这些空白像素，从而实现上采样。转置卷积层的计算过程类似于卷积层的反向计算过程。为了方便理解，这里用公式计算了单个转置卷积层在二维数据上的应用

$$\sum_{k=1}^{K_l} \boldsymbol{S}_k^l * W_k = \boldsymbol{S}^{l+1} \tag{2.54}$$

式中，K_l 表示第 l 层中的特征图数量，$\boldsymbol{S}_k^l * W_k$ 表示第 l 层中第 k 个特征图与相应的第 k 个卷积核的卷积运算。在转置卷积层中，卷积核的尺寸、步长和填充方式等参数控制效果与卷积层相反，数据经转置卷积运算后的输出一般可以表示为

$$\boldsymbol{M}_{l+1} = \left(\boldsymbol{M}_l - 1\right) \times S - 2P + \boldsymbol{F}_l \tag{2.55}$$

可见，转置卷积层通过改变卷积核的尺寸和步长来输出一个更大尺寸的特征图。在计算流体领域，转置卷积的这一特性将高度编码的特征信息自适应解码复原。根据特征矩阵数据中的潜在不变规律，通过多层迭代优化来补偿细节信息，达到预测物理流场的目的。

(3) 图卷积神经网络。

CNN 对于非欧氏结构(非结构化)数据的特征学习准确度较低。原因是传统卷积核只能在规则的矩阵数据上进行运算，非均匀的、非结构化的数据通常需要像

素化预处理转化成规则数据。这个过程使得原始数据集精度丢失。图卷积神经网络(Graph Convolutional Neural Network，GCN)是一种专门用于处理图数据的深度学习模型。GCN 通过在图上定义卷积操作来处理非结构化的数据类型。图卷积神经网络的关键概念包括图表示、图卷积操作和多层结构等。图数据的表示包含有邻接矩阵和邻接表两种形式，以及节点特征矩阵和边特征矩阵。图 2.5 以局部离散网格为例展示了图数据的表示。

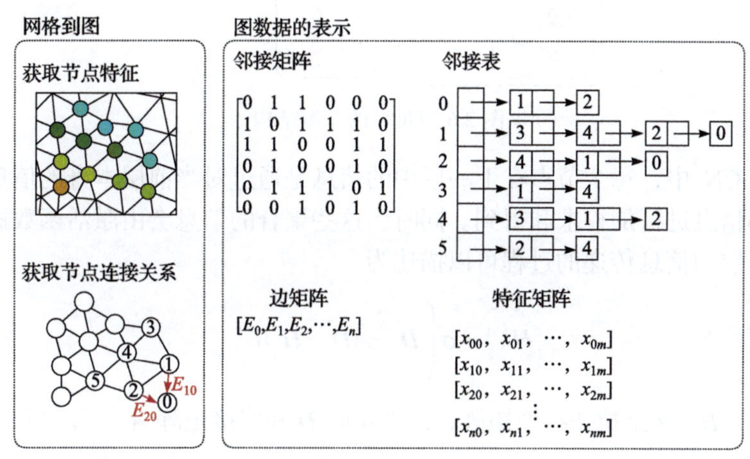

图 2.5 图数据的表示

考虑一个图 $G=(V,E)$，其中 $V(v\in V,i\in N)$和 $E(v_i,v_j\in E,i,j\in N)$分别表示节点和边。对于离散网格来说，V 被用来描述网格的顶点，而 E 则代表网格的连接关系。按照该规律，网格数据被处理成由节点特征组成的特征矩阵和由边连接组成的图数据，其充分表示了点与点之间的复杂关系，并保留了原网格的空间布局。在图数据中，邻接矩阵是表示顶点之间相邻关系的矩阵，值为 0 表示两个节点不能直接相连，值为 1 表示两个节点能够直接相连。邻接矩阵为每一个顶点都分配了 n 个边的空间，这种做法为不存在的边也分配了存储空间，对于数据储存和读取的效率有一定的影响。因此，邻接矩阵通常会表示成邻接表的形式，它只关注存在的边，能有效提高 GCN 的计算速度。一般而言，流场数据和空间坐标是定义在网格节点上的信息，这些节点上的信息可以作为图顶点上的特征用于 GCN 训练。为此，定义一个特征矩阵 $\boldsymbol{X}\in\mathbb{R}^{n\times m}$，$n$ 为图的节点数量，m 为每个节点上所具有的特征数。

作为一种直接在图结构上操作的神经网络，GCN 具有将非欧氏数据应用于其训练的能力。GCN 的运算过程主要包括节点之间的特征传播和层之间的特征传播。GCN 的基本结构如图 2.6 所示。

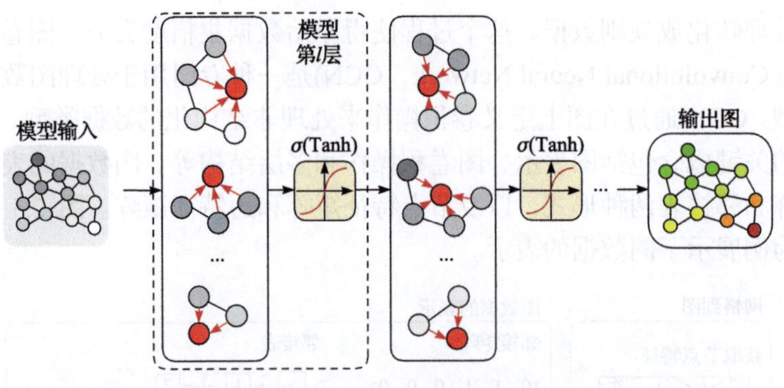

图 2.6　GCN 的基本结构

在 GCN 中，每个节点在下一层中的信息是通过对当前层本身的信息和其相邻节点的信息进行加权求和得到。同时，这些聚合的信息会由激活函数进行非线性转换。层间信息传递的过程可以描述为

$$\boldsymbol{H}^{l+1}=\sigma\left(\boldsymbol{D}^{-\frac{1}{2}}\tilde{\boldsymbol{A}}\boldsymbol{D}^{-\frac{1}{2}}\boldsymbol{H}^{l}\boldsymbol{W}^{l}\right) \tag{2.56}$$

式中，$\tilde{\boldsymbol{A}}=\boldsymbol{D}-\boldsymbol{A}$ 是拉普拉斯矩阵，由度矩阵 $\boldsymbol{D}$ 和邻接矩阵 $\boldsymbol{A}$ 计算得到，通过引入度矩阵，GCN 在计算过程中信息能够进行自传递。$\boldsymbol{D}^{-\frac{1}{2}}\tilde{\boldsymbol{A}}\boldsymbol{D}^{-\frac{1}{2}}$ 对邻接矩阵进行归一化处理，以平衡节点之间的影响。$\boldsymbol{H}^{l}$ 表示第 l 层 GCN 提取的特征，$\boldsymbol{W}$ 为一个可学习的权重矩阵，在训练过程中不断更新。σ 为激活函数，其类型与上述网络中使用的相似。

GCN 与传统的 CNN 的关键区别在于计算节点之间连接的消息传递方式。GCN 将信息流建模为从一个节点传递到另一个直接相连节点的过程，主要包含两个阶段：消息聚合过程和更新过程。信息流建模可以定义为

$$\boldsymbol{h}_{v}^{t+1}=U_{t}\left(\boldsymbol{h}_{v}^{t},\sum_{w\in\mathcal{N}(v)}M_{t}\left(\boldsymbol{h}_{v}^{t},\boldsymbol{h}_{w}^{t},\boldsymbol{e}_{vw}\right)\right) \tag{2.57}$$

式中，$\boldsymbol{h}_{v}^{t}$ 为第 t 次迭代中节点 v 的特征向量，U_t 和 M_t 分别为节点的更新函数和聚合函数，$\boldsymbol{e}_{vw}$ 为节点 v 和节点 w 之间的边特征向量。节点消息传递方式的聚合过程和更新过程如图 2.7 所示。

在这个过程中，灰色节点表示更新前的节点特征，而黄色节点表示更新后的节点特征。所有节点同时聚合其相邻节点的特征，以获得更新后的特征表示。

与传统的 CNN 相似之处是 GCN 通常也由多个图卷积层组成。每个图卷积层通过对节点表示的迭代更新，在不同的层次上提取更高级别的特征。这种逐层更

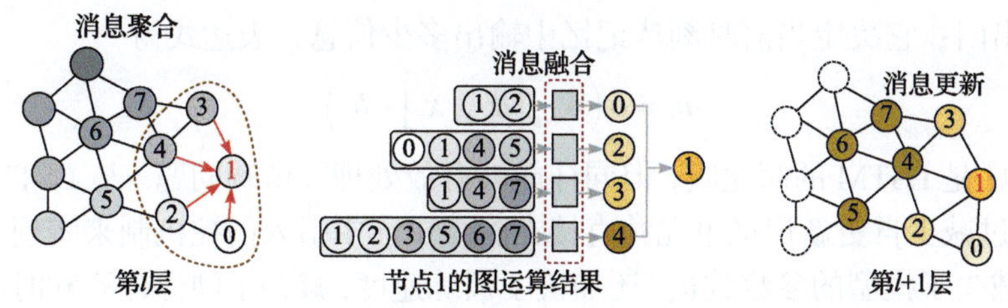

图 2.7 节点消息传递方式的聚合过程和更新过程

新节点表示的过程可以帮助模型捕捉更全局和抽象的图结构信息，并在后续的任务中表现出更强的性能。

(4) 循环神经网络。

循环神经网络(RNN)[10]是一种用于处理序列数据的神经网络，它具有一种独特的架构，即网络中的节点可以保持信息，并且具有“记忆”能力。这使得 RNN 特别适合处理时间序列、文本、语音等数据，因为它能够捕捉前后依赖关系。RNN 的关键特性是循环结构。在传统的前馈神经网络中，信息从输入层向前传播到输出层，每一层的输出不会影响前面的层。而在 RNN 中，隐藏层的输出不仅仅用于计算输出层结果，还会反馈给隐藏层的输入，从而将之前时刻的信息传递到当前时刻，形成了一种“时间记忆”。

RNN 的组成结构与传统的全连接神经网络相似，区别在于 RNN 在网络中引入了时间维度，形成了一种循环的架构。因此，对于 RNN 的输入层和输出层不再赘述，关键在于隐藏层中的循环连接结构。RNN 在每一个时间步中，隐藏层的输出不仅仅用于生成当前时间步的输出，还会反馈给自身，作为下一个时间步的输入之一，隐藏层的公式表达为

$$\boldsymbol{h}_t = f\left(\boldsymbol{W}_h \cdot \boldsymbol{x}_t + \boldsymbol{U}_h \cdot \boldsymbol{h}_{t-1} + \boldsymbol{b}_h\right) \tag{2.58}$$

式中，$\boldsymbol{x}_t$ 为当前时间步的输入，$\boldsymbol{h}_{t-1}$ 为上一时间步的隐藏层输出，$\boldsymbol{W}_h$ 和 $\boldsymbol{U}_h$ 分别为输入层到隐藏层、隐藏层到隐藏层的权重矩阵，$\boldsymbol{b}_h$ 为偏置项，f 为非线性激活函数。RNN 的隐藏层采用多层堆叠的方式，以增强网络的表达能力。

RNN 存在多种变体，通过不同的结构和机制改进标准 RNN 的性能，解决 RNN 在处理长序列、捕捉远距离依赖数据时遇到的梯度消失和梯度爆炸问题。当前较为成熟的有长短期记忆网络(LSTM)、门控循环单元(Gated Recurrent Unit，GRU)和双向 RNN。LSTM 通过三个门来控制信息流动，以解决数据长期依赖问题。

遗忘门：它决定当前时刻是否保留上一时刻的记忆，表达式为

$$\boldsymbol{f}_t = \sigma\left(\boldsymbol{W}_f \cdot \left[\boldsymbol{h}_{t-1}, \boldsymbol{x}_t\right] + \boldsymbol{b}_f\right) \tag{2.59}$$

输入门：它决定是否更新当前时刻的记忆，表达式为

$$\boldsymbol{i}_t = \sigma\left(\boldsymbol{W}_i \cdot \left[\boldsymbol{h}_{t-1}, \boldsymbol{x}_t\right] + \boldsymbol{b}_i\right) \tag{2.60}$$

输出门：它决定当前时刻从记忆中输出多少信息，表达式为

$$o_t = \sigma\left(W_o \cdot \left[h_{t-1}, x_t\right] + b_o\right) \tag{2.61}$$

GRU 是 LSTM 的简化版，但同样能够有效处理长依赖问题。与 LSTM 相比，GRU 通过减少自更新记忆单元并直接在隐藏单元中引入门控机制来实现自更新。这不仅减少了模型的参数数量，还加快了训练速度，减轻了硬件计算和时间成本，同时降低了过拟合问题的风险。GRU 只有两个门。

重置门：它决定网络丢弃多少过去的信息，表达式为

$$r_t = \sigma\left(W_r \cdot \left[h_{t-1}, x_t\right] + b_r\right) \tag{2.62}$$

更新门：它决定当前时刻的隐藏状态应该保留多少过去的记忆，表达式为

$$U_t = \sigma\left(W_U \cdot \left[h_{t-1}, x_t\right] + b_U\right) \tag{2.63}$$

双向 RNN 是一种增强型 RNN，通过同时考虑输入序列的前向和后向信息来提高网络的上下文感知能力。在双向 RNN 中，两个 RNN 结合在一起，一个从输入序列的头部开始向前处理，另一个从尾部开始向后处理。最终的输出由前向和后向的两个 RNN 输出结合而成。这种结构适合处理需要对信息有精确理解的任务。

(5) 物理信息神经网络。

物理信息神经网络(PINN)[11]将物理定律、规则和原理等物理知识嵌入神经网络中，用来提升神经网络模型性能。相比于纯数据驱动的神经网络模型(上述四种神经网络)，PINN 的优势表现在以下几个方面：①当缺乏足够的训练数据时，PINN 将已知的物理规律和定律嵌入网络中，使得网络具备先验知识，从而在数据较少的情况下更好地进行预测和推理；②利用物理规律作为约束条件，可以提高模型的泛化能力，使其能够更好地适应新的输入情况，并产生更准确的输出结果；③由于网络中嵌入了物理方程，模型的决策和推理过程更具可解释性。

PINN 通常由两个主要部分构成：神经网络模型和物理控制方程。PINN 的神经网络部分是一个解决输入到输出之间映射关系的结构，理论上可以是任意形式的传统神经网络，如 FNN、CNN，甚至 GCN。物理控制方程嵌入 PINN 的损失函数中，使模型的训练收敛过程符合相应的物理规律。根据研究对象的不同，可以将牛顿运动定律、热力学定律等控制方程嵌入模型内。

为了简要介绍 PINN 解决方案的思路，本节以二维不可压缩稳态 Navier-Stokes 方程为例，描述了 PINN 的求解过程。首先，对于一个流体运动问题，其整个系统可以表述为

$$\mathcal{F}\left(u, \nabla \cdot u, \nabla^2 \cdot u, p, \cdots, \theta\right) = 0, \quad \mathcal{F} \in \mathbb{R}^d \tag{2.64}$$

$$\mathcal{B}\left(u, \nabla \cdot u, \nabla^2 \cdot u, p, \cdots, \theta\right) = 0, \quad \mathcal{B} \in \mathbb{R}^b \tag{2.65}$$

式中，$\mathcal{F}$ 为定义在计算域 $\mathbb{R}^d$ 上的微分方程，$\boldsymbol{u}$ 为系统的解变量，它由神经网络模型进行逼近，∇ 为对空间坐标的梯度算子，$\mathcal{B}$ 为定义在边界条件上的一般微分算子，它们被施加在计算域的边界 $\mathbb{R}^b$ 上。图 2.8 为 PINN 的示意图，解变量$[\hat{\boldsymbol{u}}_x, \hat{\boldsymbol{u}}_y, \hat{p}]$ 由神经网络预测获得。图中 $\boldsymbol{\theta}$ 为神经网络的可训练参数。解变量随后由自动微分算法分别计算微分结果，从而可以根据物理方程构建网络的损失函数。

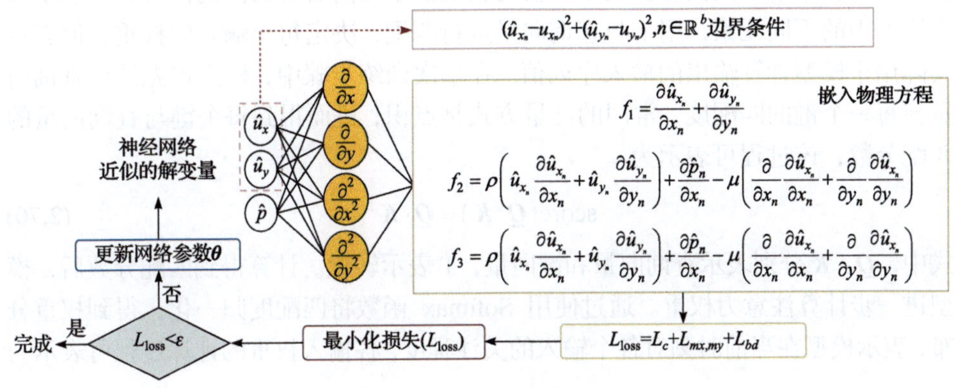

图 2.8　PINN 的求解过程

对于当前系统，损失函数主要由连续性方程损失 L_c、动量守恒方程损失 $L_{mx,my}$ 和边界条件损失 L_{bd} 的和构成，它们分别定义如下

$$L_c=\frac{1}{Z_1}\sum_{n=1}^{Z_1}\left(\frac{\partial \hat{u}_{x_n}}{\partial x_n}+\frac{\partial \hat{u}_{y_n}}{\partial y_n}\right)^2,\quad Z_1\in\mathbb{R}^d \tag{2.66}$$

$$L_{mx}=\frac{1}{Z_1}\sum_{n=1}^{Z_1}\left(\rho\left(\hat{u}_{x_n}\frac{\partial \hat{u}_{x_n}}{\partial x_n}+\hat{u}_{y_n}\frac{\partial \hat{u}_{x_n}}{\partial y_n}\right)+\frac{\partial \hat{p}_n}{\partial x_n}-\mu\left(\frac{\partial}{\partial x_n}\frac{\partial \hat{u}_{x_n}}{\partial x_n}+\frac{\partial}{\partial y_n}\frac{\partial \hat{u}_{x_n}}{\partial y_n}\right)\right)^2 \tag{2.67}$$

$$L_{my}=\frac{1}{Z_1}\sum_{n=1}^{Z_1}\left(\rho\left(\hat{u}_{x_n}\frac{\partial \hat{u}_{y_n}}{\partial x_n}+\hat{u}_{y_n}\frac{\partial \hat{u}_{y_n}}{\partial y_n}\right)+\frac{\partial \hat{p}_n}{\partial y_n}-\mu\left(\frac{\partial}{\partial x_n}\frac{\partial \hat{u}_{y_n}}{\partial x_n}+\frac{\partial}{\partial y_n}\frac{\partial \hat{u}_{y_n}}{\partial y_n}\right)\right)^2 \tag{2.68}$$

$$L_{bd}=\frac{1}{Z_2}\sum_{n=1}^{Z_2}\left(\left(\hat{u}_{x_n}-u_{x_n}\right)^2+\left(\hat{u}_{y_n}-u_{y_n}\right)^2\right),\quad Z_2\in\mathbb{R}^b \tag{2.69}$$

式中，Z_1 为位于计算域 $\mathbb{R}^d$ 中的节点数，Z_2 为位于边界 $\mathbb{R}^b$ 上的节点数。至此，PINN 的构建结束。随后通过优化算法最小化损失函数来训练网络，直到损失函数收敛值小于阈值 ε，此时可认为模型预测结果符合物理方程的解。

(6) 注意力机制。

注意力机制[12]是一种深度学习技术，旨在模拟人类在处理复杂信息时有选择性地关注某些重要部分的能力。其核心思想是在处理序列数据时，让模型不必记住整个输入序列，而是根据需要有选择地关注输入序列的不同部分，从而提高对重要信息的捕捉能力。其做法是让模型可以赋予输入序列中每个元素不同的权重，权重越大，模型对该部分的关注度就越高。经过训练，模型可以有效学习到输入序列中哪些部分对当前任务更为重要。

一个典型的注意力机制可以分为三个主要部分：查询、键和值，它们分别代表输入数据中的不同向量。其中，查询表示模型当前需要关注的内容；键表示输入序列中的不同元素，用于与查询向量进行匹配，决定每个输入的权重；值表示实际用于模型计算输出的输入序列值。在单次训练步骤中，模型首先计算查询向量与每一个键的匹配度，常用的度量方式是点积，进而得到每个键与查询向量的匹配分数，该过程可表示为

$$\operatorname{score}(\boldsymbol{Q},\boldsymbol{K})=\boldsymbol{Q}\cdot\boldsymbol{K}^{\mathrm{T}} \tag{2.70}$$

式中，$\boldsymbol{Q}$、$\boldsymbol{K}$ 分别表示查询向量和键向量，T 表示转置。计算得到匹配分数后，模型进一步计算注意力权重。通过使用 Softmax 函数将匹配度归一化，得到权重分布，表示模型在当前时刻对各个输入的关注程度，各输入权重的计算过程可表示为

$$\alpha_{ij}=\frac{\exp\left(\operatorname{score}\left(\boldsymbol{Q}_i,\boldsymbol{K}_j\right)\right)}{\sum_k \exp\left(\operatorname{score}\left(\boldsymbol{Q}_i,\boldsymbol{K}_j\right)\right)} \tag{2.71}$$

式中，α_{ij} 表示第 i 个查询向量对应第 j 个键的注意力权重，分母部分将所有查询向量与各个键的得分求指数并归一化，确保权重和为 1，使得权重值可以被解读为概率分布。最后，将得到的权重与对应的值相乘，并对所有值进行加权求和，得到最终的输出，该过程可以表示为

$$\text{output}_i=\sum_j \alpha_{ij}\boldsymbol{V}_j \tag{2.72}$$

式中，$\boldsymbol{V}_j$ 表示键对应的值向量，代表输入序列中每个位置的实际信息。

在注意力机制中，输入的查询、键和值通常是通过线性变化(全连接层)得到。因此，它们对应的权重矩阵是训练过程中模型更新的主要对象。通过在神经网络模型中引入注意力机制，动态选择性关注输入中的关键信息，可以改善模型对远距离依赖、全局特征和多模态交互的捕捉能力，大大提高神经网络模型在处理复杂任务中的性能。

(7) 迁移学习。

迁移学习[13]是一种机器学习技术，旨在将一个任务中学到的知识(如模型的参数、特征表示)应用到另一个相关但不同的任务中，从而提高模型在目标任务中的性能。与传统的机器学习方法不同，迁移学习不需要从头开始训练模型，而是通过利用预训练模型的知识来加速目标任务的学习过程。在迁移学习中，有两个

主要的任务：源任务和目标任务。源任务是模型最初训练的任务，通常具有大量的标注数据。例如，在流场分布预测中，源任务可以是模型对流场数值仿真数据的特征辨识，该过程通过大量的仿真数据进行模型训练；目标任务是模型需要解决的新任务，通常标注数据较少，或者与源任务有一定关联但不完全相同。例如，数据量较少的风洞实验采集信息可作为模型迁移的目标任务。迁移学习的目标是将从源任务中学到的知识(如特征表示、模型参数)迁移到目标任务上，减少对大量训练数据的依赖，并提升模型在目标任务上的表现。

迁移学习可根据任务、数据、模型之间的差异分为三种类型：①基于特征的迁移学习，在这种方式下源任务模型的前几层参数会被保留，并迁移到目标任务中，新的目标任务只需在这些特征上添加新的网络层，通过在目标数据上继续训练以适应新任务。②基于模型参数的迁移学习，这种迁移学习方法直接利用源任务中训练好的模型参数作为目标任务的初始模型，然后在目标任务的数据上进行微调。特别是对于深度神经网络，源任务中学到的权重可以作为初始权重，用来减少目标任务中的训练时间和数据需求。③基于对抗训练的迁移学习，这种方式是为了应对源任务和目标任务之间具有较大差异，迁移特征可能不够适应的问题。通过使用生成对抗网络，训练过程中引入一个对抗器使源领域和目标领域的特征分布尽量接近，从而提高模型在目标任务中的泛化能力。

迁移学习通过将预训练模型中学到的知识应用于新的任务，能够显著改善深度神经网络模型的预测性能，特别是在目标任务数据有限或训练时间有限的情况下。迁移学习实现以上能力的理论依据建立在数据底层特征通用性的基础上。在神经网络的学习过程中，随着网络层数的增加，深度模型逐渐从简单的低级特征过渡到更复杂的、高级的特征表示。底层特征负责捕捉局部的基础信息，而中层特征开始关注形状、纹理、几何结构等较为复杂的模式，高层特征则逐渐专注于语义信息，即如何将前几层提取到的特征组合起来形成对整个输入的理解。虽然高层特征通常与具体任务密切相关，但底层和中层特征往往可以在不同任务间共享。正是这种底层特征的普适性，使得迁移学习可以将预训练模型的底层参数直接应用于新任务中。

2.2.2 数据集预处理

数据集预处理[14]是深度学习中不可或缺的关键步骤，旨在将原始数据转换为适合算法模型使用的格式。这一过程直接决定了模型的学习效果、预测性能和泛化能力。预处理不仅仅是为了清洗数据，更是为了优化特征的表达，使模型能够充分理解数据中的信息。在进行数据集预处理时，数据的质量、特征的构造方式，乃至任务的特殊需求都会影响最终的结果。由于不同任务对数据的要求不同，所以预处理方法在每种任务中的应用具有高度的灵活性和特殊性。常用的预处理方法有数据规范化和标准化、数据离散化、数据编码、异常值处理、数据分割和增强等。

在数据规范化和标准化过程中，不同的任务会对特征尺度的差异敏感，特别是在那些使用梯度下降优化的算法中，特征之间的尺度差异会直接影响模型的收敛速度和训练效果。规范化的目的是将数据缩放到同一尺度，使得所有特征对模型的贡献一致，从而提高模型的性能。常见的规范化方法有最小-最大归一化和 Z-score 标准化。前者将特征值缩放到 0～1 的范围内，适用于特征值范围差异较大的场景；后者则将数据转换为均值为 0、标准差为 1 的标准正态分布，适合要求数据呈现正态分布的算法。针对图像处理中的卷积神经网络，输入数据通常需要进行归一化处理以提高模型的稳定性和性能，而对于一些需要精确计算数值差异的任务，数据的标准化则能帮助模型更好地捕捉不同特征之间的相对关系。

数据离散化是将连续型数据转化为离散类别数据的过程，尤其适合一些分类任务或特征量纲不同的情境。在某些场景中，将连续特征转化为离散特征能够简化模型并提升计算效率。等宽离散化将数据按照固定宽度的区间进行划分，而等频离散化则保证每个区间内的数据量大致相等。对于需要捕捉聚类特征的任务，可以使用 K-means 等聚类算法对数据进行离散化，以实现更高维度上的特征整合。离散化在金融风险评估和客户行为分析中较常见，因为这些任务通常需要将一些连续的数值数据(如收入、支出、信用评分等)分段进行分析和评估。

数据编码是处理类别型特征的关键步骤，特别是在分类和回归任务中，模型往往需要将类别型数据转换为数值型数据才能进行处理。常见的编码方式包括标签编码和独热编码。标签编码将每个类别映射为一个唯一的整数值，适合有序的类别型特征，但在无序的类别中可能引入模型偏差。独热编码将类别型数据转换为二进制特征矩阵，使得每个类别具有独立的特征列，避免了类别顺序带来的影响，这在机器学习中尤为常见，特别适用于决策树、支持向量机(Support Vector Machine，SVM)等模型。除此之外，二进制编码是一种压缩编码方式，适用于类别数量庞大的场景，能够有效降低内存开销。在自然语言处理任务中，词汇的独热编码常用于文本分类，而近年来流行的词向量技术也为数据编码提供了更加丰富的上下文语义表达方式。

异常值处理是为了应对数据中的极端值，这些异常点如果不处理，可能会对模型的训练造成负面影响，尤其是对线性回归、KNN(K-Nearest Neighbor Classification)等对距离度量敏感的算法。简单的方法是删除这些异常值，但在数据量较少的场景中，直接删除可能导致有用信息的丢失。因此，缩尾法常用于将异常值缩至边界值，避免模型受到极端值的影响过大。某些情况下，异常值也可以通过机器学习算法检测并做出合理调整。

此外，数据集预处理中的数据分割和数据增强也至关重要。数据分割将数据集划分为训练集、验证集和测试集，以便模型的训练、调优和性能评估。一个合理的数据分割比例可以有效避免模型的过拟合，提高其在未见数据上的泛化能力。数据增强则通过对原始数据的随机变换(如图像旋转、缩放、噪声添加等)，生成更多的训练样本，特别适合用于图像识别、语音识别等任务，能够显著提升模型的鲁棒性。

最后，值得强调的是，数据集的预处理具有定制化特性，预处理过程需要根据具体任务的需求和数据类型选择不同的技术与方法。处理图像、文本、时间序列、表格数据等不同形式的输入时，预处理步骤和方法会有很大差异。例如，图像数据集可能需要裁剪、旋转等增强操作，而文本数据则需要进行分词、去除停用词和词向量转换。通过合理的预处理，不仅可以提高数据的质量，消除噪声和异常点，还能让模型更快、更精确地学习数据中的潜在模式。预处理的质量直接决定了后续模型的训练效果，因此在不同的任务场景下，数据预处理的选择和实施必须具有针对性。

2.2.3 深度学习优化算法

神经网络训练是一个反复迭代计算的过程。通过不断地反复迭代更新参数，逐渐优化模型的性能，使其能够更好地拟合输入数据并进行准确的预测。针对现如今大多数的神经网络，训练过程都是由损失函数计算模型参数相对于它的梯度，从最后一层开始利用链式法则向前逆向传播梯度。数学上，梯度下降更新模型参数的公式为

$$\boldsymbol{\theta}_t = \boldsymbol{\theta}_{t-1} - \alpha \cdot \nabla J\left(\boldsymbol{\theta}_{t-1}\right) \tag{2.73}$$

式中，$\boldsymbol{\theta}$ 为模型的参数，α 为学习率，它控制了每次参数更新的步长，决定了模型的收敛速度，$\nabla J(\boldsymbol{\theta})$ 是损失函数 $J(\boldsymbol{\theta})$ 对参数 $\boldsymbol{\theta}$ 的梯度，表示损失函数相对于每个参数的偏导数。梯度下降的目标是在每次迭代时更新模型参数，使得损失函数达到最小值。因此，在计算完所有的梯度后，可以使用 SGD 等优化算法[15]来完成对每一层网络参数的更新。下面将以本书最常用的 Adam 算法为例对神经网络的优化器进行介绍。

Adam 算法是传统随机梯度下降算法的变体，它通过计算每个参数的自适应学习率来优化模型。该算法的核心思想在于利用损失函数关于每个参数的梯度一阶矩(m_t)和二阶矩(v_t)进行参数更新。对于每个参数的梯度 g_t，更新其一阶矩估计为

$$m_t = \beta_1 m_{t-1} + \left(1 - \beta_1\right) g_t \tag{2.74}$$

式中，β_1 是控制一阶矩估计衰减速度的超参数，一般设置为 0.9。

更新其二阶矩估计为

$$v_t = \beta_2 v_{t-1} + \left(1 - \beta_2\right) g_t^2 \tag{2.75}$$

式中，β_2 是控制二阶矩估计衰减速度的超参数，一般设置为 0.999。

一阶矩(m_t)和二阶矩(v_t)分别控制了模型参数更新的方向和步长。在更新的初始阶段，m_t 和 v_t 的值都会接近零，可能导致 Adam 算法在计算初期的值偏向于零。因此，为了解决这个问题，提出以下校正方法

$$m_t^{\text{corrected}} = \frac{m_t}{1-\beta_1^t} \tag{2.76}$$

$$v_t^{\text{corrected}} = \frac{v_t}{1-\beta_2^t} \tag{2.77}$$

注意这里 β_1 的上角标 t 表示当前的迭代步。根据修正后的一阶和二阶矩估计，模型的每个参数 θ 更新可以表示为

$$\theta_{t+1} = \theta_t - \alpha \frac{m_t^{\text{corrected}}}{\sqrt{v_t^{\text{corrected}}}+\epsilon} \tag{2.78}$$

式中，ϵ 是一个很小的常数(如 10^{-8})，用于避免分母为零的情况。

2.2.4 深度学习模型评价准则

在深度学习模型的开发和应用中，评价模型的性能是至关重要的一环。模型的评价准则决定了如何衡量模型的表现，从而帮助优化和调优模型，确保其在训练数据之外能够正确预测和泛化到未见数据。根据任务的不同(如分类、回归等)，评价准则各不相同，常见的指标包括准确率、精确率、召回率、F1 值、均方误差、交叉熵等。考虑到本书涉及的研究对象是传热流动问题，所构建模型以连续数值预测任务为主，因此主要从回归模型角度评价模型性能。常用的评价准则包括均方误差(Mean Squared Error, MSE)和平均绝对误差(Mean Absolute Error, MAE)[16]。

MSE 是回归分析中最常用的评价指标之一，它计算的是模型预测值与实际值之间的误差平方的平均值，其计算公式为

$$\text{MSE} = \frac{1}{N}\sum_{i=1}^{N}(y_i-\hat{y}_i)^2 \tag{2.79}$$

式中，y_i 为第 i 个样本的实际值，$\hat{y}_i$ 为模型的预测值，N 为样本总数。MSE 通过对误差取平方，放大了大的误差，这意味着 MSE 对于那些预测值偏离实际值较大的情况比较敏感。也正是对误差平方进行处理，MSE 对于异常值非常敏感，如果数据中存在极端的异常值，可能会使得 MSE 变得非常大，进而影响模型的评价。

MAE 计算的是预测值与实际值之间绝对误差的平均值，其计算公式为

$$\text{MAE} = \frac{1}{N}\sum_{i=1}^{N}|y_i-\hat{y}_i| \tag{2.80}$$

MAE 没有像 MSE 那样对误差进行平方，因此它对异常值的敏感度较低，适合

那些容忍部分较大误差，而更关注整体误差较小的场景。然而，MAE 在优化过程中对梯度信息不如 MSE 敏感，因此在某些优化算法中可能会导致收敛速度较慢。

在回归分析任务中，评价准则的选择直接影响对模型性能的理解和优化策略的制定。MSE 和 MAE 等指标能够从不同角度衡量模型的预测误差和拟合程度。根据具体的任务需求和数据分布，合理选择评价指标不仅能更好地解释模型的预测性能，还能为模型的改进提供重要依据。

2.3 本章小结

本章主要介绍了神经网络的基本概念以及在计算流体力学中应用的基础理论。首先，探讨了不同神经网络结构，包括全连接神经网络(FNN)、卷积神经网络(CNN)、图卷积神经网络(GCN)以及物理信息神经网络(PINN)，并讨论了它们在流体力学建模和预测中的适用性。然后，详细讨论了训练数据集的相关理论，主要包括生成原始数据集的数值计算模型及其控制方程。随后，介绍了数据预处理的关键技术，以确保神经网络能够高效学习流场数据。最后，以 Adam 算法为例简要概述了神经网络的训练过程。

参考文献

[1] Popescu M C, Balas V E, Perescu-Popescu L, et al. Multilayer perceptron and neural networks[J]. WSEAS Transactions on Circuits and Systems, 2009, 8: 579-588.

[2]张焕，张庆，于纪言．激活函数的发展综述及其性质分析[J]．西华大学学报(自然科学版), 2021, 40(4): 1-10.

[3] Albawi S, Mohammed T A, Al-Zawi S. Understanding of a convolutional neural network[C]//The International Conference on Engineering and Technology, 2017: 1-6.

[4] Sun M, Song Z, Jiang X, et al. Learning pooling for convolutional neural network[J]. Neurocomputing, 2017, 224: 96-104.

[5] Zhou Y, Chang H, Lu X, et al. DenseUNet: improved image classification method using standard convolution and dense transposed convolution[J]. Knowledge-Based Systems, 2022, 254: 109658.

[6] 徐宇奇，王欣悦，徐小良．适用于 SCNN 的多维度注意力方法[J]．杭州电子科技大学学报(自然科学版), 2023, 43(3): 37-46.

[7] Scarselli F, Gori M, Tsoi A C, et al. The graph neural network model[J]. IEEE Transactions on Neural Networks, 2008, 20: 61-80.

[8] Zhou J, Cui G, Hu S, et al. Graph neural networks: a review of methods and applications[J]. AI Open, 2020, 1: 57-81.

[9] Wu Z, Pan S, Chen F, et al. A comprehensive survey on graph neural networks[J]. IEEE Transactions on Neural Networks and Learning Systems, 2020, 32: 4-24.

[10] 杨丽，吴雨茜，王俊丽，等．循环神经网络研究综述[J]．计算机应用, 2018, 38(S2): 1-6, 26.

[11] 刘霞, 冯文晖, 连峰, 等. 基于物理信息神经网络的气动数据融合方法[J]. 空气动力学学报, 2023, 41(8): 87-96.

[12] 任欢, 王旭光. 注意力机制综述[J]. 计算机应用, 2021, 41(S1): 1-6.

[13] 庄福振, 罗平, 何清, 等. 迁移学习研究进展[J]. 软件学报, 2015, 26(1): 26-39.

[14] 菅志刚, 金旭. 数据挖掘中数据预处理的研究与实现[J]. 计算机应用研究, 2004,(7): 117-118, 157.

[15] 仝卫国, 李敏霞, 张一可. 深度学习优化算法研究[J]. 计算机科学, 2018,45(S2): 155-159.

[16] 文洁. MSE 与 MAE 对机器学习性能优化的作用比较[J]. 信息与电脑(理论版), 2018,(15): 42-43.

第 3 章　基于卷积神经网络的特征自适应传热流动预测模型

3.1　引　言

深度学习算法以及高性能计算机的发展，为科研人员从大数据的角度挖掘数据潜在规律提供了有力支持。利用深度学习算法构建传热流动降阶预测模型，通过其强大的非线性拟合能力，从预先已知的高保真数据中发现流体流场的潜在不变模态，进而建立求解流体力学问题的数据驱动模型，实现流体力学问题的智能、快速和低计算成本的求解，以提高优化设计过程的计算效率。

在传热流动领域，不同的工况条件往往决定了流体力学问题的复杂性和表现特征。无论是在航空航天中的飞行器热管理系统，还是在能源领域的燃气轮机冷却设计中，流体流动的行为和传热特性在不同工况下都有着显著的变化。例如，在高温、高压工况下，流体的流动形式可能会从层流转变为湍流，影响传热效率；而在低温或低速工况下，传热效率可能会下降，甚至导致局部热点的出现。因此，要将深度学习模型进一步服务于传热流动领域，工况的变化要求预测模型具备强大的自适应性和泛用性，开展特征自适应的深度学习模型研究变得尤为重要。

针对传热流动领域具有多工况流场快速预测的需求，本章将专注于介绍卷积神经网络模型自适应不同工况特征的方法，以不同种类算例为基础，主要从数据预处理、模型结构设计，以及训练方式等角度，介绍特征自适应的传热流动预测模型。

3.2　特征自适应模型的背景与挑战

3.2.1　研究特征自适应模型的必要性

在传热流动问题的研究中，不同工况条件下的流体行为和传热特性往往表现出显著差异。随着工业系统复杂性的增加，尤其是在航空航天、能源动力等领域，系统需要在多变的工况下实现高效的热管理与流动控制，传统的数值方法在应对这些变化时，通常依赖逐个工况的重新计算，导致计算成本高且效率低下。因此，发展具有自适应能力的特征提取模型，能够根据不同工况自动调整模型的预测能力，成为解决这一问题的关键。特征自适应模型通过从不同工况下的高维数据中提取并学习流体的潜在动态特征,从而实现对多种工况下的智能预测和优化设计。

特征自适应模型面临的主要挑战在于如何有效应对多工况下的动态变化。首先，工况变化带来的流动模式转变(如层流与湍流的切换)以及复杂的非线性效应，使得模型需要具有强大的拟合能力，才能准确描述流体系统的行为。其次，不同工况下流体特征具有多尺度特性，模型需要能够从局部和全局两个层面同时提取特征，并在不同尺度间灵活转换。此外，模型还必须具备良好的泛化能力，能够在未知或未见过的工况条件下保持较高的预测精度，以应对实际应用中复杂的工况变化。

特征自适应模型的研究对于应对传热流动领域中的多工况变化具有重要意义。通过引入自适应的特征提取机制，模型可以有效提升预测精度和计算效率，尤其是在面对复杂的非线性和多尺度问题时。未来，这类模型的进一步发展将有助于推动复杂流体力学问题的智能化求解，为高性能工程设计提供更加高效的技术支持。

3.2.2 特征自适应模型的关键要素

特征自适应模型的核心在于能够根据不同的输入工况动态调整特征提取过程。在传统方法中，特征提取往往依赖预设的物理模型或规则，难以应对复杂非线性变化。而在自适应模型中，CNN 能够通过层级化的方式从数据中自动提取具有不同尺度和层次的特征[1]。对于传热流动问题，这意味着模型可以根据流体的速度、温度、压力等参数，在多维度上捕捉流动的局部与全局特征。卷积层通过卷积核的滑动提取输入数据的局部特征，池化层则进一步缩小数据维度、减少冗余信息[2]，这使得模型在面对变化的工况时，能够快速调整特征提取的方式，以保证在复杂条件下的高效运行。这种灵活的特征提取机制使得模型能够应对不同工况下流体力学和传热问题的变化。

同时，为了有效应对多工况下的复杂传热流动问题，特征自适应模型需要处理不同尺度和层次上的特征。CNN 的多层次结构正好适应了这一需求。在初级层，模型捕捉的是简单的局部特征，如流体流场中的速度分布和温度梯度；而在更深的层次，模型则能够识别更加复杂的全局模式，如湍流结构的变化和热传导路径。通过这种层次化的特征提取，模型不仅能够适应微小的局部变化，还能够通过全局模式捕捉更宏观的工况变化。这种分层次的特征处理使模型能够在面对工况大幅波动时依然保持较高的预测精度。

最为重要的是，特征自适应模型不仅具有适应多工况的能力，还能通过优化设计和实时响应来应对不同的复杂工况。CNN 的高效计算架构，通过权重共享和稀疏连接设计，使得计算量大幅降低，尤其在多工况预测场景下，能够实现快速响应。特征自适应模型通过自动调节其网络结构和权重参数，在不同的传热流动环境下灵活调整，从而在保持精度的同时，最大程度上降低计算成本，为实际应用中的实时控制提供了有力支持。

3.3　案例分析 1——基于卷积神经网络的几何自适应稳态传热降阶建模

3.3.1　案例说明

假设有一个由不规则形状的金属制成的热物体，该物体被置于一个温度较低的环境中，目标是预测这个物体内部的稳态温度分布。在传统的热传导分析中，这通常需要通过数值方法求解偏微分方程，并且在几何尺寸变化后还需要重新求解。该过程会有大量的重复工作，如网格划分、迭代求解等，导致计算成本增加。本节提出一种新的解决方案，通过使用训练好的卷积神经网络模型来快速预测温度分布。该模型经过对简单几何形状的特征分析，如三角形、四边形等多边形，具备自适应任意几何形状的能力，并且能够准确预测复杂几何形状的稳态热传导[3,4]。

本节提出的深度卷积数据驱动降阶模型，主要用于对二维空间中具有任意复杂几何构型的稳态温度场预测。考虑到几何的结构特征将是模型的主要关注对象，不再使用二值矩阵构建训练集，而是采用有符号距离函数(Signed Distance Function，SDF)[5]来表示物体的几何形状。图 3.1 为模型框架构建的整体流程。

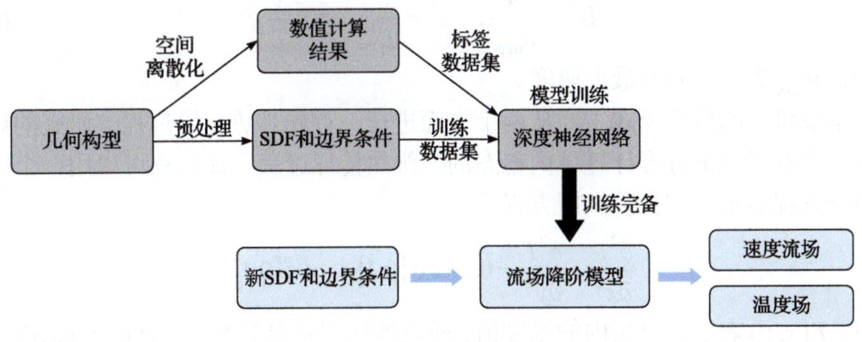

图 3.1　模型框架构建的整体流程

几何形状被离散化成网格，用于 OpenFOAM 计算求解真值数据。同时，几何形状还被预处理成 SDF 矩阵，使得几何形状的边界和流动区域更好区分。将 SDF 矩阵作为降阶预测模型的输入训练数据，数值求解的真值数据作为模型的输出标签数据，训练降阶模型。在使用适当大小的数据集进行训练后，该模型可以基于新的 SDF 矩阵和边界条件的输入矩阵预测温度场。

3.3.2 训练数据集的生成和预处理

本节研究的流体动力学问题包含流动现象和传热现象，其中流动现象是稳态不可压缩的等温层流流动，其连续性方程和动量方程可表示如下[6]

$$\nabla \cdot \boldsymbol{u} = 0 \tag{3.1}$$

$$\rho(\boldsymbol{u} \cdot \nabla \boldsymbol{u}) = \nabla \cdot \boldsymbol{\sigma} + \boldsymbol{b} \tag{3.2}$$

$$\boldsymbol{\sigma} = -p\boldsymbol{I} + \mu\left(\nabla \boldsymbol{u} + (\nabla \boldsymbol{u})^{\mathrm{T}}\right) \tag{3.3}$$

式中，$\boldsymbol{u}$ 表示速度场，$\boldsymbol{b}$ 表示体积力，ρ 是密度，$\boldsymbol{\sigma}$ 是柯西应力张量，p 是静压力，μ 是流体的动力黏度。雷诺数定义为 $\mathrm{Re} = \rho U_0 L / \mu$，其中，$U_0$ 是自由流速度，L 是所研究计算域的特征长度。边界条件的详细信息可以参考表 3.1。

表 3.1　几何自适应研究算例中的边界条件设置

边界类型	速度	压力
壁面	No-Slip	Zero Gradient
入流	Fixed Value	Zero Gradient
出流	Zero Gradient	Fixed Value
绕流体	No-Slip	Zero Gradient

根据控制方程，原始变量通过以下方式进行无量纲化处理

$$\boldsymbol{U}^* = \frac{\boldsymbol{u}}{u_{\max}}, \quad x^* = \frac{x}{L}, \quad y^* = \frac{y}{L} \tag{3.4}$$

式中，$u_{\max}$ 为 x 方向的最大速度。

本节研究的传热模式主要从两个方面进行，首先是热传导过程，研究的算例是在一个有界的正方形计算域内稳态的二维热传导过程。该过程可以用一个二阶偏微分方程表示，即拉普拉斯方程

$$\frac{\partial^2 T}{\partial x^2} + \frac{\partial^2 T}{\partial y^2} = 0, \quad x \in [0,1], \quad y \in [0,1] \tag{3.5}$$

式中，$T(x,y)$ 表示计算域内的温度值，所有的边界都是狄利克雷(Dirichlet)边界条件。其中计算域的边界被设计为低温壁面，计算域内的几何构型被设置为高温壁面。注意，为了简化所研究的问题，没有将几何构型视为热源，而是采用热边界的方式代替。控制方程通过以下方式进行无量纲处理

$$T^* = \frac{T}{T_{\max}}, \quad x^* = \frac{x}{L}, \quad y^* = \frac{y}{L} \tag{3.6}$$

对于二维稳态热对流过程，使用的计算域类似风洞模型，即计算域的上下壁

面为无滑移壁面，左侧设置为来流入口，右侧为出口。同样地，计算域内发热的几何构型被视为热边界而非热源。热对流的物理定律通过连续性方程、动量方程和能量方程可表示为

$$\frac{\partial u}{\partial x}+\frac{\partial v}{\partial y}=0 \tag{3.7}$$

$$\rho\left(u\frac{\partial u}{\partial x}+v\frac{\partial u}{\partial y}\right)+\frac{\partial p}{\partial x}-\mu\left(\frac{\partial^2 u}{\partial x^2}+\frac{\partial^2 u}{\partial y^2}\right)=0 \tag{3.8}$$

$$\rho\left(u\frac{\partial v}{\partial x}+v\frac{\partial v}{\partial y}\right)+\frac{\partial p}{\partial x}-\mu\left(\frac{\partial^2 v}{\partial x^2}+\frac{\partial^2 v}{\partial y^2}\right)=0 \tag{3.9}$$

$$u\frac{\partial T}{\partial x}+v\frac{\partial T}{\partial y}-\alpha\left(\frac{\partial^2 T}{\partial x^2}+\frac{\partial^2 T}{\partial y^2}\right)=0 \tag{3.10}$$

式中，u 和 v 分别表示 x 和 y 方向上的速度，α 为热扩散率。无量纲化控制方程的方式与上述方式一致。

本节对训练集的设置原则是：数据中包含大量的几何构型特征，可以使降阶模型从训练集中学习到几何形变的模式。当训练数据集具备这一原则，降阶模型便能实现对几何变化的自适应。根据这一原则，将训练集中的几何构型设计为五种基本几何形状，分别是三角形、四边形、五边形、六边形和十二边形。在保持计算域大小不变的情况下，每个样本中的几何构型在大小、形状、方向和位置上随机变化。这种设置能使模型观察到不同形状的边界、角度、对称性等几何属性，从而学会区分不同形状之间的相似性和差异性，同时捕获到不同几何形状之间的共同特征，促使模型自适应几何的变化。图 3.2 展示了部分训练数据集中的样本。

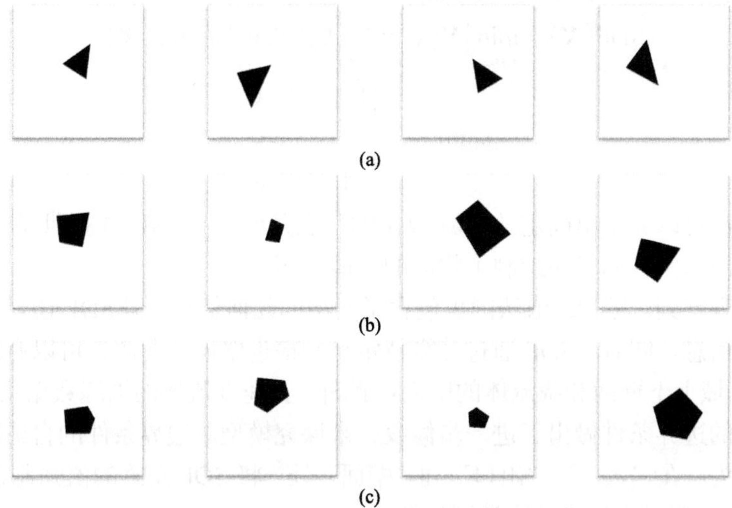

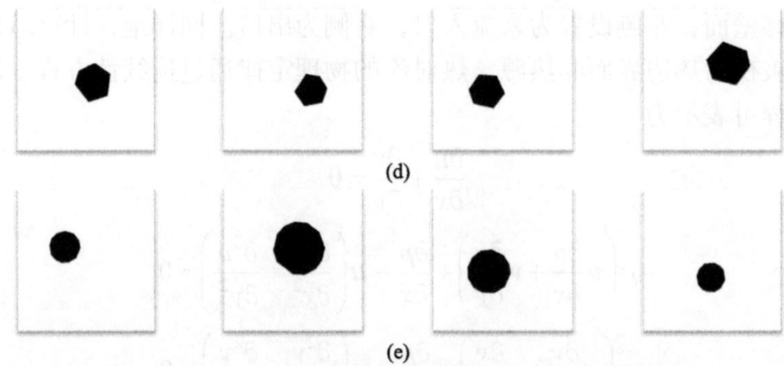

图 3.2　几何自适应降阶模型的训练数据集设计

为了使数据的几何特征被充分表达，本节采用 SDF 来描述几何与边界的关系，从而体现出几何在计算域中的位置信息和自身的结构信息。具体而言，SDF 通过在空间中的一个有限区域上确定一个点到区域边界的距离，并同时对距离的符号进行定义：点在区域边界内部为正，在区域边界外部为负，位于边界上时为 0。在本节的 SDF 矩阵中，几何构型被表示为定义在计算域上的水平集函数。相比于二值矩阵，SDF 矩阵提供了更多的物理和数学信息，能够更好地区分流动区域甚至不同类型的边界。例如，对于流场中的无滑移边界条件(壁面)，采用零水平集来表示，即

$$\varSigma=\left\{\boldsymbol{X}\in\mathbb{R}^2:\phi(\boldsymbol{X})=0\right\} \tag{3.11}$$

其含义是无滑移边界 $\varSigma$ 被表示为连续水平集函数 ϕ 在定义域 $\varOmega\subset\mathbb{R}^2$ 中的零水平集。其中，水平集函数 $\phi(\boldsymbol{X})$ 是在整个域 $\varOmega$ 中定义，且仅在 $\boldsymbol{X}(x_i,y_i)$ 位于边界上时，$\phi(\boldsymbol{X})=0$。在域 $\varOmega$ 的其他位置，SDF 的计算公式可表示为

$$\mathrm{SDF}(\boldsymbol{X})=\min_{X_2\in\varSigma}\left|\boldsymbol{X}(x_i,y_i)-\boldsymbol{X}_2(x',y')\right|\mathrm{sign}(\phi(\boldsymbol{X})) \tag{3.12}$$

$$\mathrm{sign}(x)=\begin{cases}1, & x>0\\ 0, & x=0\\ -1, & x<0\end{cases} \tag{3.13}$$

该函数可以表示出固定计算域 $\varOmega$ 中的任意几何形状。图 3.3 提供了 SDF 表示几何构型的示例，同时还绘制了相应的二值法图。

可以观察到，尽管二值法图也包含了构型的几何信息，但 SDF 还具有流动区域的空间信息。同时，SDF 通过计算特定点到最近壁面的距离，可以有效区分壁面(如计算域上下壁面和绕流体的壁面)。此外，在速度流场的训练数据集中，还对不同类型的边界条件做出了进一步修改，来探究模型对边界条件的自适应性。具体的修改为：在“入口”、“出口”和“壁面”处，将 SDF 矩阵的值强制设置为 2、3 和 4，为模型提供显式的边类别特征。

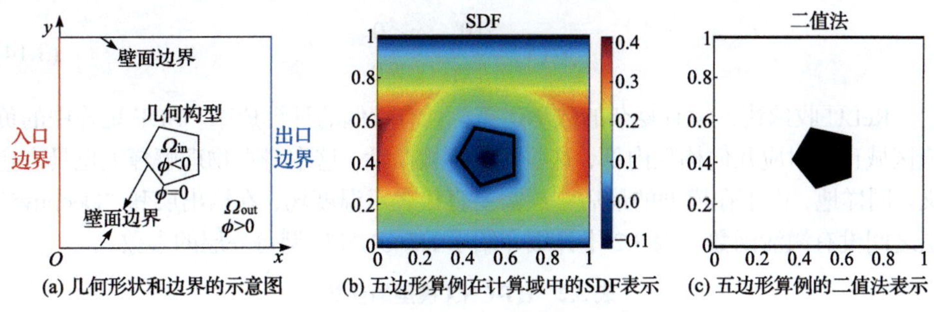

(a) 几何形状和边界的示意图 (b) 五边形算例在计算域中的SDF表示 (c) 五边形算例的二值法表示

图 3.3 SDF 表示几何构型的示例

采用以上方式分别生成了降阶模型的输入数据(SDF)和对应的标签数据(速度场或温度场)，这样便完成了对单个样本的制作。在完整的训练数据集中，每个二维几何构型根据 SDF 预处理成(250, 250)像素的矩阵，标签数据也为同样大小。在热传导问题预测中，训练和验证数据集一共包含了 5000 个样本，每种几何类型各 1000 个，其中验证数据集包含 750 个样本；在热对流问题预测中，训练和验证数据集一共包含了 10000 个样本，每种几何类型各 2000 个，其中验证数据集包含 1000 个样本；在速度流场的预测中，训练和验证数据集一共包含了 20000 个样本，每种几何类型各 1000 个，此外每个样本还添加了 4 个不同方向的来流入口，其中验证数据集包含 1000 个样本。为了评估降阶预测模型的泛化能力，本节选择了更复杂的几何形状作为测试数据集，具体类型将在之后小节中分别介绍。

3.3.3 降阶模型的构建与训练

本节所提出的模型架构主要由两个部分组成：编码部分(CNN)和解码部分(DCNN)。通过堆叠多个 CNN 层从 SDF 中提取高度编码的几何表示，编码的几何表示随后经过多个转置卷积层进行译码，生成相应的物理场。针对热传导问题求解，本节构建了传热预测模型(Heat Transfer CNN，HT-CNN)，其结构如图 3.4 所示。

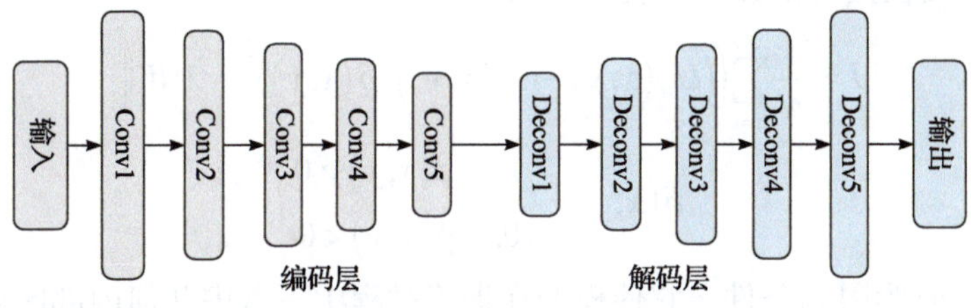

图 3.4 传热预测模型的卷积网络框架

传热模型采用编码解码对称的结构搭建，各使用了 5 层卷积运算，模型一共为 10 层[7]。层与层之间采用整流线性单元(Rectified Linear Unit，ReLU)[8]作为模型的非线性激活函数

$$\sigma(x)=\begin{cases}0, & x<0\\ x, & x\geqslant 0\end{cases} \tag{3.14}$$

ReLU 收敛快，没有复杂的数学运算，具有较低的计算成本。SDF 矩阵中的负值区域正好对应几何构型内部，这些点将不被激活，这本身在物理解释上也具有意义。同样地，由于在模型的最后一层需要直接表示温度场，在输出层和“Deconv5”层之间没有激活函数。表 3.2 中详细介绍了 HT-CNN 模型每一层的参数。

表 3.2 HT-CNN 模型的参数

层名称	执行运算($F_x \times F_y \times c_{\text{out}}$ / 步长)	矩阵尺寸($S_x \times S_y \times c_{\text{in}}$)
模型输入	—	250×250×1
Conv1	5×5×32/5	50×50×32
Conv2	4×4×64/2	24×24×64
Conv3	4×4×128/2	11×11×128
Conv4	2×2×256/1	10×10×256
Conv5	2×2×512/1	9×9×512
Deconv1	2×2×256/1	10×10×256
Deconv2	2×2×128/1	11×11×128
Deconv3	4×4×64/2	24×24×64
Deconv4	4×4×32/2	50×50×32
Deconv5	5×5×1/5	250×250×1
模型输出	尺寸重置	250×250

模型的训练过程是通过损失函数不断最小化模型的预测输出($\hat{U}$)与标签数据(U)之间的偏差。特殊之处在于，HT-CNN 模型是基于 SDF 矩阵预测，需要添加额外的限制条件使模型忽略几何构型内非流动区域对损失函数的影响。该条件限制被直接定义在损失函数中，表达式如下

$$J=\frac{1}{N}\sum_{n=1}^{N}\left(\left(U_n(x,y)-\hat{U}_n(x,y)\right)\cdot\delta(x,y)\right)^2+\lambda\|W\|_2 \tag{3.15}$$

$$\delta(x,y)=\begin{cases}1, & \phi(x,y)\geqslant 0\\ 0, & \phi(x,y)<0\end{cases} \tag{3.16}$$

式中，$\delta(x,y)$ 为限制条件，它使模型在训练过程中不考虑几何内部区域的损失。

为了高效训练模型，本节采用了基于小批量的学习策略。模型训练过程使用随机选择的子集(即批次大小)计算，这有助于防止过拟合并提高神经网络的泛化能力。此外，采用 Adam 作为模型训练的优化算法，其适用于大型数据集或高维参数空间。网络训练的优化算法的超参数设置如表 3.3 所示。

表 3.3　训练降阶模型优化算法的超参数设置

超参数	值
批次大小	128
λ	8×10^{-6}
α	10^{-4}

模型预测结果的评估采用平均相对误差方法，由于引入了限制条件，单个算例的误差评估表示为

$$\mathrm{err}^n = \frac{\sum_x \sum_y \mathrm{err}_{(x,y)}^n \cdot \delta_{(x,y)}(s)}{\sum_x \sum_y \delta_{(x,y)}(s)} \tag{3.17}$$

式中，(x, y)分别代表节点的横纵坐标，而 $\mathrm{err}_{(x,y)}^n$ 可表示为

$$\mathrm{err}_{(x,y)}^n = \frac{\left|T_{(x,y)}(s_n) - \hat{T}_{(x,y)}(s_n)\right|}{T_{(x,y)}(s_n)} \tag{3.18}$$

该方程明确了在评估模型预测误差过程中不需考虑几何构型内部的温度分布。

3.3.4 预测结果与分析

(1) 热传导求解。

在测试传热模型预测表现前，先介绍下测试集的数据构成，其中包含的几何构型更复杂，不再是简单的多边形结构。如图 3.5 所示，这些样本在训练过程中从未出现过。

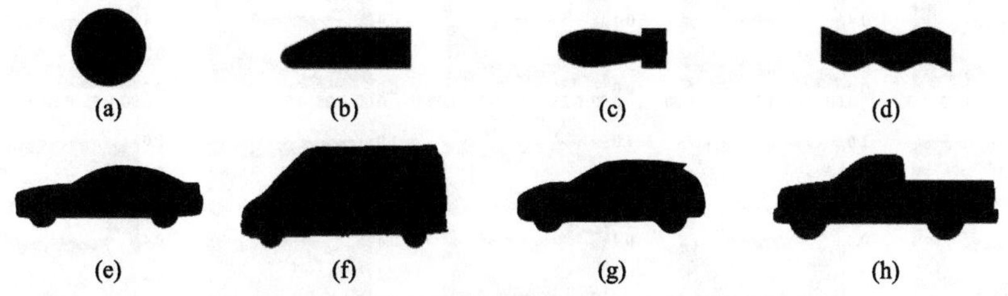

图 3.5　传热模拟的测试数据集包含的几何构型

图 3.5 中包含了模型未曾见过的弧线几何特征，如图 3.5(a)～(d)；还包含了多特征组合的几何，如图 3.5(e)～(h)。选择复杂的几何形状作为测试数据集旨在探究 CNN 模型自适应几何变化的程度。注意，测试数据集的网格生成和数值计算过程与训练数据集的生成完全一致。

在本节的工作中，首次采用了 SDF 作为几何的表示，而在大多数已有的相关

工作中，使用的是二值矩阵。为了评估 SDF 的有效性，本节使用相同结构的神经网络训练了一个由二值矩阵作为几何表示的模型。对于二值矩阵，仅当位置在几何边界或内部时，用 0 来表示，其他位置用 1 表示。两种模型在验证数据集和测试数据集上的预测准确性如表 3.4 所示。

表 3.4　两种模型在验证数据集和测试数据集上的预测准确性

数据集类型	SDF 矩阵	二值矩阵
验证集	1.72%	6.52%
测试集	3.11%	53.1%

上述结果表明，在相同的超参数和深度神经网络架构下，与二值矩阵相比，SDF 矩阵更加有效。此外，二值矩阵训练的模型在验证集上表现尚可，但在测试集上，模型的误差急剧增大。这说明二值矩阵的训练容易导致模型的过拟合，由于数据本身缺乏足够的信息，模型难以从中学到良好的泛化性能。另外，就测试数据集而言，使用 SDF 矩阵的误差要远小于使用二值矩阵的误差。SDF 矩阵中的每个值都具有一定程度的全局信息，而二值矩阵中的值只具有对象边界的信息。因此，SDF 矩阵比二值矩阵具有更好的性能。若要提高二值矩阵下模型的准确性，神经网络可能需要更深的架构才能正确地捕捉整个复杂的几何信息，但这意味着需要更多的计算资源。

在证明 SDF 表示几何的高效性后，以下预测模型全部由 SDF 矩阵训练完成。首先从重构热传导现象的温度场分布，来验证降阶模型的性能。图 3.6 展示了 HT-CNN 模型和数值计算预测的测试数据集的温度场以及相对误差分布。

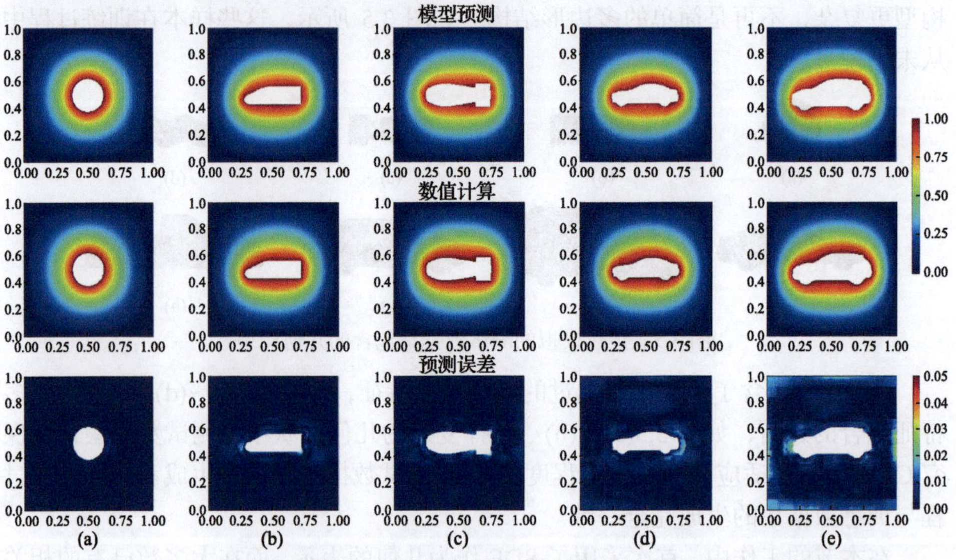

图 3.6　HT-CNN 模型和数值计算预测的测试数据集的温度场以及相对误差分布

结果表明，较大的偏差主要发生在热边界附近。热边界的高温向冷环境中传导，导致该区域的温度变化梯度较大，对降阶模型的预测造成一定影响，使得误差增大。但从整体效果来看，降阶模型预测结果与数值计算结果吻合较好，即模型自适应了几何的变换。随后定量比较了测试算例的最大和平均误差，同时平行于坐标横轴以 y=125 和 y=175 为剖线对温度值进行采样，比较了降阶模型对局部预测的准确性。相应的结果如图 3.7 所示。模型预测结果用符号表示，数值计算结果用线条表示。

从柱状图可以看出，整体的平均准确率超过了 99%，平均误差远小于最大误差，这表明 HT-CNN 模型只在少数位置具有较大的预测偏差。最大相对误差随着几何复杂性的增加而不可避免地增加。例如，“皮卡车”算例，其反复变化的边界使模型的预测遇到挑战。但意外的是，简单“弯管”的预测结果表现最差，这应

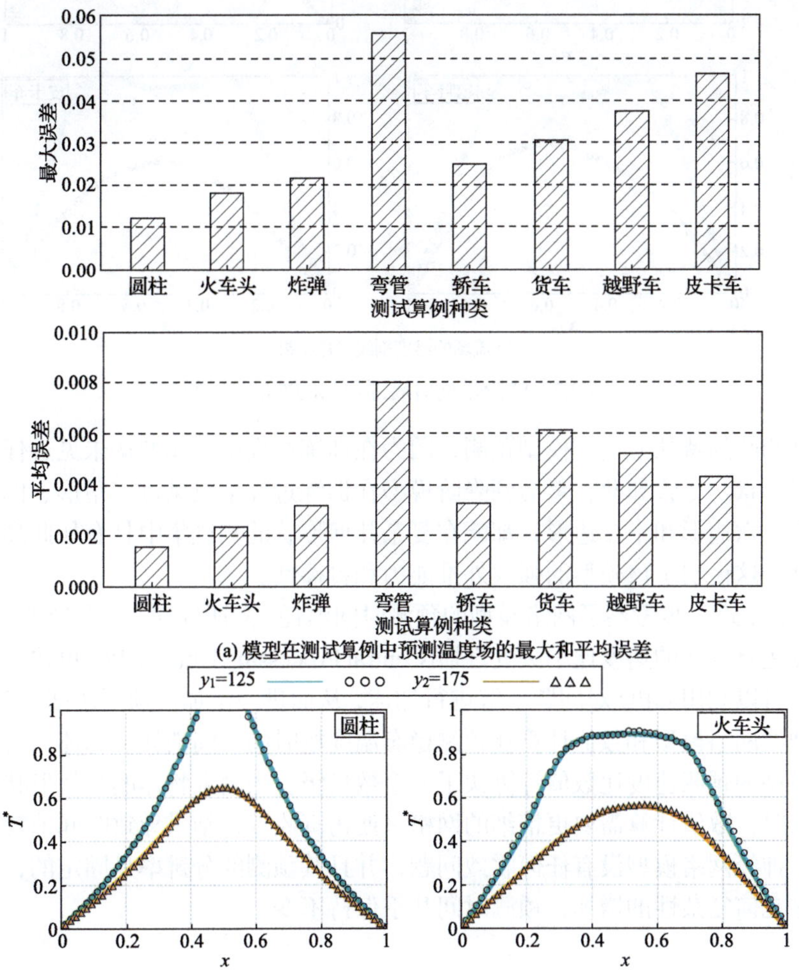

(a) 模型在测试算例中预测温度场的最大和平均误差

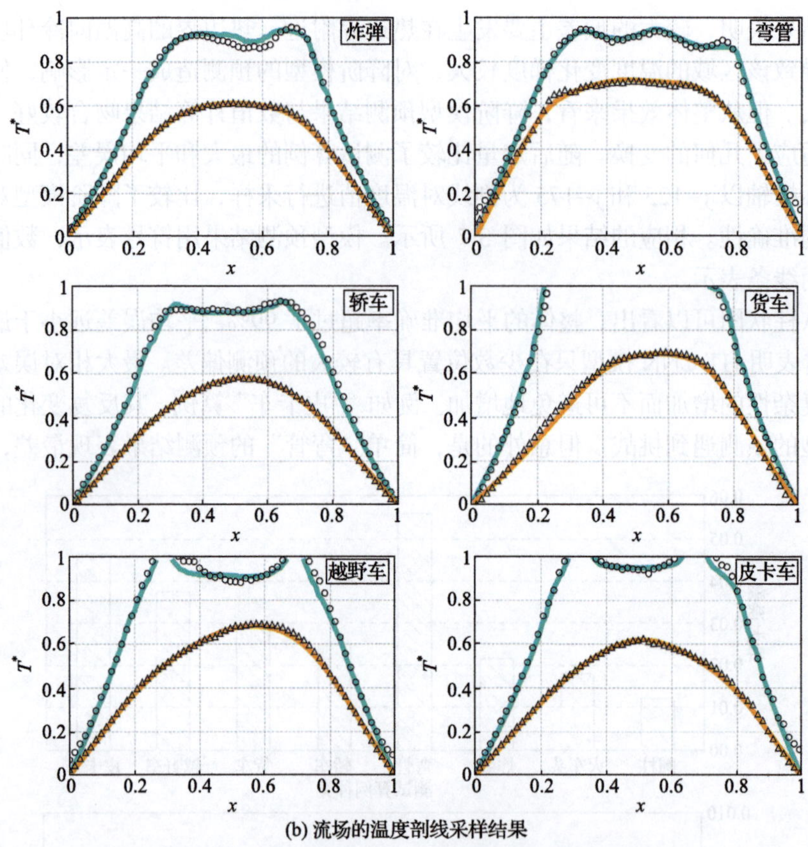

(b) 流场的温度剖线采样结果

图 3.7 降阶模型对局部预测的准确性结果

该是其凹凸的特征混淆了模型预测，因为在训练过程中，模型从未见过任何凹凸的几何形状。尽管如此，考虑到降阶模型在训练过程中只见过三角形、四边形、五边形、六边形和十二边形，却能在复杂几何形状的测试集中具有如此高的预测准确度，这说明了该模型的强大外推能力和鲁棒性。

其次，进一步考察了网络模型的预测时间消耗。众所周知，图形处理器(GPU)在浮点运算方面的速度比中央处理器(Central Processing Unit，CPU)更快，因此降阶模型可以利用 GPU 对问题求解进行加速，从而进一步加快预测速度。表 3.5 展示了神经网络模型和数值计算在预测稳态温度场时的时间消耗。总体而言，神经网络模型的预测速度比数值计算快了一个数量级。当高温物体的几何形状变得更加复杂时，数值计算需要更精细的网格来使仿真收敛，结果导致时间消耗增加。然而，神经网络模型没有任何收敛问题，并且其预测的分辨率是固定的，因此随着问题几何复杂性的增加，预测时间几乎保持不变。

表 3.5　降阶模型与数值计算的求解速度对比

几何对象	神经网络模型/s	数值计算/s	网格数量	提升倍率
圆柱	0.146144	2.84	5533	19.43
火车头	0.13847	3.04	5694	21.95
炸弹	0.133615	2.98	11280	22.3
弯管	0.133614	3.19	8981	23.87
轿车	0.157578	3.4	7204	21.58
货车	0.159571	4	7896	25.07
越野车	0.168493	3.34	7467	19.82
皮卡车	0.155577	3.6	8026	23.14

最后，本节对模型自适应计算域中几何构型位置的能力进行了探索。尽管以上结果证明降阶模型在测试数据集上表现出良好的预测精度，但选择的预测对象均位于整个计算域的中心位置。按照当前随机生成几何构型的方式，计算域内的物体更倾向于位于中心区域，这使得训练数据集中包含了更多位于模拟域中心的案例。为此，下面研究几何构型在空间分布上对网络模型性能的影响。具体来说，针对四个不同位置的热边界算例开展研究。通过调整圆形热边界的中心与研究域中心的距离来进行实验，分别设定距离为 $L = 0.02D$、$L = 0.08D$、$L = 0.1D$ 和 $L = 0.14D$，其中 D 代表计算域的大小。实验结果如图 3.8 和图 3.9 所示。

统计结果表明，降阶模型对不同热边界中心位置的热传导预测准确度较高，最大误差小于 3%。然而也可以看到，随着热边界中心偏离计算域中心的距离增大，模型预测误差也随之增加。解决该问题的一个方法是使用更多随机分布的训练数据集，提升降阶模型的泛化性能。

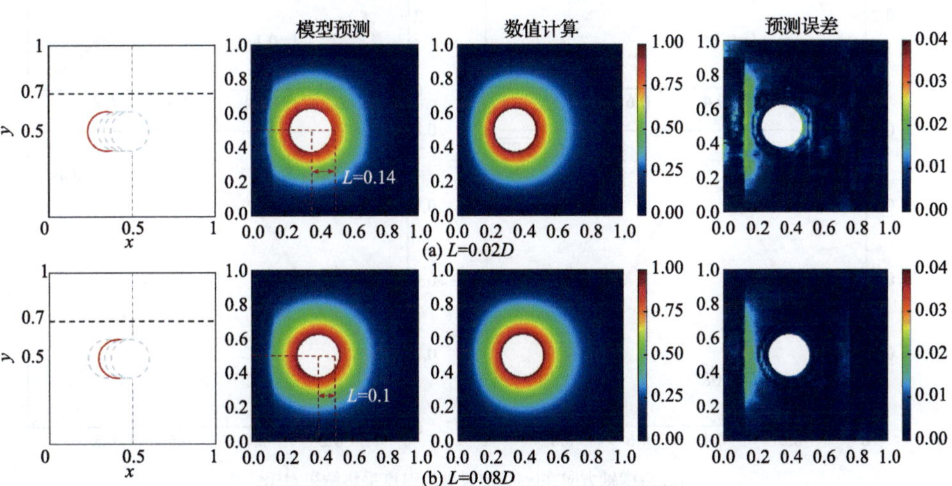

(a) L=0.02D

(b) L=0.08D

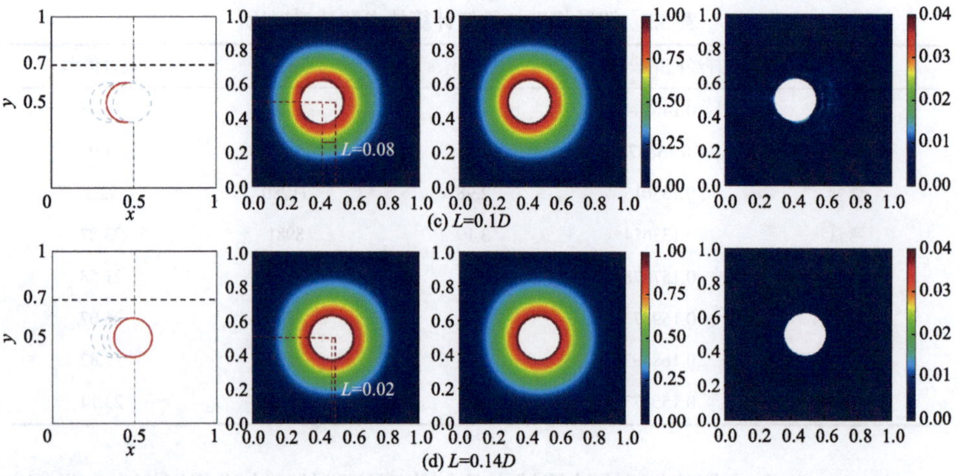

(c) L=0.1D

(d) L=0.14D

图 3.8 降阶模型和数值计算在不同热边界位置下预测的温度分布及相应的误差分布

(2) 热对流求解。

考虑到测试算例中热传导过程相对简单，进一步制作了热对流算例作为模型的学习对象。热对流中流体的流动会引起温度和密度的变化，从而影响热量的传递。这些因素增加了降阶模型在热对流问题中的预测难度。图 3.10 展示了降阶模型和数值计算的预测结果以及相应的误差分布。

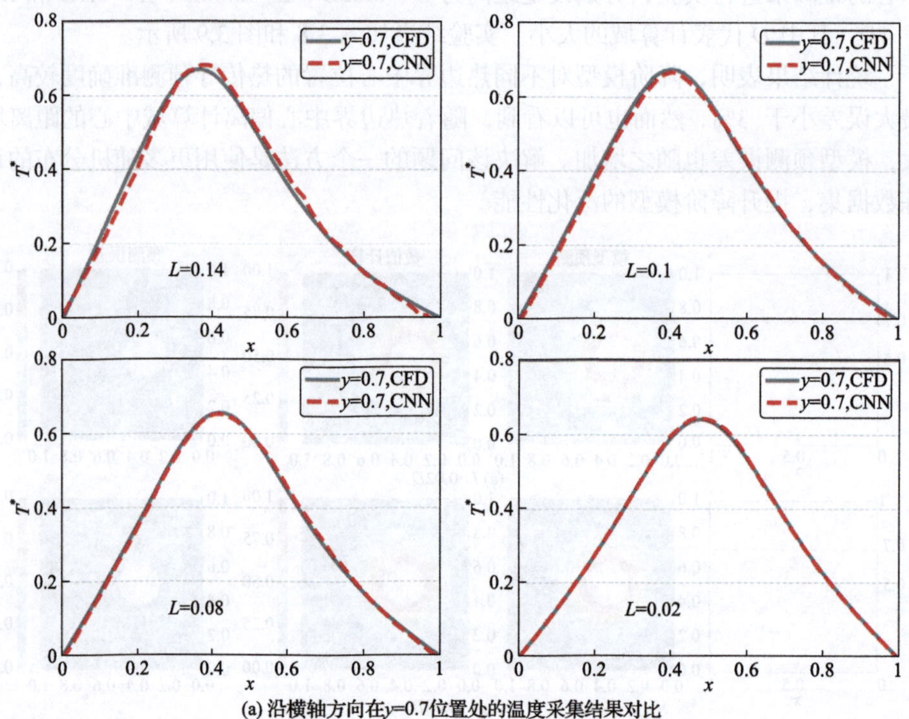

(a) 沿横轴方向在y=0.7位置处的温度采集结果对比

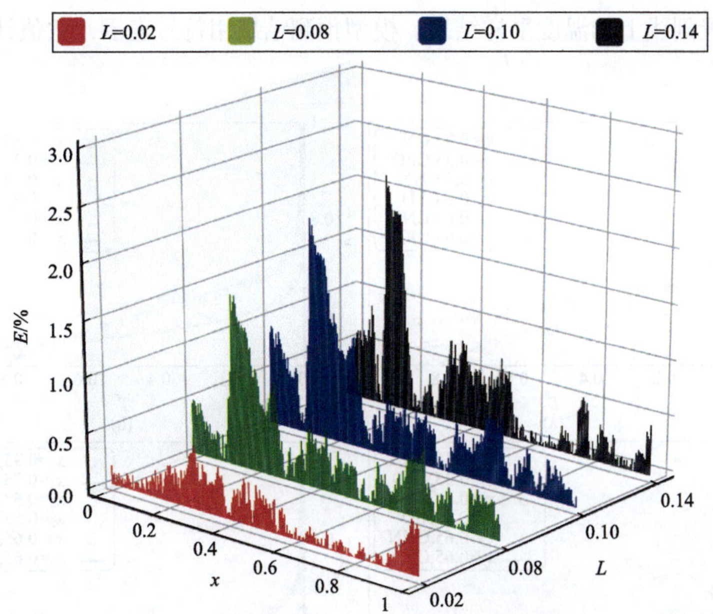

(b) 沿横轴方向，在不同L值下y=0.7位置处的误差采集结果对比

图 3.9　温度采集和误差采集结果对比

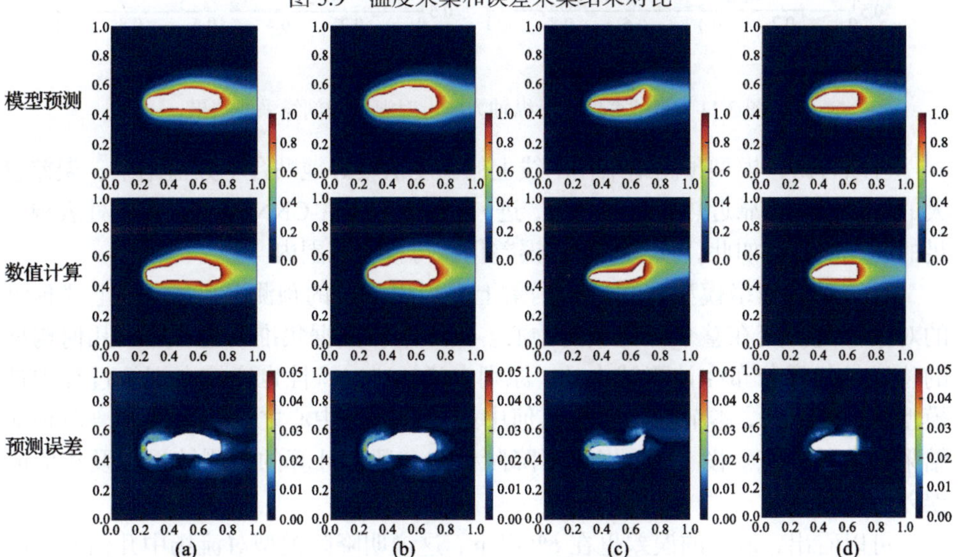

图 3.10　降阶模型和数值计算的预测结果以及相应的误差分布

可以看出，降阶模型基本预测出了与数值计算相似的结果。经过统计，这些算例的最大预测相对误差低于 5.2%。大误差只是频繁地发生在靠近热几何构型的附近，特别是具有大曲率的边界处。图 3.11 展示了温度场中沿纵坐标方向的不同

横坐标位置剖线上的温度采样结果。模型预测结果用符号表示，数值计算结果用线条表示。

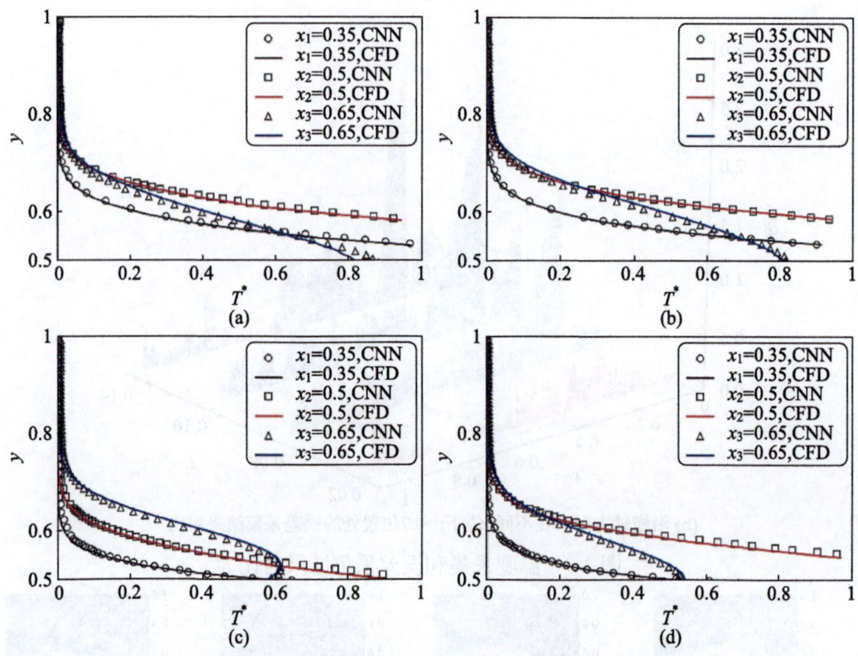

图 3.11　测试算例在沿纵轴方向上对温度的剖线采样结果

可以看出，模型预测结果在剖线上的温度值较好地贴合了数值结果，误差较大的位置发生在靠近热几何边界处，进一步证实了 HT-CNN 模型在边界处表现不足的缺点。尽管如此，预测结果的误差仍在可接受范围内。

尽管神经网络模型在测试数据集上表现出良好的预测准确性，但上述预测的对象都是固定在整个计算域的中心。实际上在数据集准备过程中，几何构型的位置是任意分布在计算域中的。原则上说，这一特性也应该在训练过程中被模型捕获。因此，本节开展了热几何中心与计算域中心之间的偏移距离对预测结果影响的研究。图 3.12 展示了降阶模型和数值计算的预测结果以及相应的误差分布。

可以看出，最大的误差也在 6%以下，这说明降阶模型对流场中几何的空间分布的随机性具有较强的鲁棒性，验证了模型对几何构型位置分布的自适应预测性能。

降阶模型的快速重构流场特性是其最大的亮点。表 3.6 定量地比较了 HT-CNN 模型和数值计算预测稳态温度场所消耗的时间。

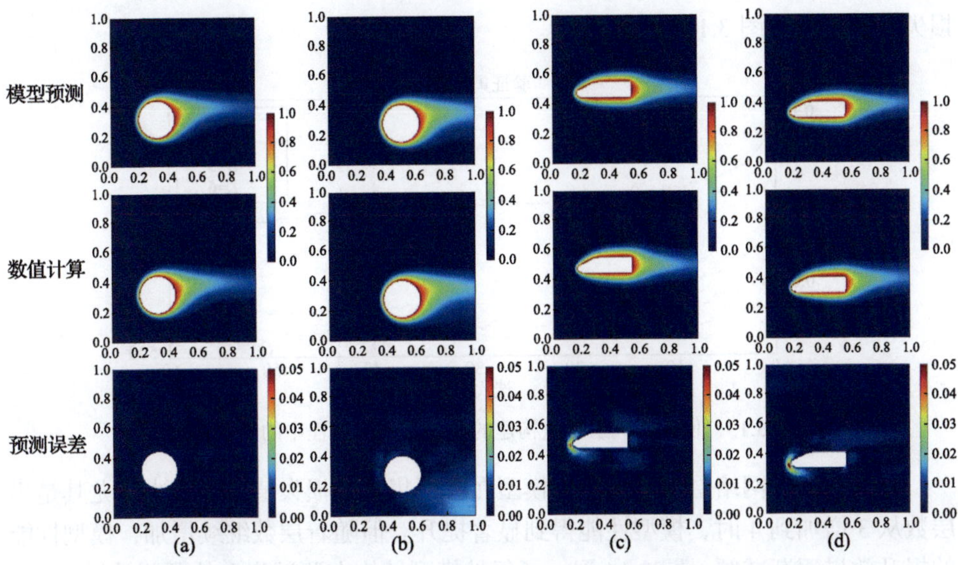

图 3.12 降阶模型和数值计算的预测结果以及相应的误差分布

表 3.6 HT-CNN 模型与数值计算预测稳态温度场的时间消耗对比

几何构型	HT-CNN/s	CFD/s	网格数量	提升倍率
轿车	0.2354	38	10144	161
越野车	0.2423	31	10000	128
飞机	0.2314	23	9032	99
火车头	0.2284	20	7758	88

总体而言，HT-CNN 模型相比于 CFD 的计算速度提升了两个数量级，且提升倍率会随着几何形状变得复杂而增大。因为复杂的几何结构需要更密集的网格才能使模拟结果收敛，这将消耗 CFD 更多的时间。

3.3.5 降阶模型超参数分析

预测结果的出色表现足以说明当前降阶模型结构的可行性。为了进一步了解降阶模型的性能和特点，分析模型结构的优化过程，本节对 HT-CNN 模型结构的超参数进行了验证，主要研究的超参数有卷积层数量、卷积核参数和模型学习率。从理论上讲，不断增加卷积运算的数量可以提高卷积神经网络的学习能力。然而在实践中，考虑到时间和计算资源的限制，必须找到一个合适的数量。如前所述，调整卷积层数、卷积核的大小或步长可以影响模型的性能。

本节首先研究了四种网络深度，即 $L=3,4,5,6$。注意，它们都伴随着对称的解码层。所有模型的测试都在相同的迭代次数内进行训练，各模型在验证集上的损失收敛结果如图 3.13 所示。

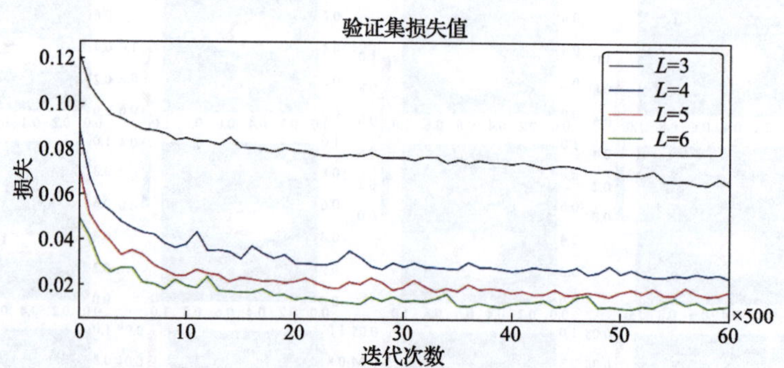

图 3.13 使用不同层数量构建的模型在训练过程中的收敛情况

可见，随着网络层数的增加，模型在验证集上的损失值明显减小，尤其是当层数从 3 增加到 4 时，模型性能得到显著提升。但随着层数继续增加，模型性能的提升效果逐渐减缓。图 3.14 展示了每种模型结构在测试集上的预测效果。

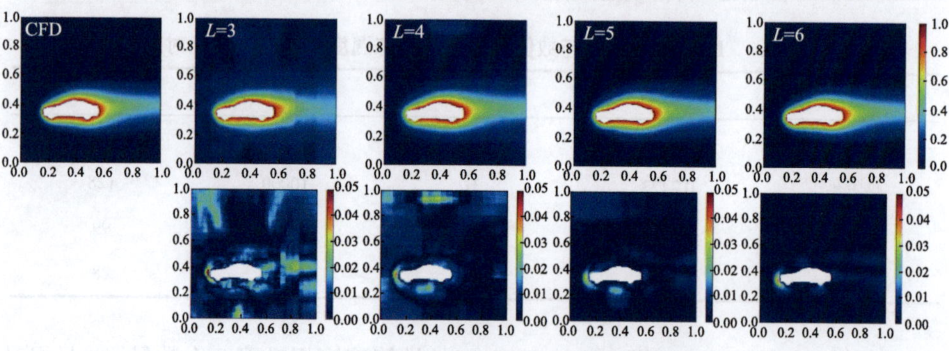

图 3.14 使用不同网络结构模型预测的温度场

研究对象是一辆汽车，放置于计算域的左下角。可以明显发现，由 6 层卷积结构组成的模型具有最小的预测误差。此外，从误差分布的角度来看，6 层网络模型的结果比 3 层网络模型更合理(误差集中在车头部，此处为迎风面，温度梯度较大，导致预测误差较高)，这意味着较深的神经网络模型比浅层模型具有更强的学习能力。另一方面，还注意到参数内存、预测时间和训练时间会相应增加，如表 3.7 所示。

表 3.7 不同层数降阶模型占用的计算资源和时间成本对比

层数	参数内存/MB	预测时间/s	训练时间/min
3	7.23	0.1197	43.2
4	31.7	0.1497	51.1
5	58.7	0.1825	64.4
6	247	0.2643	86.3

可以发现，当层数从 5 增加到 6 时，验证损失没有显著改善，但预测时间成本显著增加。因此，在优化神经网络的结构时，需要根据需求权衡预测准确性和时间成本。在本节中，主要目的是提高网络模型的性能，因此当前的网络结构设计为 6 层。

随后本节探究了不同卷积核参数对模型训练的影响，一共设计了卷积核大小和步长的五种组合[大小, 步长]={[2,2], [3,3], [4,4], [5,5], [6,6]}。所有被测模型的层数都一致，同样使用相同的迭代次数训练后进行比较。各模型在验证集上的损失收敛结果如图 3.15 所示。

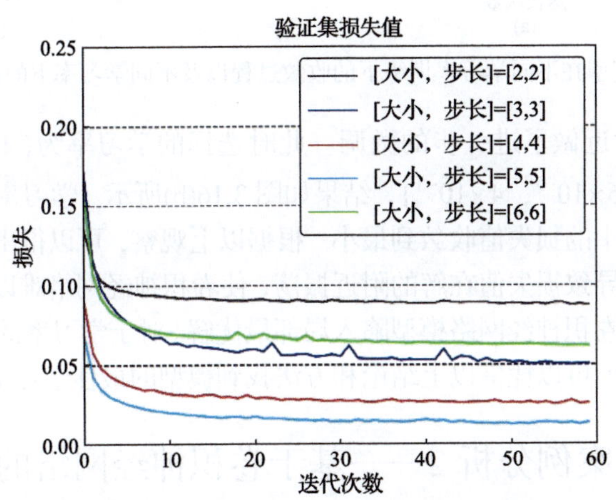

图 3.15　不同卷积运算结构模型的训练收敛过程

对于所有情况，随着训练周期数量的增加，损失值都在减少，证明所选的超参数对于模型训练是合理的。具体而言，在相同的训练周期内，较大的卷积核大小和步长可以更好地使损失值收敛，直到卷积核的大小和步长达到[6,6]。另外，观察到较小的[大小, 步长]会使模型陷入局部信息中，这将阻碍模型在全局范围内找到使损失值降低的方向。此外，过大的[大小, 步长]会导致模型丢失对局部信息的学习，这对于模型的收敛同样不利。因此，需要适当的设计来获得最合适的卷积核尺寸参数。

图 3.16 展示了学习率对模型训练时损失收敛的影响。

学习率表示网络权重的更新速率，它是显著影响网络模型性能的超参数之一。在训练过程中学习率存在最优值，因此先粗调后微调是用于快速调整模型学习率的有效方法。粗调的结果如图 3.16(a)所示，学习率为{ 10^{-2}，10^{-3}，10^{-4}，10^{-5}，10^{-6} }。结果表明，较大的学习率会导致损失值的波动。随着学习率的减小，损失值的收敛变得更加平稳。然而，较小的学习率也会导致损失值的收敛速度变慢。训练到第 60 个周期，模型学习率为10^{-4}的损失值达到了测试算例的最小值。随后，

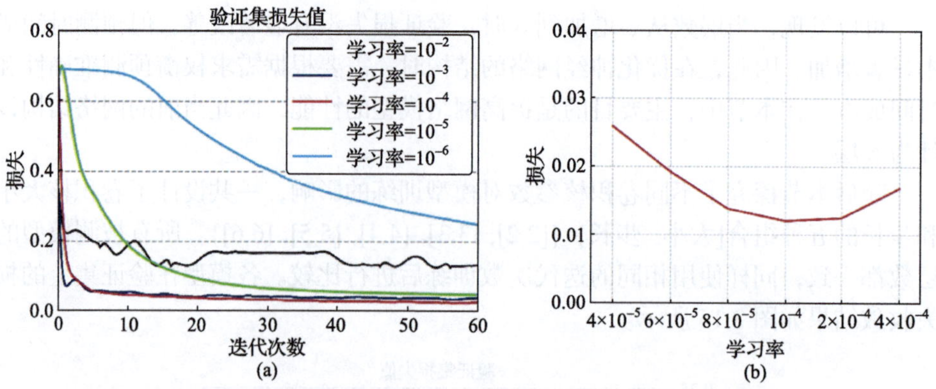

图 3.16　模型在不同学习率训练下的收敛过程以及不同学习率下的最小损失值

在学习率10^{-4}附近做了进一步的微调。此时选择的学习率为{ 4×10^{-4}，2×10^{-4}，10^{-4}，8×10^{-5}，6×10^{-5}，4×10^{-5} }，结果如图 3.16(b)所示。学习率为10^{-4}时，模型在当前网络结构中的损失值收敛到最小。根据以上观察，可以得出的结论是：较大的学习率可能会导致损失值在解的附近振荡，使卷积神经网络难以收敛，而过小的学习率可能会使卷积神经网络模型陷入局部最优解。对于学习率的选择不能保证每个模型都一致，但可以凭借以上结论和方法找到模型的最佳学习率。

3.4　案例分析 2——基于卷积神经网络的特征自适应瞬态流场降阶建模

3.4.1　案例说明

在工程领域，瞬态钝体绕流的研究对于空气动力学、海洋和环境工程等各种工业设计和优化应用至关重要。瞬态钝体绕流是流体力学中一类复杂的非定常流动问题，涉及湍流、边界层、尾迹等多个物理过程。使用数值方法对其求解，存在计算量庞大、计算资源需求高等问题。尤其是优化设计过程，涉及大量反复的模拟计算，这导致了高昂的计算成本。此时传统的数值迭代计算方法不再适用，工程领域迫切需要更高效的模拟方法，以低成本代价解决瞬态流场预测问题。

本节针对以上现状，开展了对圆柱绕流、机翼绕流等典型问题的研究，通过构建降阶模型对流动的瞬态过程进行求解。本节所使用的模型整体结构如图 3.17 所示[9,10]。

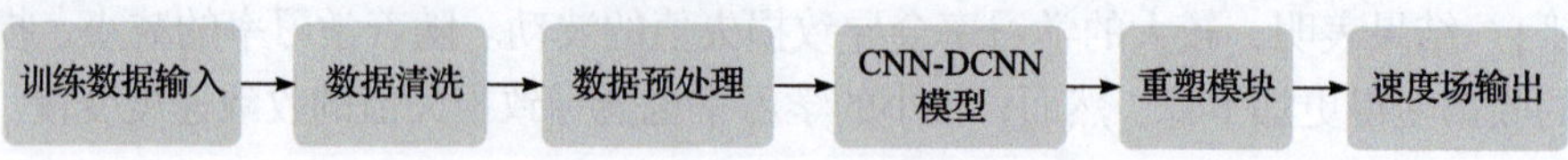

图 3.17　基于深度学习的预测框架

3.4.2　训练数据集的生成和预处理

本节考虑的是一个不可压缩、等温的牛顿流体流动，其连续性方程和动量方程可表示如下

$$\nabla \cdot \boldsymbol{u} = 0 \tag{3.19}$$

$$\rho\left(\frac{\partial \boldsymbol{u}}{\partial t} + \boldsymbol{u} \cdot \nabla \boldsymbol{u}\right) = \nabla \cdot \boldsymbol{\sigma} + \boldsymbol{b} \tag{3.20}$$

$$\boldsymbol{\sigma} = -p\boldsymbol{I} + \mu(\nabla \boldsymbol{u} + (\nabla \boldsymbol{u})^{\mathrm{T}}) \tag{3.21}$$

式中，$\boldsymbol{u} = \boldsymbol{u}(\boldsymbol{x}, t)$ 表示速度场，$\boldsymbol{b}$ 为体积力，ρ 为流体密度，$\boldsymbol{\sigma}$ 为柯西应力张量，p 为静态压力，μ 为流体的动力黏度。基于上述方程，雷诺数 Re 定义为

$$\mathrm{Re} = \rho U_0 D / \mu \tag{3.22}$$

式中，U_0 为自由流速度，D 为钝体特征长度。数值计算采用 OpenFOAM 自带的 icoFoam 求解器。流动区域被假设成风洞内的流场，即计算域的上下壁面被施加了无滑移边界条件，在进口处，使用恒定速度边界条件，出口处采用自由流边界条件。所有模拟都从静止流动开始。完成数据的计算，随后是数据的预处理，将数据格式处理成神经网络可辨识的类型。本节探究的钝体类型包括圆柱和机翼两类。

圆柱绕流中，本节设计了单圆柱以及多圆柱情况来增加探究问题的复杂性。同时考虑了不同雷诺数条件下，模型的自适应预测能力。训练模型的输入数据主要由圆柱体上的压力分布 $\boldsymbol{C}_p$ 组成，为了使模型捕捉到流场随时间变化的规律，$\boldsymbol{C}_p$ 的组织方式如下

$$\boldsymbol{C}_p = \left[C_p^1, C_p^2, \cdots, C_p^i, \cdots, C_p^{N_2}\right] \tag{3.23}$$

式中，$\boldsymbol{C}_p^i \left(i = 1, 2, \cdots, N_2\right)$ 为第 i 个时刻均匀分布在单个或多个圆柱体周围的壁面压力系数。矩阵 $\boldsymbol{C}_p$ 的大小为 $N_1 \times N_2$，N_1 表示圆柱体上压力信号的采样点数量，而 N_2 表示输入数据中所包含的时刻数量。此外，为了进一步提高模型的性能，输入数据中除了压力矩阵之外，还有代表雷诺数 **Re** 和几何形状 $\boldsymbol{G}$ 的两个矩阵，这三个二维矩阵按照第三个维度堆叠形成一个完整的输入矩阵

$$\boldsymbol{X}_{\text{input}} = \left[\boldsymbol{C}_p, \mathbf{Re}, \boldsymbol{G}\right] \tag{3.24}$$

因此，$\boldsymbol{X}_{\text{input}}$ 的大小可以表示为 $N_1 \times N_2 \times 3$。本节对圆柱的研究中，N_1 和 N_2 取值都为 116。图 3.18 为输入矩阵结构的示意图，图中压力信号矩阵的横坐标是无量纲时间，纵坐标是从圆柱体表面采样得到的压力值。

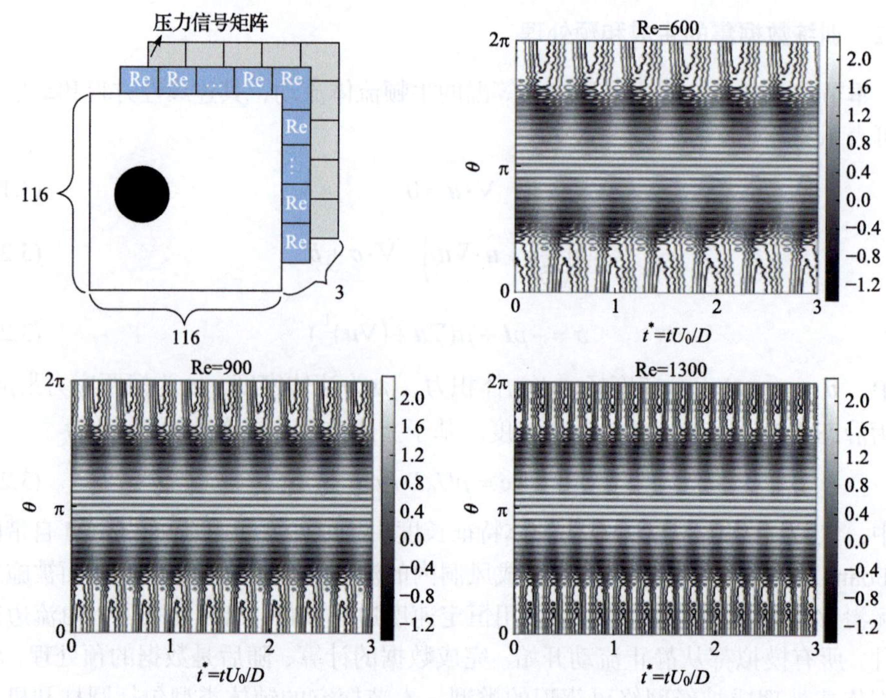

图 3.18 输入矩阵结构和不同雷诺数下时空域内的压力信号

为了从数据中捕获足够的时间信息，圆柱体表面上的每组压力信号以时间间隔Δt进行采样，随后N_2个这样的压力信号被结合成一个矩阵，用于输入网络。以上是单个输入数据的矩阵形式，为增加模型对非定常流场预测的能力，还需要制作大量的时序信号数据。具体而言，所使用数值求解器一共计算的时间长度为$t^*=10$(无量纲化后的时间，$t^*=tU_0/D$)，包含了 1000 个数据样本。训练数据集从$t^*=1.67$开始采样，到$t^*=8.33$结束，约有 666 个数据，剩余的数据用于验证数据集。由于所提出的模型是基于数据驱动，每一个输入数据都需要有对应的真实值作为标签训练模型，所以需每隔$N_2\Delta t$时间段提取一次速度场(无量纲化后的速度场，$u^*=u/U_0$)的值作为模型训练的真实数据。换言之，连续两个训练数据之间的时间间隔为$\Delta t=N_2\Delta t$。为了更准确地预测流动随时间的变化，Δt被设计为小于所研究工况下最小涡脱落周期的 1/3。在这种情况下，时间间隔Δt的整数倍便可以用来精准区分不同雷诺数下的涡脱落周期，更有利于模型的训练。对于训练数据集，输入矩阵中除去时序信号外，还有雷诺数信息(本节没有考虑几何自适应，故几何信息不变)，以提高模型在训练过程中对雷诺数的自适应性。因此圆柱的每个数据矩阵中还包括了 8 种雷诺数，$\mathrm{Re}=[350,400,450,500,550,800,1000,1100]$。此时训练数据集处理完毕，原数据经过处理后可以表示为

$$\left\{\boldsymbol{X}^k,\boldsymbol{u}^k\right\} \tag{3.25}$$

式中，$\boldsymbol{X}^k$ 是第 k 个输入矩阵，$\boldsymbol{u}^k$ 是对应的第 k 个输出速度场。总体来说，每种圆柱构型的训练样本为 8000 个。此外还探索了双圆柱、四圆柱和五圆柱的情况，各自预测模型的训练过程独立。圆柱在流场中的布局如图 3.19 所示。

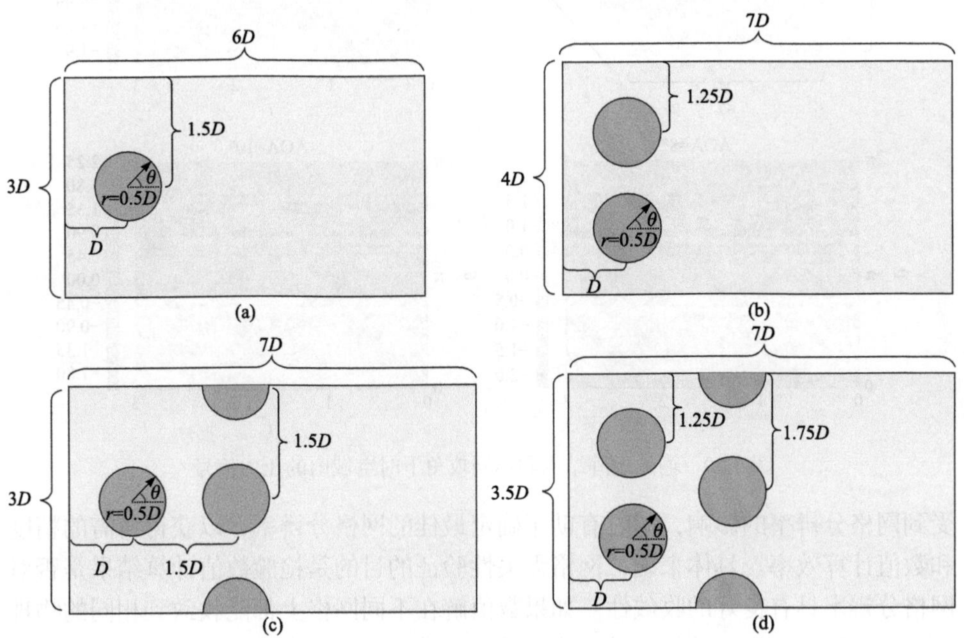

图 3.19　单/多圆柱体绕流的几何与计算域示意图

翼型绕流的流场数据求解方法与圆柱完全一致，这里不再赘述。下面仅对翼型数据的预处理进行介绍。翼型的训练数据集包含雷诺数 $\text{Re}=[6000,7000,8000,9000,10000]$，此外对于每个雷诺数，还进行了几个不同攻角 $\text{AOA}=[2°,3°,4°,5°,6°,7°,8°,9°]$ 的模拟。测试数据集包含 $\text{Re}=\left[5500,8500,11000\right]$ 和 $\text{AOA}=[0°,1°,8.5°,10°]$，与训练集完全独立。翼型的每个训练样本 $\boldsymbol{X}_{\text{input}}$ 的大小同样表示为 $N_1\times N_2\times 3$，但其中的 N_1 和 N_2 取值都为 87。对于每种雷诺数和攻角的算例，收集了 1120 个训练样本(无量纲时间 t^* 从 2 到 5)，一共有 5 个雷诺数和 8 个不同的攻角，全部的训练样本集为 44800 个。图 3.20 展示了翼型的输入矩阵结构的示意图。

本节模型中翼型攻角特征并不是像雷诺数信息那样直接输入，而是采用图像的形式。翼型图像采用二值矩阵表示，属于机翼的部分用 1 表示，流体域的部分用 0 表示，改变机翼在图像中的角度达到改变攻角的目的。

为了确保数值计算结果不会受到网格分辨率的影响，需对生成好的原始数据集进行了网格无关性验证。网格无关性验证的重要性在于确保数值计算结果不会

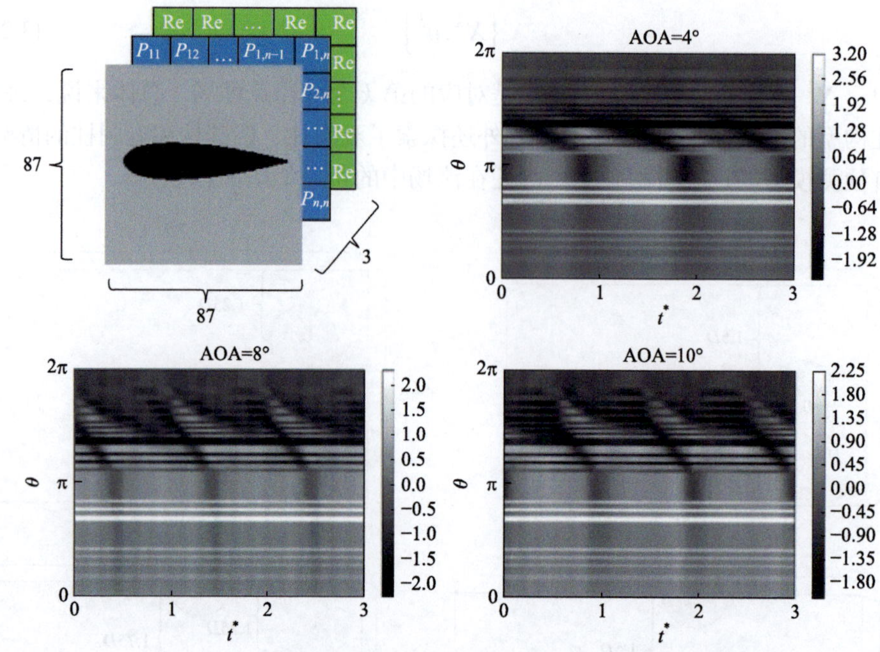

图 3.20　输入矩阵结构和不同攻角下时空域内的压力信号

受到网格分辨率的影响，同时有助于确定最佳的网格分辨率，以获得所需的精度和数值计算效率。具体来说，网格无关性验证的目的是检验数值计算结果是否对网格分辨率具有良好的收敛性。如果数值解在不同网格上都能收敛到相同的物理解，那么便可以认为数值解是网格无关的，并且更加可靠和准确。以本节研究问题中网格最为复杂的五圆柱绕流为例，使用雷诺数为 1100 的工况，对不同分辨率的网格进行了计算。对在时刻 $t^* = 7.5$ 的阻力系数(Drag Coefficient) C_d 进行分析，结果如表 3.8 所示。

表 3.8　网格无关性验证

网格名称	网格数量	阻力系数
Grid 1	24048	49.5884
Grid 2	46498	48.8773
Grid 3	80580	48.3836
Grid 4	115436	48.2483

从数值上看，随着网格数量增大，参数的数值解越来越趋向于定值，且从 20000 网格到 40000 网格，数据的阻力系数相差约为 1.4%；从 40000 网格到 80000 网格，数据的阻力系数相差约为 1.0%。因此可认为此时的数值仿真结果已经收敛。

3.4.3　降阶模型的构建与训练

本节采用卷积神经网络搭建降阶预测模型。将钝体表面压力的时间演化映射到不同工况下的速度场，包括圆柱体的不同结构分布和雷诺数大小，以及翼型的不同攻角和雷诺数大小。该网络模型首先需要将压力分布的时间序列、钝体的形状和雷诺数大小等信息的时空特性降阶编码为特征矩阵，然后通过转置卷积层将这些特征解码成速度场。图 3.21 展示了 CNN-DCNN 模型的结构。

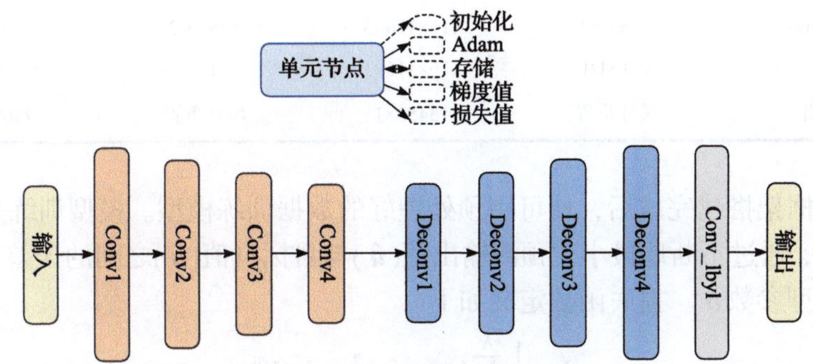

图 3.21　CNN-DCNN 模型的结构

CNN-DCNN 模型由四层编码器和四层解码器组成。转置卷积部分和卷积层的架构相对称。每个卷积层由 2^{3+l} 个卷积核组成，l 对应卷积层的索引号。每个卷积层都涉及卷积和非线性激活操作，本节采用的激活函数为 ELU，公式为

$$\sigma(x)=\begin{cases} c\left(e^{x}-1\right), & x<0 \\ x, & x\geqslant 0 \end{cases} \tag{3.26}$$

式中，c 是可调参数。ELU 的优点是数据的负输入也可以通过激活函数激活，从而防止神经节点失活。需要注意的是，由于模型的最终预测需要连续回归，即与真值进行直接计算，整个网络的最后一层没有设置激活函数。降阶预测模型每一层的具体参数如表 3.9 所示。圆柱体与翼型的输入数据结构不一致，故两者采用的模型结构也有细微差别。

表 3.9　不同研究对象的降阶模型结构

层名称	圆柱体降阶预测模型		翼型降阶预测模型	
	执行运算	矩阵尺寸	执行运算	矩阵尺寸
模型输入	—	116×116×3	—	87×87×3
Conv1	5×5×3/1	56×56×3	5×5×16/1	83×83×16
Conv2	3×3×16/2	27×27×16	3×3×32/2	41×41×32
Conv3	3×3×32/2	13×13×32	3×3×64/2	20×20×64

续表

层名称	圆柱体降阶预测模型		翼型降阶预测模型	
	执行运算	矩阵尺寸	执行运算	矩阵尺寸
Conv4	3×3×64/2	6×6×64	3×3×128/2	9×9×128
Deconv1	3×3×32/2	13×13×32	3×3×64/2	20×20×64
Deconv2	3×3×16/2	27×27×16	3×3×32/2	41×41×32
Deconv3	3×3×8/2	56×56×8	3×3×16/2	83×83×16
Deconv4	5×5×3/2	116×116×3	5×5×3/2	87×87×3
Conv_1by1	1×1×1/1	116×116×1	1×1×1/1	87×87×1
输出	尺寸重置	13456×1	尺寸重置	7569×1

模型框架搭建完成后，便可用预处理好的数据训练模型。模型训练是一个迭代的过程，通过不断地最小化预测输出值($\hat{\boldsymbol{u}}$)与目标真值($\boldsymbol{u}$)之间的误差，以获取最优的模型参数$\boldsymbol{\theta}$ 。损失函数定义如下

$$J = \frac{1}{N}\sum_{n=1}^{N}(\boldsymbol{u}_n - \hat{\boldsymbol{u}}_n)^2 + \lambda\|\boldsymbol{W}\|_2 \tag{3.27}$$

式中，$\boldsymbol{W}$ 表示网格层的所有权重，N 是训练数据的数量，λ 是正则化系数，$\lambda\|\boldsymbol{W}\|_2$ 是用于防止模型过拟合的 L2 正则化项。神经网络通过最小化上述损失函数在训练数据集上进行训练。为了提高计算效率和模型质量，在训练过程中采用基于小批量的学习策略。此外，模型的学习率为 0.0019，正则化系数为 0.01。

值得一提的是,模型的网络结构以及超参数的选择并不是一开始就能确认的。模型在训练过程中可能遇到过拟合、欠拟合和梯度消失等问题。模型的结构以及超参数需要不断的尝试和交叉验证进行优化。这也体现了神经网络训练的迭代性质，通过不断尝试和改进，寻找最佳的网络结构和超参数组合，以提高模型的性能和泛化能力。

降阶模型的结构搭建以及训练都在 Tensorflow 平台执行。训练模型的环境是单个 NVIDIA GeForce RTX 2080Ti GPU 和单个 Intel Core i7-9700K CPU。

3.4.4 预测结果与分析

(1) 圆柱绕流算例。

本小节证明了 CNN-DCNN 降阶预测模型的有效性。首先从重构圆柱体周围的流动问题进行研究。图 3.22 展示了降阶模型和数值计算预测的瞬态流场，所有流场都是来自同一时刻。

从图中展示的流场来看，模型预测结果与数值计算结果符合较好，有效学习到了不稳定的边界层分离现象(卡门涡街)。同时，对于不同雷诺数大小的流动，模

型也具有很强的鲁棒性。注意，图中展示的结果均为测试集，是从未出现在训练集中的数据样本。仅从云图分布很难观察到降阶模型和数值计算结果之间的差异。因此，本节计算了不同雷诺数下速度场分量的时间平均误差分布，相关的结果如图 3.23 所示。

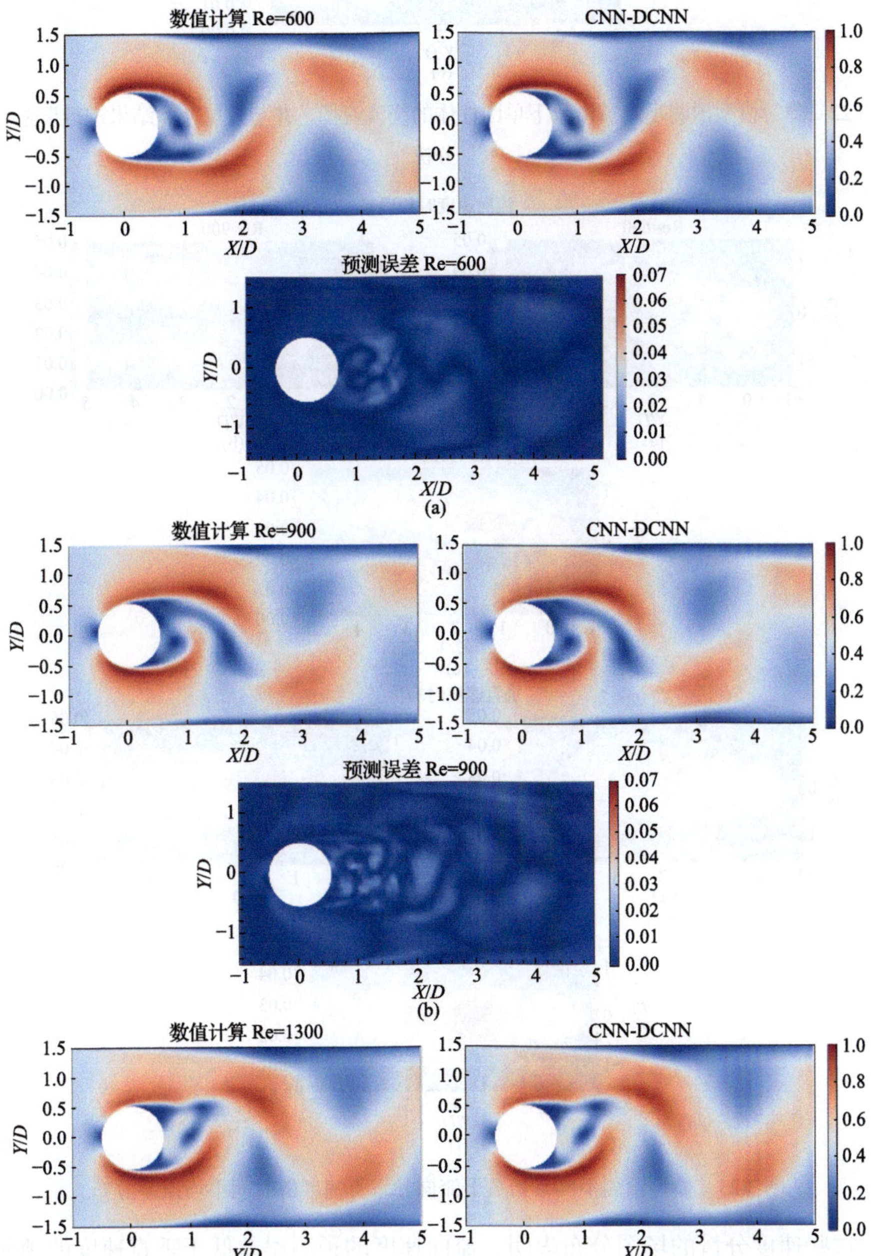

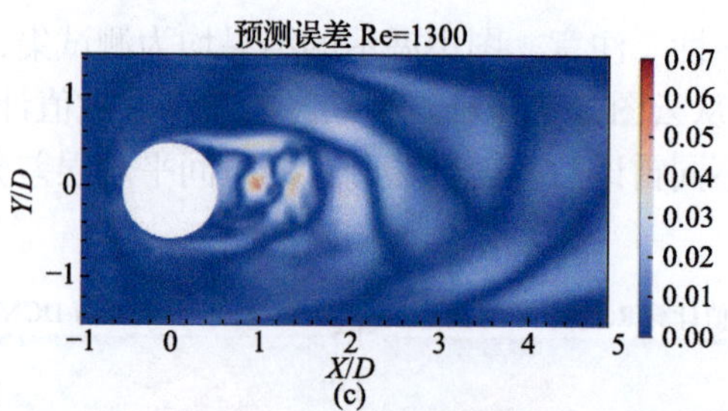

图 3.22　降阶模型预测不同雷诺数下单圆柱体的绕流流场，并与数值计算结果进行误差对比分析

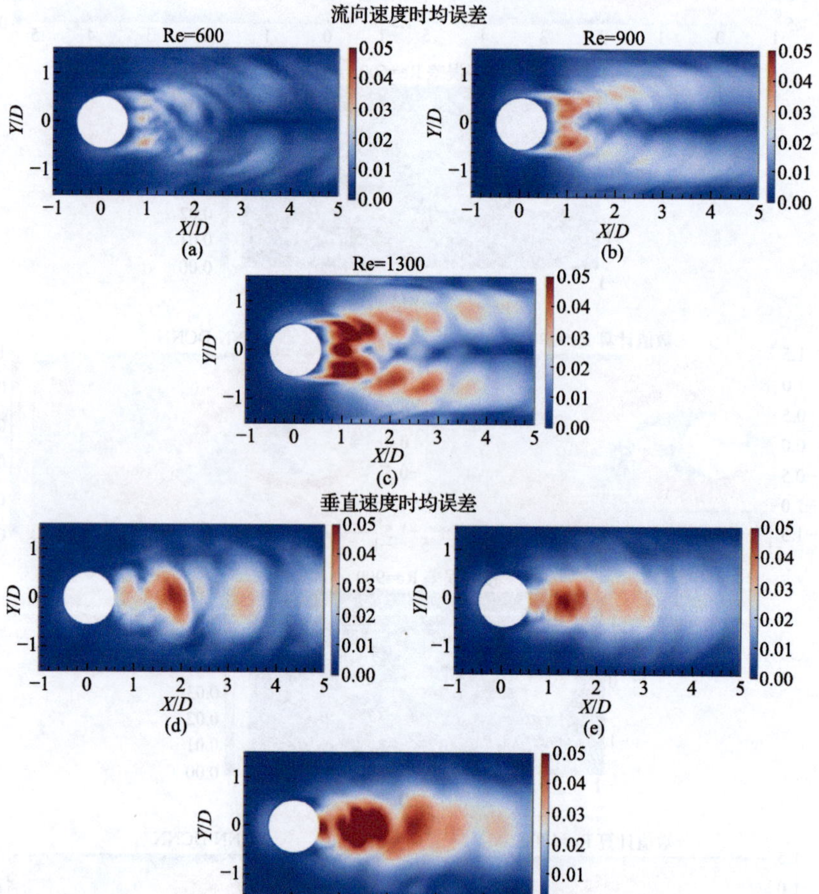

图 3.23　模型预测不同雷诺数下流向和垂直速度的时间平均误差分布

这些速度分量的场图分布表明，流向速度的预测误差低于垂直速度的预测误

差。该结果可以从神经网络训练对损失的权重分配角度解释，由于流向速度在整个流场中的绝对大小比垂直速度大，模型在训练过程中损失的收敛会更倾向于降低流向速度的预测误差。但即使如此，模型对两种速度分量的预测误差整体偏小。

最后针对不同雷诺数下的预测速度场结果，本节分别统计了其时间平均的最大误差和平均误差，相关结果展示如图 3.24 所示。

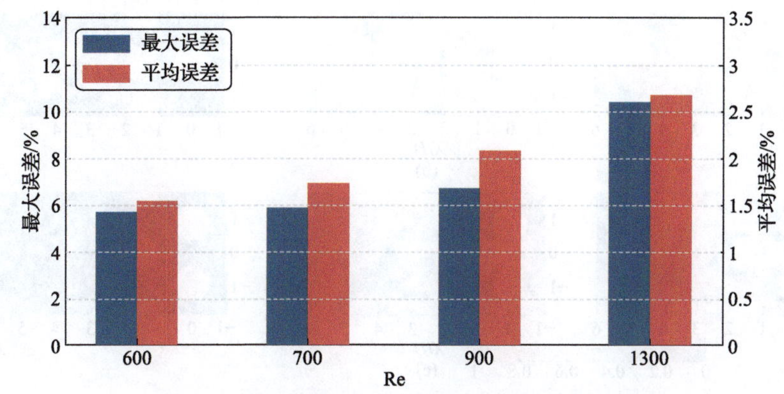

图 3.24　模型在不同雷诺数下的平均和最大误差

图中结果说明，随着雷诺数的增加，流动结构的复杂性也在上升，模型预测的准确度也逐渐降低。当雷诺数达到 1300 时，降阶模型预测结果的最大误差甚至超过了 10%。这一结论也能从流场的误差分布图中看出。但从预测结果的平均误差大小可以发现，雷诺数为 1300 时结果的平均误差也没有超过 3%。所以预测流场中最大误差超过 10%的点占比极少，证明了 CNN-DCNN 模型的特征学习和流场重构能力。

模型在单圆柱体绕流的预测中展现出优异的性能，现在对模型的测试转向研究更具挑战性的问题——多圆柱体绕流。多圆柱的排列和布局将导致流场的几何结构变得更具多样性，流场在圆柱体之间会发生干扰、干涉等相互作用效应，从而导致流动特性更为复杂。这为进一步研究模型的性能提供了支持。多圆柱体降阶模型的训练数据集开始于 $t^* = 1.67$，结束于 $t^* = 8.33$，依旧使用了雷诺数 Re = 350、400、450、500、550、800、1000 和 1100。随后用雷诺数 Re = 200 的测试工况作为测试集检验模型的性能，结果如图 3.25 所示。

图中依次展示了双圆柱、四圆柱和五圆柱体的流场预测结果和相应的误差分布图。降阶模型的预测准确性仍然令人满意，但对比单圆柱体的预测结果，模型在多圆柱体的流场预测中误差明显增大，且主要集中在流动的尾迹附近。

值得一提的是，以上结果仅展示了模型对流场的空间结构预测性能，由于本节探究的是非定常流动，所以还需证明模型对流场随时间演化的预测性能。下面以多圆柱体绕流的流场为例，在其流场的边界层和分离层附近设置探针，来监视这些位置处模型对速度预测的准确性。探针位置的布置如图 3.26 所示。

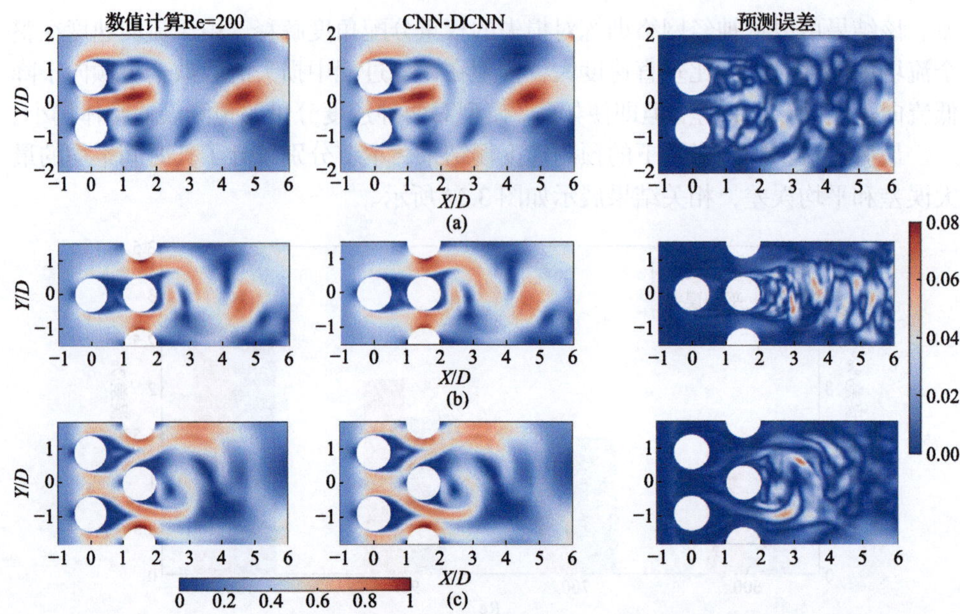

图 3.25 模型预测不同圆柱体数量下的流场分布，并与数值计算结果进行对比分析

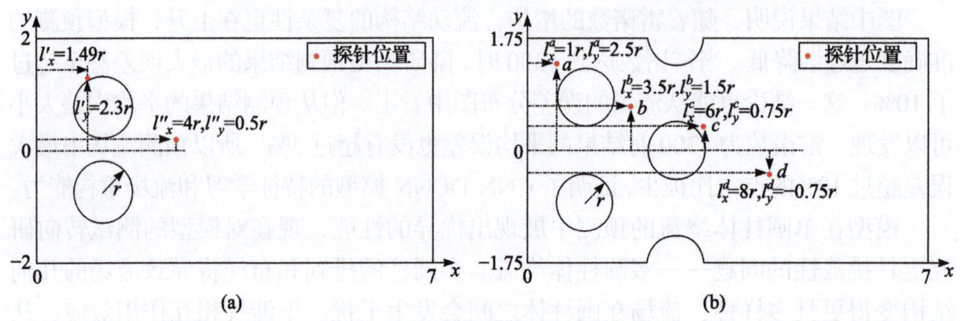

图 3.26 布置在流场中的探针位置

本节分别探索了模型在双圆柱体和五圆柱体算例中的时间预测性能。其中，圆柱体边界处的探针主要研究边界层的预测精度，圆柱体后的探针主要研究分离层的预测精度。对双圆柱体的探针监视结果如图 3.27 所示。

由图 3.27 可知，模型预测结果与数值计算结果吻合较好。相对来说，由于边界层流动较为复杂，当靠近边界层时，探针捕获到的模型预测结果出现细微的毛刺(图 3.27(a))。然而，从预测速度相对于当地真值的波动来看，模型预测结果的整体相对误差较小。尽管双圆柱体流场流动中存在复杂的相互作用，CNN-DCNN 模型仍然能够精确捕捉到速度流场的时间特性，表明了所提出模型的良好性能。

上述探针监视到的速度值是在训练集范围内对时间进行采样获得的。随后，进一步将测试的问题进行了外推。相应的探针监视结果如图 3.28 所示。

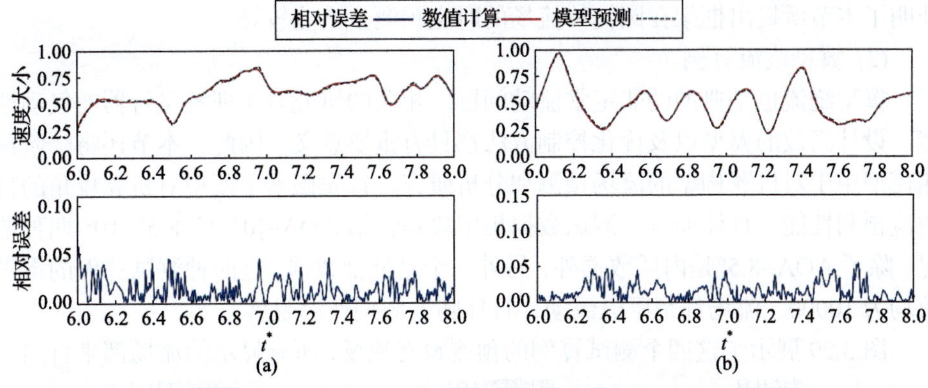

图 3.27　双圆柱算例中两个探针位置上速度的时间演化结果

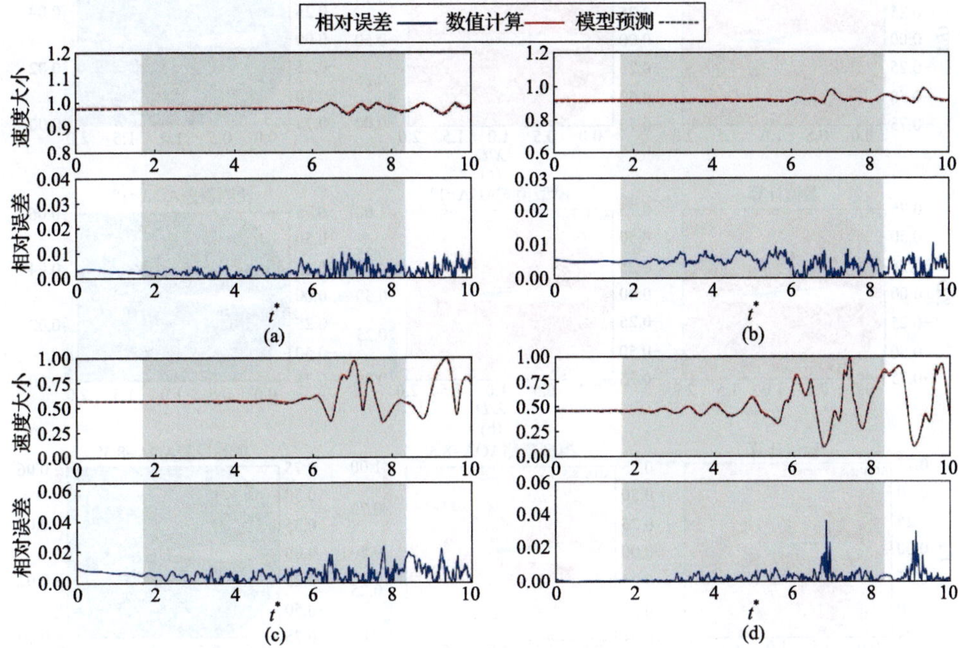

图 3.28　五圆柱算例中四个探针处速度随时间的演化以及相应的误差结果

图中绘制的时间范围从流动的起始到准稳态。灰色背景表示训练集的无量纲时间范围。可以发现，模型预测的整体相对误差非常小，在测试数据集(两端)上误差波动较大。具体来说，当流动开始时，即 $t^* < 1.67$ 之前的速度对于网络模型来说是未知的，此时流场还未发展出涡结构，预测任务较为简单。在 $t^* > 6$ 之后，流场中的旋涡开始增长，速度波动的复杂度上升导致预测误差增加。当模型完成对一个涡脱落周期的学习后，在测试时段上，模型能够继续推演速度随时间的波动情况。综上所述，模型对速度场分布的准确预测以及对速度随时间演变的外推预测，证明了本节所提出框架在圆柱体流场的时空预测上性能较好。

(2) 翼型绕流算例。

翼型绕流也是典型的非定常流动问题。相关的研究对于理解飞行器的气动性能、设计高效的翼型以及优化控制方法都具有重要意义。因此，本节还将降阶预测模型用于对机翼构型的流场预测和分析研究。首先探索了模型对机翼攻角的自适应预测性能。具体而言，测试数据集中攻角包括 AOA=[0°, 1°, 8.5°, 10°]四种情况，除了 AOA=8.5°是内插数据外，另外三个是外推数据。这四种测试算例的雷诺数均为 10000，流场都是层流流动，且伴随着周期性涡脱落。

图 3.29 展示了这四个测试算例的预测瞬态流场，所有显示的流场都来自同一

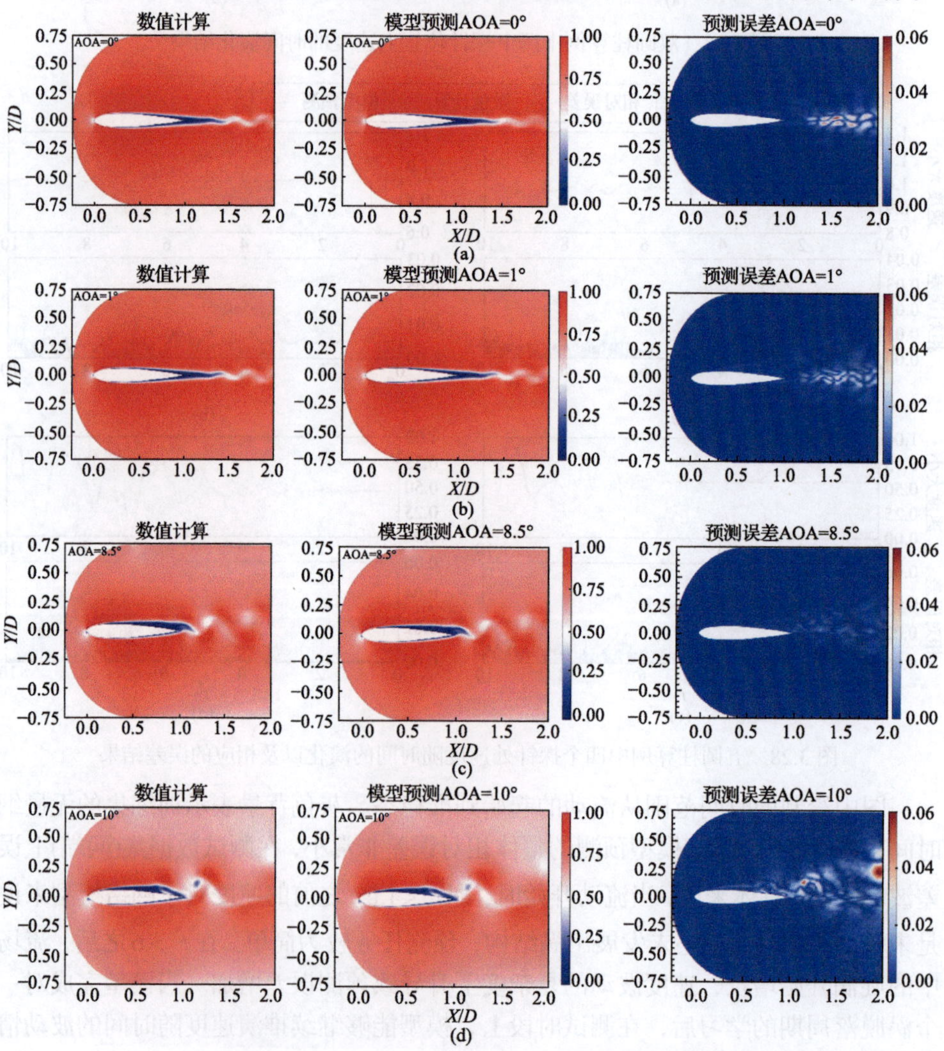

图 3.29　模型预测不同攻角下的机翼绕流场，并与数值计算结果进行对比

时刻。可以看到，模型预测的速度场与数值计算结果非常吻合。右侧的图显示了降阶模型相对于数值结果的误差分布。最大误差主要出现在尾迹区域，该区域的流场伴随着较大的速度梯度，而在深度学习预测中，较大的梯度或者数值变化较剧烈的区域是造成预测误差偏大的主要原因。此外，比较 AOA = 0°和 AOA = 8.5°的误差分布可以发现，AOA=8.5°的最大误差幅值更小。虽然攻角更大会导致流场变得相对复杂，但机器学习模型的性能受训练数据的影响更加显著。模型的预测精度取决于预测目标与训练集的偏离程度。本节机翼训练集中包含的攻角 AOA = [2°, 3°, 4°, 5°, 6°, 7°, 8°, 9°]，因此测试集 0°的情况与训练集偏离更远，导致其预测结果相较于 8.5°更低。

随后，在流场的尾迹中设置了三个探针用于监视时间维度上模型预测速度场的准确度，结果如图 3.30 所示。图中符号表示模型预测结果，线型表示数值计算结果。

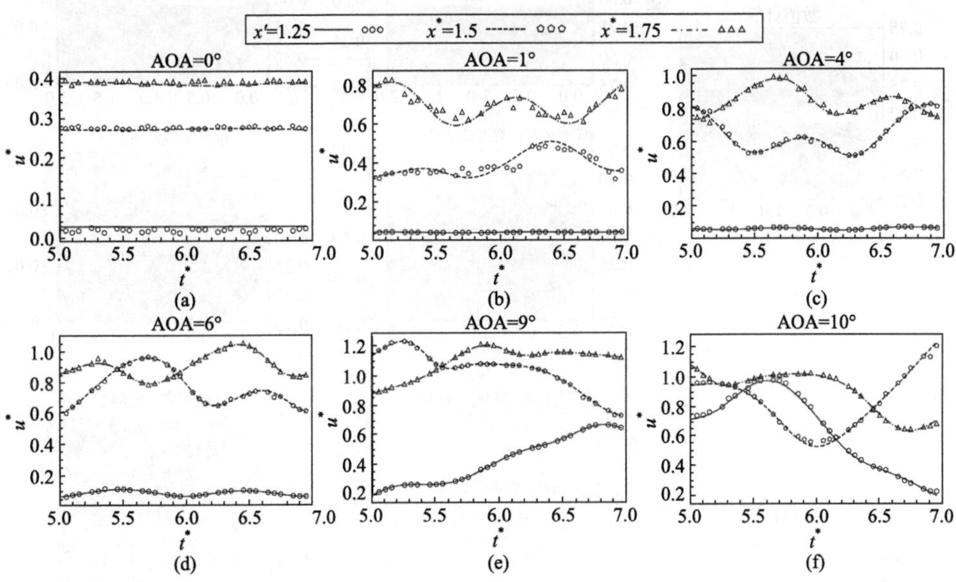

图 3.30　CNN-DCNN 模型与数值仿真预测速度场在尾流区域的采样结果比较

三个探针位置(x^*, y^*) = [(1.25, 0.2), (1.5, 0.2), (1.75, 0.2)]。本节研究了六个不同的攻角 AOA = [0°, 1°, 4°, 6°, 9°, 10°]，测试的无量纲时间为 2～5。这里的测试集中包含了训练集(AOA = 4°, 6°, 9°)，目的是方便结果的对比分析。显然，在测试时间段内模型对速度场的预测表现良好。但作为输入模型的外推数据集(AOA = 0°, 1°, 10°)与训练数据集相比，存在较大的预测偏差。尤其是对于 0°攻角，此时速度场波动较小，对于模型来说是非一般流动波动的全新流动情况，而模型预测结果仍然出现规律波动导致误差增大(图 3.30(a)中的红线)。一个可能的解决方案是增加训练数据集采样时间的分辨率。即便如此，模型整体预测误差仍然很小。因此，可以认为 CNN-DCNN 模型具备了应用于时间变化预测的能力。

最后，本节对数据的结构设计进行了探讨，研究训练数据结构对模型预测性能的影响，以解释所提出框架的数据预处理方法。本节准备了三种不同的数据类型，算例 1 只使用压力信号制作训练集；算例 2 使用压力信号和雷诺数信息制作训练集；算例 3 使用压力信号和攻角信息制作训练集。请注意，完整的输入矩阵包含了压力信号、雷诺数以及表示机翼形状和攻角信息的二值图像。为了控制研究变量，所有流场都选择同一时刻。图 3.31 展示了算例 1 和算例 2 的速度预测结果以及相应的误差分布。

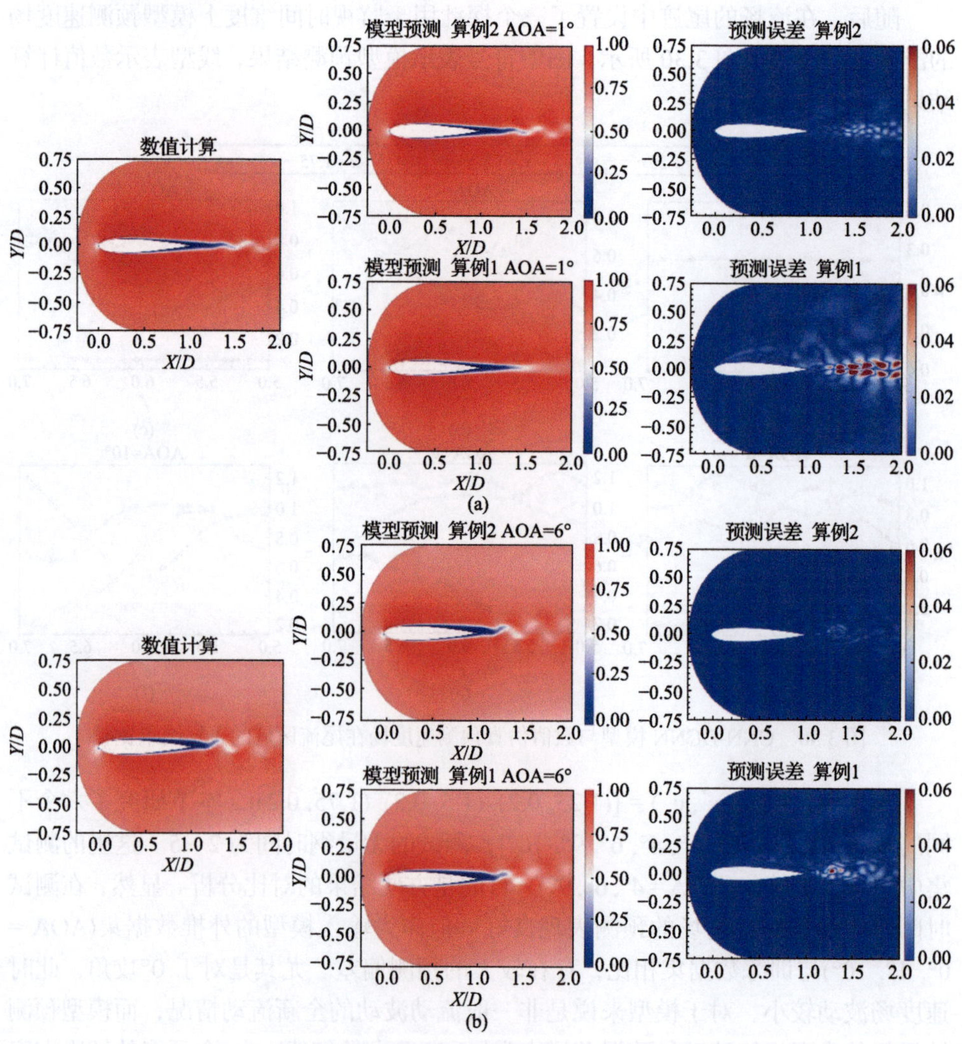

图 3.31　输入矩阵中是否包含攻角信息对模型性能的影响

算例 1 和算例 2 都是在雷诺数为 10000 的工况下进行的训练。可以看到，在引入攻角特征到训练数据中时，模型的性能得到了改善。显然，缺乏物理信息(这里指攻角信息)的指导，CNN-DCNN 无法准确预测 AOA = 1°和 AOA = 6°情况下机翼尾迹区域的流动结构，而用带有攻角信息的数据训练，CNN-DCNN 模型能够捕捉到不同攻角下翼型边缘附近的涡结构。

图 3.32 展示了将雷诺数包含在训练数据中对降阶模型预测性能的影响(算例 1 和算例 3 的比较)。所研究的算例都是在 AOA = 6°和 Re = [6000, 7000, 8000, 9000, 10000]下进行训练。

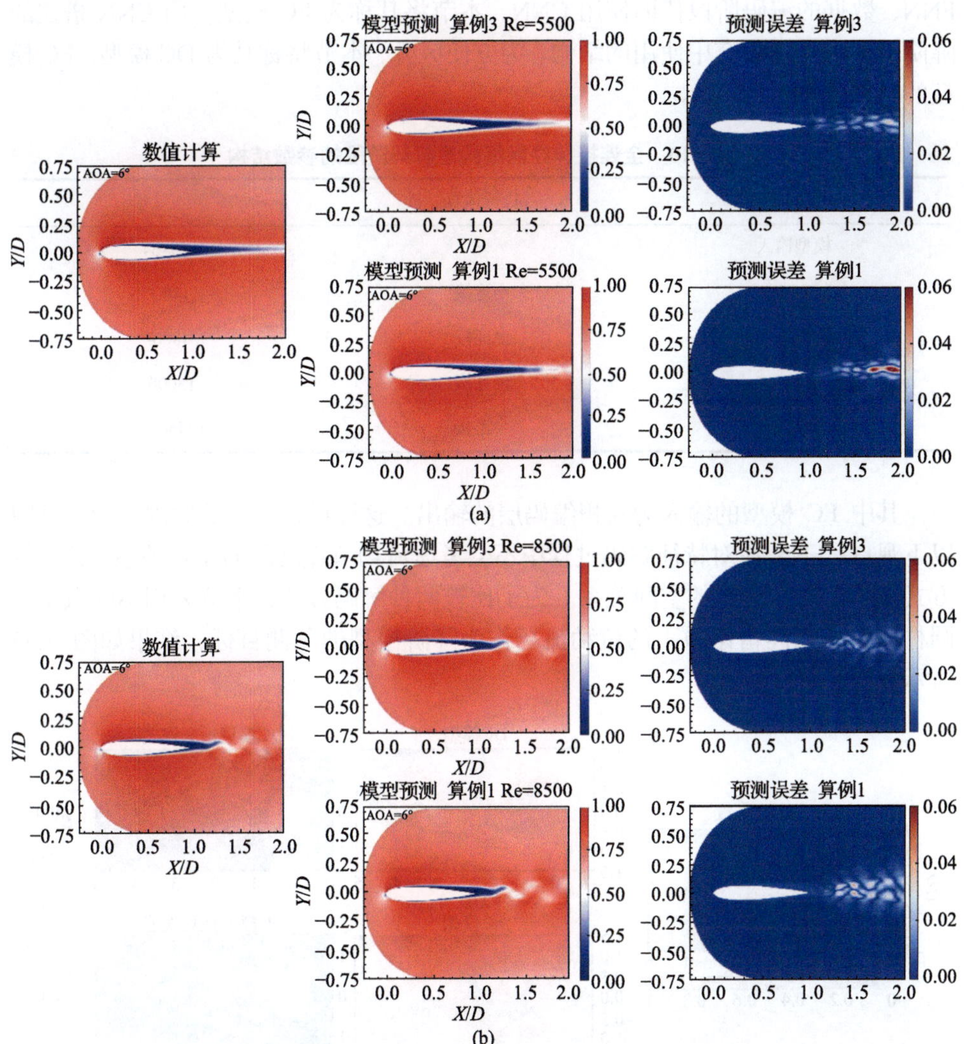

图 3.32　输入矩阵中是否包含雷诺数信息对模型性能的影响

可以清楚地看到，引入雷诺数信息到训练数据集中，降阶模型的预测性能得到了改善。总体来说，这些结果说明在训练数据集中包含显式的物理特征信息，能有效提高模型的训练效率。经过数据中对特性信息的强调(如攻角、雷诺数)，训练完备的降阶模型对这些特征量的变化将有较高的鲁棒性能。

3.4.5 全连接网络与卷积网络构建降阶模型对比

本节对比分析 FNN 和 CNN 对构建流场降阶模型的影响。选取圆柱体绕流问题为研究对象。需要注意的是，由 FNN 搭建的降阶模型仅在模型的解码阶段使用 FNN，数据的编码阶段依旧使用 CNN，本节将其称为 FC 模型。而 CNN 搭建的降阶模型为上述研究中使用的结构，为方便区分，本节将称其为 DC 模型。FC 模型的结构如表 3.10 所示。

表 3.10 全连接神经网络构建解码阶段的参数结构

层名称	执行运算	矩阵尺寸
模型输入	—	6×6×64
FC1	全连接	1800
FC2	全连接	4800
FC3	全连接	13000
FC4	全连接	13456×1

其中 FC 模型的输入为卷积编码层的输出。这样设计 FC 的原因是为了证明以下观点：FNN 在对特征解码过程中不会考虑流场节点之间的相互关系，其运算方式破坏了原有节点的空间关系。为了比较两种解码方法，本节采用不同数量的圆柱体，将相同雷诺数下的流动流场作为降阶模型的预测目标，结果如图 3.33 所示。

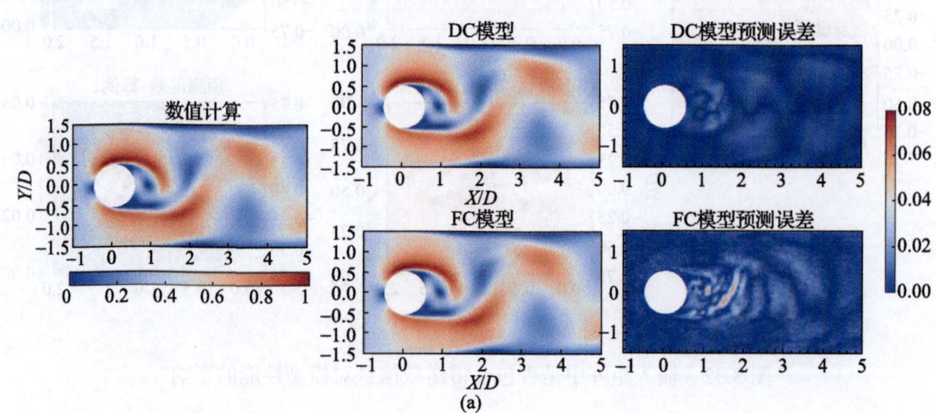

(a)

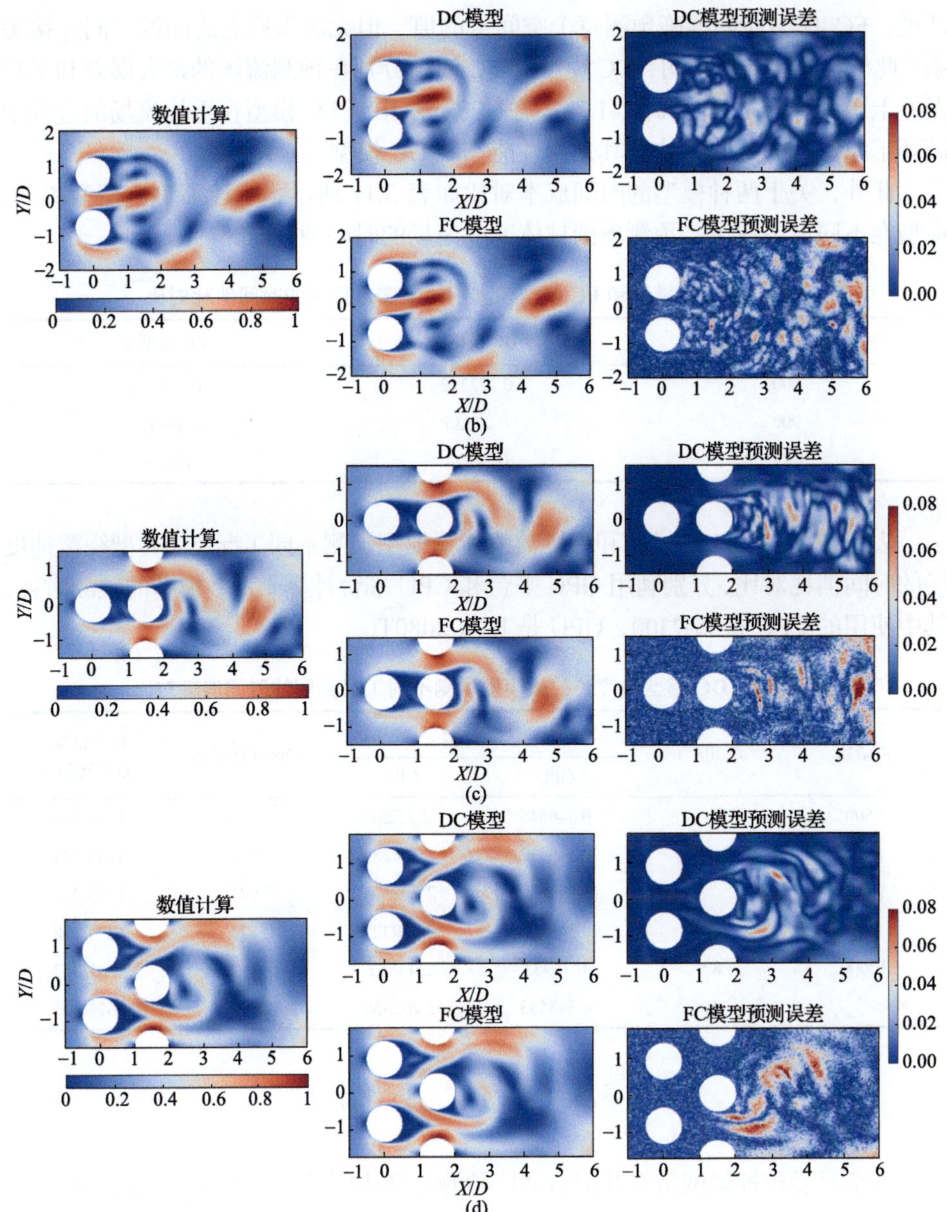

图 3.33　对比 FC 模型和 DC 模型在不同数量圆柱体算例中的流场预测性能

从图中展示的误差分布来看，DC 模型与 FC 模型具有明显不同的模式。DC 模型的误差明显比较小且整体更为平滑，而 FC 模型的误差分布相对粗糙。对这种现象可以解释如下：FC 模型在一定程度上过拟合了节点的自身特征，而忽略了相邻节点之间的过渡关系，从而导致了 FC 模型的预测误差分布呈颗粒状。换句话说，FC 模型能够准确预测每个空间点的值，但无法重构点之间的空间连接关系。此外，统计结果表明，DC 模型较 FC 模型分别在预测流场的最大误差和平均误差上最多降低了 41.2%和 41.7%。总体来说，由于 FC 模型在重构流场的过程中破坏了原数据的空间结构，其预测性能不及 DC 模型。

此外，关于两种模型的时间成本对比如表 3.11 所示，统计了 DC 模型和 FC 模型在不同雷诺数下，预测单圆柱体速度流场的时间消耗对比。

表 3.11　DC 模型和 FC 模型预测不同雷诺数算例的时间消耗对比

雷诺数	DC 模型/s	FC 模型/s
600	0.272272	0.265128
900	0.27335	0.264422
1300	0.27324	0.26337

表 3.12 记录了 DC 模型和传统数值计算模型预测不同工况下，翼型绕流速度场的时间消耗对比，分别利用 GPU 平台和 CPU 平台计算了 DC 模型的预测时耗，其中使用的 CPU 是 i5-7300，GPU 是 RTX 2080Ti。

表 3.12　DC 模型和传统数值模型预测不同工况算例的时间消耗对比

雷诺数	攻角/(°)	DC 模型		OpenFOAM/s	提升倍率 (GPU/CPU)
		GPU	CPU		
5500		0.546545	2.75232	840	1537/305
8500	6	0.545512	2.768289	898	1646/324
11000		0.547532	2.792353	971	1773/347
	1	0.548505	2.749329	821	1494/298
10000	8.5	0.54953	2.74862	872	1587/317
	10	0.548533	2.762358	893	1628/323

3.5　本章小结

本章对卷积神经网络在几何自适应预测任务中降阶模型的构建方法进行了探索。通过学习简单几何构型的特征，模型能够掌握几何形状变化后潜在影响流场的机理，并能将流场预测泛化到复杂几何构型。此外，本章还提出了使用 SDF 来表示几何构型。该方法通过计算一个有限区域上确定的点到边界的距离并同时对距离的符号进行定义，全面描述了几何在空间中的位置以及几何的边界信息，相比于二值矩阵的表示方法，更有利于模型对几何特征的学习。

(1) 通过在训练数据中添加足够多关于几何构型特征的信息，所训练的模型将具备对几何形状的自适应预测性能。虽然本章仅探究了凸边形几何，使降阶模型在遇到凹面构型时预测精度较差，但这个问题可以通过在训练集中添加等量的凹边形几何解决。类似地，通过改变训练集中的特性，可搭建自适应更多研究方向的降阶预测模型。

(2) 改变降阶模型的学习目标，可以使几何自适应模型用于不同的场景。本章将模型用于热传导问题、热对流问题以及速度流场等问题的预测，都取得了良好的预测结果。可见降阶模型的标签影响模型重构方向，根据研究问题的不同，模型可应用的范围也会不同。

(3) 卷积网络模型的性能受超参数的影响较大，超参数包括模型结构、学习率和训练数据大小等。对这些超参数的反复寻优，发现它们都存在最优化的组合，使计算资源在可接受的成本情况下实现降阶模型的良好性能。

参考文献

[1] Ketkar N, Moolayil J, Ketkar N, et al. Convolutional Neural Networks[M]. Deep Learning with Python: Learn Best Practices of Deep Learning Models with PyTorch. New York: Apress, 2021: 197-242.

[2] Sun M, Song Z, Jiang X, et al. Learning pooling for convolutional neural network[J]. Neurocomputing, 2017, 224: 96-104.

[3] Peng J Z, Liu X, Aubry N, et al. Data-driven modeling of geometry-adaptive steady heat conduction based on convolutional neural networks[J]. Case Studies in Thermal Engineering, 2021, 28: 101651.

[4] Peng J Z, Liu X, Xia Z D, et al. Data-driven modeling of geometry-adaptive steady heat convection based on convolutional neural networks[J]. Fluids, 2021, 6(12): 436.

[5] Park J J, Florence P, Straub J, et al. DeepSDF: Learning continuous signed distance functions for shape representation[C]//Proceedings of the IEEE/CVF Conference on Computer Vision and Pattern Recognition, 2019: 165-174.

[6] Jordan S A. An iterative scheme for numerical solution of steady incompressible viscous flows[J]. Computers and Fluids, 1992, 21(4): 503-517.

[7] Williams C, Falck F, Deligiannidis G, et al. A unified framework for U-Net design and analysis[J]. Advances in Neural Information Processing Systems, 2023, 36: 27745-27782.

[8] Zou D, Cao Y, Zhou D, et al. Gradient descent optimizes over-parameterized deep ReLU networks[J]. Machine Learning, 2020, 109: 467-492.

[9] Peng J Z, Chen S, Aubry N, et al. Unsteady reduced-order model of flow over cylinders based on convolutional and deconvolutional neural network structure[J]. Physics of Fluids, 2020, 32(12): 123609.

[10] Peng J Z, Chen S, Aubry N, et al. Time-variant prediction of flow over an airfoil using deep neural network[J]. Physics of Fluids, 2020, 32(12): 123602.

第 4 章　迁移方法对卷积神经网络的新任务学习和预测性能增强

4.1　引　言

在现代电子设备中，多芯片模块(Multi-Chip Module，MCM)作为一种集成电路设计方案，逐渐成为高性能系统的重要组成部分。MCM 通过将多个高功率芯片集成在同一印刷电路板上，不仅提高了芯片的封装密度和布线密度，还显著增强了模块的整体性能和可靠性。这种设计优势使得 MCM 在通信、计算和消费电子等多个领域得到了广泛应用。然而，随着集成度的不断提升，MCM 的热管理问题日益突出，尤其是芯片的结温和温差的升高，已成为造成电子产品故障的主要因素。

芯片在 MCM 中作为主要的单元，其热性能直接影响整个模块的性能和可靠性。高电流密度和芯片尺寸的增加导致热耦合效应显著，温度分布的不均匀性可能导致芯片的局部过热，进而引发潜在的故障。因此，提升芯片的热设计和优化能力，成为电子产品开发、生产和使用中不可忽视的关键环节。近年来，针对芯片热管理的研究逐渐深入，许多科研人员通过实验与仿真相结合的方法，探讨了不同设计方案对热性能的影响。然而，尽管已有大量研究探讨了 MCM 的热性能，但仍然存在许多挑战。传统的热管理策略往往依赖于经验法则和复杂的计算模型，这不仅增加了设计过程的时间成本，还可能导致性能预测的不准确。因此，开发高效、可靠的热管理解决方案是当前研究的热点之一。

针对上述问题，本章提出了一种基于迁移学习的热估计方法，旨在减少神经网络模型对数据集大小的依赖。首先利用与目标任务相似的数据集对卷积神经网络进行预训练，然后通过一个更小的数据集对模型进行微调。这一过程使得模型能够在数据稀缺的情况下，适应特定的 MCM 热估计需求。实验结果表明，经过微调的模型在复杂的五芯片配置中，仅以 1.17%的预测误差实现了快速的推理速度，相较于传统的模拟方法，速度提升了三个数量级。此外，与随机初始化参数的模型相比，迁移学习模型所需的数据集大小仅为前者的 1/8，训练时间小于 1/3，但能够实现类似的预测准确性。这表明迁移学习模型能够显著提高历史 MCM 热传输数据集的利用效率，满足实时热估计和快速优化芯片配置的新需求。

本章研究希望能够为 MCM 的热管理提供一种新的思路和方法，使得电子设备在高性能、高密度集成的同时，能够保持良好的热性能和可靠性。

4.2　常见迁移学习及应用

4.2.1　常见的迁移学习

迁移学习(Transfer Learning)是一种机器学习方法，其核心思想是将从一个领域(源领域)学习到的知识迁移到另一个领域(目标领域)，以提升目标任务的学习效果和效率[1]。传统的机器学习模型通常依赖于大量的标注数据进行训练，而迁移学习旨在利用已有的知识，特别是在源领域上表现良好的模型参数和特征，从而减少对目标领域大量标注数据的需求。

迁移学习主要分为同源(特征维度相同但分布不同)的迁移和跨域(特征维度不同)的迁移。按照迁移学习的方法进行分类，常见的迁移学习可以分为四种类型：基于实例的迁移学习、基于特征的迁移学习、基于模型的迁移学习和基于关系的迁移学习。其中，基于实例的迁移是指通过给源领域样本加权来迁移；基于特征的迁移需要将源领域和目标领域的数据特征变换到同一个特征空间；基于模型的迁移是指模型之间共享参数;基于关系的迁移利用源领域中的网络关系进行迁移。

(1) 基于实例的迁移学习。

该方法是一种通过直接利用源领域的实例(数据样本)来帮助目标领域任务学习的迁移学习方法。它的核心思想是：虽然源领域和目标领域的数据分布不同，但可以从源领域中选择与目标领域相似的实例,将它们作为目标任务的数据扩充，增强模型的训练效果。该方法主要通过对源领域实例的筛选、加权或重采样，使得这些实例更适合目标领域的学习。

在进行实例的迁移学习时，首先需要对实例进行选择，即在源领域中选择与目标领域具有相似特征或行为的数据样本。这可以通过特征相似性度量(如欧氏距离、余弦相似度)或通过分类器进行实例筛选。例如，在图像分类任务中，可以通过计算图像特征向量之间的距离，选择与目标任务相似的源图像。考虑到源领域的数据分布可能与目标领域不同，因此需要对选定的源领域实例进行加权，或通过重采样来生成一个新的数据集，以减少与目标任务不相关的样本对模型学习的干扰。将筛选后的源领域实例与目标领域的数据混合，作为目标任务的训练集。通过使用增强的训练集，模型能够在更少的目标领域数据情况下，学到更有用的特征。最后对模型在目标任务上的表现进行评估，并根据评估结果进行调整，可以通过进一步筛选源领域实例或调整加权策略来优化模型的性能。

基于实例的迁移学习在源领域和目标领域数据特征不完全相同的情况下也能

有效工作，通过选择与目标任务相似的实例，可以减少异质数据带来的偏差。

(2) 基于特征的迁移学习。

源领域与目标领域可能有很多相同的交叉特征，基于特征的迁移学习的基本思想是：将两者的特征进行转换或映射，将两者的数据表示对齐，使得模型能够在目标任务中更好地利用源领域的特征表示[2]。该方法的核心在于通过寻找源领域与目标领域的共同特征空间，从而减少领域之间的差异，确保源领域学习到的知识能够有效地迁移到目标任务中。这种方法尤其适用于源领域和目标领域特征分布不同但任务具有一定相似性的情况。

在进行特征的迁移学习时，首先在源领域上训练一个模型，并提取出中间层的特征表示。这些特征可能是从原始数据到特定任务的抽象表示，如图像中的纹理、边缘等特征。随后在目标任务中，通过对目标领域的数据进行相同的特征提取操作，确保源领域和目标领域的数据能够映射到一个共享的特征空间中。通过共享特征空间，模型可以学习到领域间的共同特征，增强模型的泛化能力，使其在目标领域中表现得更加稳健。在某些情况下，源领域的某些特征可能对目标领域无用，因此需要进行特征选择。特征选择方法可以通过重要性权重或相关性分析来选择最能代表目标任务的特征，从而去除不相关或噪声特征，提升模型的性能。进一步地，在源领域和目标领域之间建立特征对齐机制，通过使用统计方法，如 MMD (Maximum Mean Discrepancy)或对抗性训练，确保两个领域之间的特征分布尽可能相似，从而有效减小领域间的差异。最后，通过在目标领域上对模型进行微调，调整特征提取和映射的参数，以确保模型能够充分利用目标领域的数据特征，提高目标任务的预测性能。

基于特征的迁移学习通过共享特征空间，能够增强模型的泛化能力，使其在目标任务中表现得更加稳健。此外，基于特征的迁移学习可以显著减少目标任务的数据需求，在数据稀缺场景中仍能取得良好性能。

(3) 基于模型的迁移学习。

该方法旨在通过从源领域的模型中学习并迁移其部分参数或结构到目标领域，从而提升模型在新任务中的表现[3]。这种方法能够有效减少对目标任务大量数据的需求，并加速模型的训练过程。具体来说，基于模型的迁移学习通过将源任务中预训练的模型作为初始点，在目标任务上进行微调，使其适应新的任务需求。

在进行模型的迁移学习时，首先需要使用大量的数据对模型进行预训练。该模型通常具有复杂结构的神经网络，使其在源领域上表现出良好的性能。在这个阶段，模型通过大量的数据学习到了源任务中的特征和结构信息。在完成源领域的模型训练后，将其模型参数(如权重和偏置)部分或全部迁移到目标任务中。由于源任务和目标任务可能在某些特征或任务结构上具有相似性，所以模型可以利用之前学到的知识来加速目标任务的学习。迁移后的模型需要在目标任务上进行微调。通过在目标任务数据上进行少量训练，模型可以调整参数，使其更好地适应目标任务。这一步骤通常会冻结部分源模型的参数，只对特定层进行微调，以避免过拟合并减少训练时间。完成微调后，对模型进行性能评估，并进一步优化。如果目标任务的数据量较小，一般使用正则化或数据增强技术来提升模型的泛化能力。

值得注意的是，在微调过程中，可以选择冻结部分层的权重，尤其是模型的前几层，因为这些层捕捉的是较低级别的特征，通常在源任务和目标任务之间共享。后几层则可以开放为可训练的状态，以适应目标任务的特定需求。此外，在实际应用中，迁移模型的具体策略需要根据任务的相似性进行选择。如果源任务和目标任务之间具有高度相似性，可以迁移更多的层甚至整个模型；如果差异较大，可能只迁移低层特征，后续层需要从头训练。

基于模型的迁移学习的一个显著优势是它能够减少目标任务所需的数据量和训练时间。预训练模型提供了一个较好的初始点，避免了从头开始训练所需的庞大计算资源。此外，通过迁移源任务中的特征表示，模型在目标任务中的初期表现往往优于随机初始化的模型。这对于数据获取困难的领域(如医学图像分析、自然语言处理等)尤为重要，因为它能够显著降低对大规模标注数据的需求。

(4) 基于关系的迁移学习。

该方法旨在通过利用源领域和目标领域之间的潜在关系或相似性，帮助目标任务的学习。这种方法主要关注领域之间的任务或数据之间的关系结构，而不仅仅是单纯的数据或特征的迁移。通过捕捉和利用这种结构化关系，可以在相关领域中提升模型的表现，特别是在处理多任务学习或多领域学习时，基于关系的迁移学习能够显著增强模型的适应性和泛化能力。

在进行关系的迁移学习时，首先，在源领域和目标领域之间挖掘或发现潜在的关系。这些关系可以是任务之间的相似性、类标签之间的关联性，或者是特征空间中的分布模式。在关系明确之后，模型可以通过共享网络参数、共享特征表示或设计共享的损失函数来捕捉和利用这些关系。这一过程通常通过多任务学习框架或联合训练来实现。随后通过关系建模，源任务和目标任务之间的知识迁移可以通过这些共享的关系进行。特别是在多任务学习中，任务间的相互帮助使得模型能够在各个任务上都表现出色。最后，在目标任务上进行适当的微调，以确保源领域的关系能够在目标任务中得到有效的应用。关系迁移完成后，模型需要在目标任务数据上进行评估，并根据任务的具体需求调整参数。

基于关系的迁移学习在多任务学习中，多个任务可能共享相似的特征或类标签。该方法可以通过共享网络参数或隐藏层表示，在任务之间建立关联，帮助目标任务更好地学习。例如，在自然语言处理(Natural Language Processing，NLP)任务中，命名实体识别(Named Entity Recognition，NER)和情感分析可以共享同样的文本特征，两个任务之间的关系可以通过共享的嵌入空间来捕捉；对于跨领域迁移，源领域和目标领域之间的关系可能体现在它们的特征分布或分类标签的相似性上。基于关系的迁移学习可以通过构建一个能够适应多个领域特征的模型，捕捉领域之间的相关性。这种方法通常用于领域适应中，模型能够有效地适应不同领域的特征变化；对于分类任务，源任务和目标任务中的类标签可能具有某种关系。例如，在图像分类中，一些类标签具有层次结构(如动物类别中的哺乳动物和鸟类)，这种类间关系可以通过迁移学习加以利用，使得模型能够更好地理解目标任务中的分类规则。

基于关系的迁移学习最大的优势是通过引入多个任务或领域之间的关系，模型能够在多任务学习和自适应不同领域的任务中提升学习效率，特别是在目标领域数据较少的情况下，极大地降低了模型过拟合风险。

4.2.2 迁移学习的应用

在各个行业和领域，迁移学习已经被广泛应用，并且有许多成功的案例。在自然语言处理方面[4]，迁移学习主要应用于情感分类、文本分类、垃圾邮件检测等任务；在计算机视觉方面[5]，其主要应用于图像的分类、视频的分类等领域。除此之外，迁移学习还被用于药品功效分类、WiFi 定位分类、人体行为分类、软件缺陷分类、心律不齐分类等多个领域。值得一提的是，迁移学习也被广泛应用在推荐系统领域[6]，推荐系统通常依赖于用户的大量历史数据，为用户推荐图书、电影、衣物等商品。但在许多情况下，系统可能面临数据稀疏的问题，即缺乏足够的相关数据。例如，在为用户推荐电影时，如果缺乏该用户的电影观看记录，则可以考虑利用其在书籍购买方面的数据，从而提升推荐系统的有效性。随着传感器技术的不断发展，它们被广泛应用于各种移动设备、交通工具、铁路系统、计算机等，从而产生了大量异源数据。由于这些数据来源不同，迁移学习在处理异源数据方面变得尤为重要。同时，如何高效利用迁移学习处理海量数据，也成了一个重要的研究方向。尽管如此，目前研究的重点仍然集中在自然语言处理和图像处理领域。

4.3 案例分析——迁移学习增强的卷积神经网络多芯片模块传热降阶建模

4.3.1 案例说明

本节介绍一种基于迁移学习的 CNN 模型，用于 MCM 中的热估计问题[7]。通过迁移学习，模型可以利用已有的源任务数据进行预训练，然后使用目标任务的小数据集进行微调，大大减少了对大量数据的依赖，提高了模型的适应性和预测性能。本节提出的迁移学习方法，在源任务上预训练 CNN 模型，然后对目标任务进行微调，使模型能够快速适应新的热估计任务。源任务和目标任务之间存在相似的几何和功率分布特征，这使得迁移学习能够有效发挥作用。通过这种方式，预训练模型可以快速学习 MCM 的热传递规律，并在新的任务上继续优化，减少了训练时间和对数据集规模的依赖。

本节使用两芯片 MCM 和固定功率 MCM 两类任务进行测试。结果显示，迁移学习模型在测试样本上的平均预测误差仅为 0.67%，并且显著加速了预测过程。相较于传统的数值计算方法，预测速度提高了三个数量级。此外，与随机初始化的 CNN 模型相比，迁移学习模型仅需 1/8 的数据和不到 1/3 的训练时间即可达到相似的准确性。特别是在五芯片复杂任务中，迁移学习模型依然保持了较高的预测精度，这表明其在处理复杂热传递问题时具有显著优势。

4.3.2　训练数据集的生成和预处理

在配置数据集的过程中，MCM 的几何结构被简化为一个二维的正方形区域，如图 4.1 所示，其中嵌入了正方形芯片。基板的边长为 50mm，芯片的边长为 5mm。算例中，芯片作为热源，且芯片的热生成率假设与耗散功率线性相关。计算域中热量主要通过 x 和 y 方向的导热和对流传递，z 方向则考虑绝热条件。基板和芯片的热导率分别为 $148\mathrm{W}/(\mathrm{m}\cdot\mathrm{K})$ 和 $2.5\mathrm{W}/(\mathrm{m}\cdot\mathrm{K})$。在基板的边界上，采用第三类边界条件，传热系数为 $20\mathrm{W}/(\mathrm{m}\cdot\mathrm{K})$。

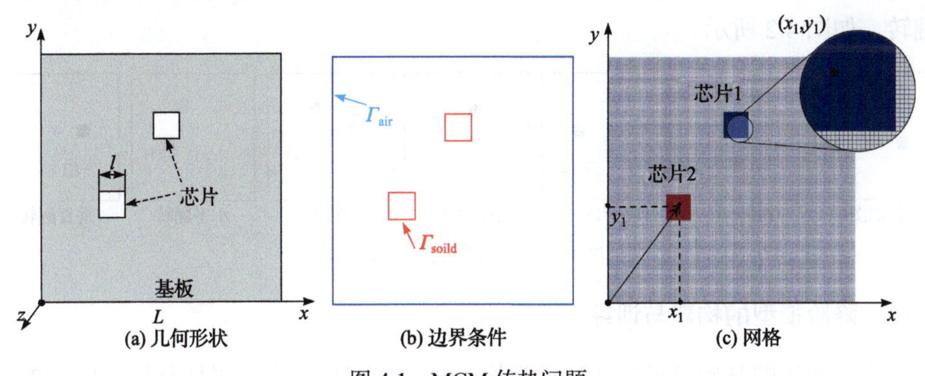

图 4.1　MCM 传热问题

MCM 热传导的物理过程可以由以下二维导热的偏微分方程表示

$$\frac{\partial T}{\partial t}=\frac{k}{\rho c}\left(\frac{\partial^2 T}{\partial x^2}+\frac{\partial^2 T}{\partial y^2}\right)+\frac{\dot{\phi}}{\rho c} \tag{4.1}$$

式中，T 表示温度，t 表示时间，$\dot{\phi}$ 是内部热源，k 、ρ 和 c 分别表示热导率、密

度和热容量。第三类边界条件的数学表达式为

$$-\lambda \frac{\partial T}{\partial t} = h\left(T_s - T_f\right), \quad x=0, \quad x=L, \quad y=0, \quad y=L \tag{4.2}$$

使用开源工具 OpenFOAM 对 MCM 热传递问题进行网格生成和数值计算。

根据以上方式获取原始数据集之后，需进一步处理数据使其适配深度学习降阶模型。具体而言，本节模型的输入信息设计包含 MCM 的几何形状和功率信息。其中，几何形状信息通过改进的 SDF 表示，即将 MCM 几何结构转换为 SDF 函数后，进行标准化处理。最后，芯片区域的数值被替换为耗散功率的负值。标准化的方式可表示为

$$t(x,y) = \frac{T(x,y) - \bar{T}}{\sigma} \tag{4.3}$$

式中，$\bar{T}$ 表示平均温度，σ 表示每个 MCM 的标准差，定义为

$$\bar{T} = \frac{1}{N_X \times N_Y} \sum_{x=0}^{N_X} \sum_{y=0}^{N_Y} T(x,y) \tag{4.4}$$

$$\sigma = \sqrt{\frac{1}{N_X \times N_Y - 1} \sum_{x=0}^{N_X} \sum_{y=0}^{N_Y} \left(T(x,y) - \bar{T}\right)^2} \tag{4.5}$$

式中，N_X 和 N_Y 分别表示 x 和 y 方向的分辨率。需要指出的是，对用于训练和评估的温度场同样进行了标准化处理。此外，为了增强标签数据集，本节采用了六种数据增强技术，包括旋转 90°、旋转 180°、旋转 270°、转置、水平翻转和垂直翻转，如图 4.2 所示。

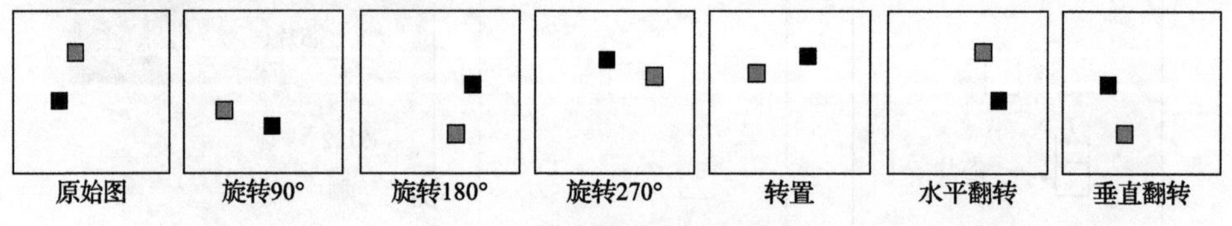

图 4.2 数据增强的结果呈现

4.3.3 降阶模型的构建与训练

本节使用的基础模型是 UNet 架构，其结构包括一个下采样路径，用于提取矩阵特征，以及一个上采样路径，用于将压缩后的特征重建回原始维度。此外，跳跃连接(Skip-Connection)直接将下采样路径的特征连接到上采样路径，以恢复丢失的特征。整个架构呈现 U 形结构。

迁移学习模型的构建由两个步骤组成：首先使用源领域的数据对基础模型进行预训练，然后使用目标领域的数据对预训练模型进行微调。通过这种方式，预

训练提取的先验知识将加速模型在目标任务中的训练。

本节预训练了两个模型，一个用于双芯片 MCM 任务，另一个用于固定功率 MCM 任务。固定功率 MCM 任务的训练模型构建方案如图 4.3 所示。使用两个、三个和四个芯片的固定功率数据对基础模型进行预训练，然后用于解决单芯片和五芯片固定功率 MCM 的问题。

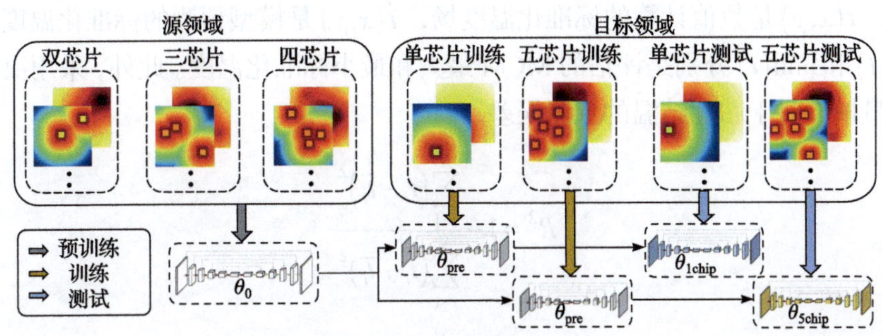

图 4.3　迁移模型构建方案

对于双芯片 MCM 任务，本节采用了类似的方案：源领域包含[0.1W, 0.1W]、[0.1W, 0.2W]、[0.1W, 0.3W]、[0.2W, 0.2W]、[0.2W, 0.3W]、[0.2W, 0.4W]、[0.3W, 0.3W]、[0.4W, 0.4W]、[0.5W, 0.5W]、[0.1W, 0.5W]、[0.3W, 0.5W]、[0.4W, 0.5W]共十二个 MCM 配置的数据，目标领域由[0.1W, 0.4W]、[0.2W, 0.5W]、[0.3W, 0.4W]、[0.6W, 0.6W]共四个目标配置组成。其中，[0.6W, 0.6W]的功率配置是预训练模型从未遇到过的。表 4.1 和表 4.2 分别列出了训练数据集的准备和预训练以及模型微调中的超参数。需要注意的是，经过数据增强处理后，实际数据量是表中数值的 6 倍。

表 4.1　迁移学习过程的训练数据集

	预训练		新任务迁移训练			
	数据集	训练集	数据集	训练集	验证集	测试集
芯片功率	12000	10000	2000	100	100	100
芯片数量	33000	30000	3000	100	100	100

表 4.2　迁移学习训练过程中的超参数

	预训练			新任务迁移训练		
	迭代次数	训练批次	学习率	迭代次数	训练批次	学习率
芯片功率	100	64	1×10^{-4}	200	64	5×10^{-5}
芯片数量	100	64	1×10^{-4}	200	64	5×10^{-5}

4.3.4 预测结果与分析

采用相对误差用于评估模型的性能，每个算例的评估过程可以表达为

$$E(x,y)=\frac{\left|\boldsymbol{t}(x,y)-\hat{\boldsymbol{t}}(x,y)\right|}{\max(\boldsymbol{t})-\min(\boldsymbol{t})} \tag{4.6}$$

式中，$\boldsymbol{t}(x,y)$是数值计算的标准化温度场，$\hat{\boldsymbol{t}}(x,y)$是模型预测的标准化温度场，$\max(\boldsymbol{t})$和$\min(\boldsymbol{t})$分别是评估的 MCM 最大和最小标准化温度。此外，采用决定系数测量模型对于芯片结温的预测误差

$$R^2=1-\frac{\sum_{i=1}^{N}\left(t_i-\hat{t}_i\right)^2}{\sum_{i=1}^{N}\left(t_i-\overline{t}_i\right)^2} \tag{4.7}$$

式中，N表示测试数据的总数量，$\overline{t}_i=\frac{1}{N}\sum_{n=1}^{N}t_i$ 表示所有真实值的均值。R^2 的值接近 1，表明预测结果与真实值之间的线性相关性增加，从而反映出预测精度的提高。

模型的预训练和微调是在 Tensorflow 2.4 框架下，使用 GPU RTX 3080 和 CPU AMD 3800X 进行的。大约花费了 6 小时构建双芯片 MCM 目标的预训练模型，微调该模型以适应目标任务仅需约 5 分钟。

图 4.4 展示了微调模型应用于双芯片 MCM 目标的温度场预测结果。可以看到，芯片的温度与功耗直接相关，功耗越大，温度越高，随后通过导热将热量扩散。此外，由于芯片的热耦合效应，芯片之间的区域热量更为集中。模型预测的温度场与计算结果高度一致。通过观察四个代表性案例的误差分布，可以明显看到误差较大的区域主要围绕在芯片周围。微调后模型在测试样本上的平均误差仅为 0.67%。值得注意的是，芯片的[0.6W，0.6W]配置对预训练模型而言是全新的算例类型。通过小样本微调后的目标任务性能，进一步证明预训练模型最初就具备捕捉芯片热传递过程的能力，并且通过微调，模型对目标任务进行了深入学习，达到了更高的精度。

对于单芯片和五芯片的固定功率 MCM 的迁移模型，模型预测和数值计算的温度场对比如图 4.5 所示。对于单芯片 MCM，模型预测与计算结果的一致性验证了迁移模型在简单几何结构下的优异性能。然而，在五芯片的情况下，较大的误差不仅出现在芯片周围，还出现在基板的边缘。

为了进一步分析图 4.4 和图 4.5 中 6 种目标配置的误差分布，图 4.6 展示了对应的箱线图。在双芯片 MCM 中，箱线图中的所有白点都位于 $x=7\times10^{-3}$ 以下，表明平均误差小于 0.7%。此外，中位数总是远低于平均值，这表明大多数分辨率

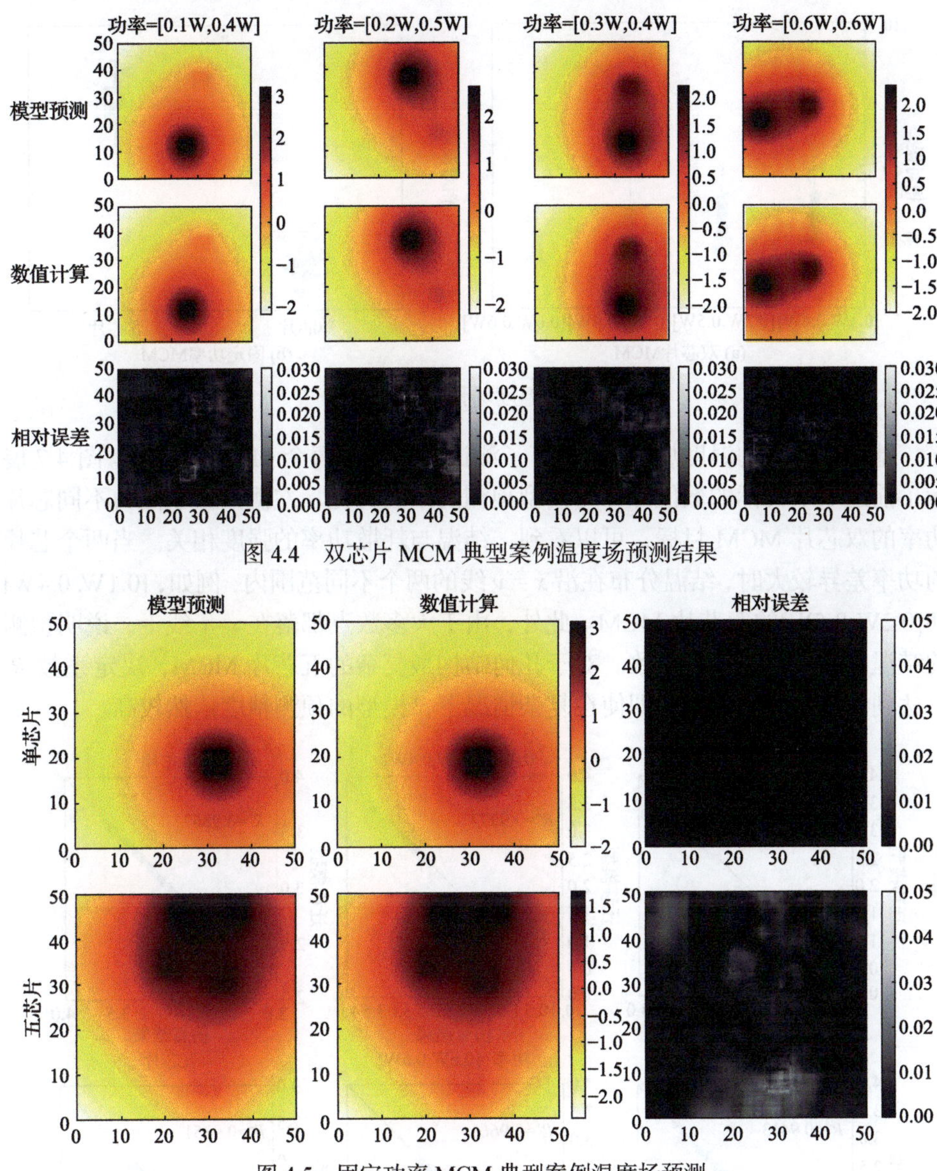

图 4.4　双芯片 MCM 典型案例温度场预测结果

图 4.5　固定功率 MCM 典型案例温度场预测

点的误差较小。在图 4.6(b)中可以看到，单芯片和五芯片 MCM 的平均误差存在显著差异：对于单芯片 MCM，其平均误差和近 3/4 的点的误差均低于 0.1%；而五芯片 MCM 的平均误差为 1.17%。这种差异存在的主要原因是这两个任务的预测难度不同：与单芯片任务相比，五芯片任务需要模型处理更复杂的芯片间耦合热传递问题，这增加了模型的计算负担。因此，模型在处理如此复杂的 MCM 配置时，其预测性能有所下降。

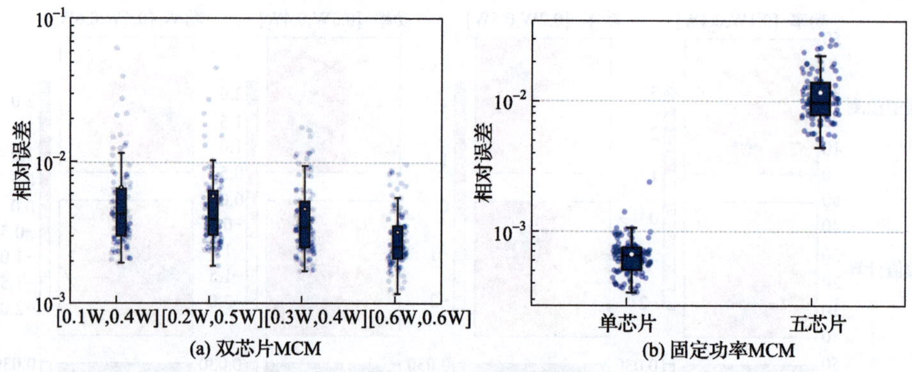

图 4.6　温度场预测误差分布

基于标准化的温度场，本节计算了测试数据集中每个 MCM 的结温。图 4.7 展示了前述 6 个目标的数值计算与模型预测的结温对比。左侧四幅子图为不同芯片功率的双芯片 MCM 目标，可以看到，结温与耗散功率的强度相关。当两个芯片的功率差异较大时，结温分布在沿 $x = y$ 线的两个不同范围内，例如，[0.1W, 0.4W]和[0.2W, 0.5W]的双芯片 MCM。此外，由于大多数点都落在 $x=y$ 线上，说明预测的结温与模拟结果高度一致。对于几何结构最复杂的五芯片 MCM，决定系数 R^2 也达到了 0.9351，这表明即使在复杂情况下，模型的预测精度依然较高。

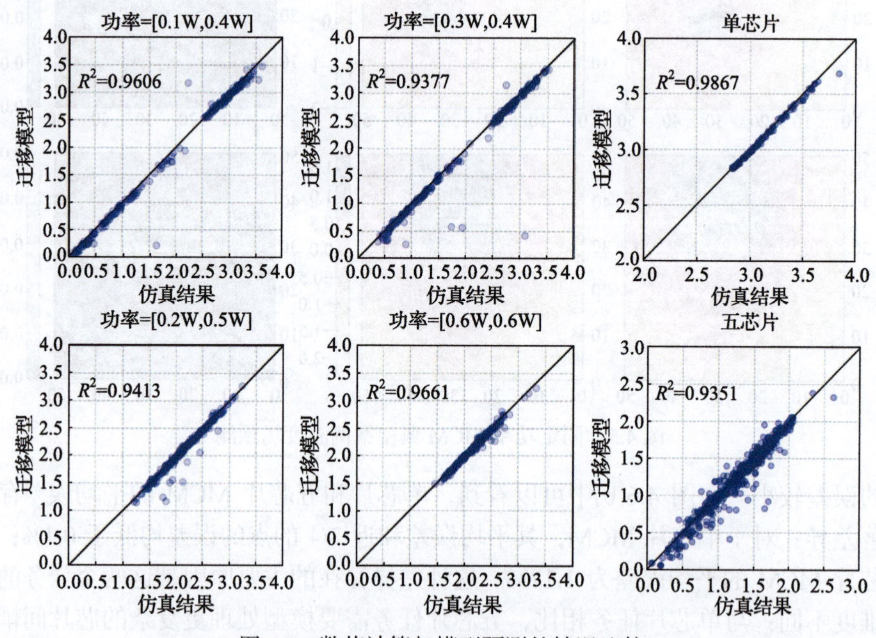

图 4.7　数值计算与模型预测的结温比较

最后本节还比较了不同类型目标任务的预测时间，如表 4.3 所示。芯片数量的增加导致 MCM 几何复杂度提升，因此数值计算所需的时间成本显著增加。然而，由于 CNN 输出的分辨率是固定的，其预测时间基本保持不变，这显著减少了推理过程中的时间成本。

表 4.3　神经网络预测与数值计算的时间消耗对比

MCM 算例	芯片数量	CNN /s	数值计算/s	速度提升
双芯片	2	0.005644	29	3270
固定功率	1	0.005292	18	3401
	5	0.005774	51	8832

4.3.5　迁移学习与传统卷积神经网络的性能对比

(1) 双芯片 MCM 任务。

本节使用了不同大小的数据集，在随机初始参数下训练基础模型，然后将其性能与所提出的迁移学习模型进行对比，以评估迁移学习方法是否能够提高新任务的训练效率。测试数据集的大小分别为 100、400 和 800 个，其中 100 个也是所提出迁移模型的训练数据集大小。实验中，[0.3W, 0.4W]的 MCM 由预训练的双芯片 MCM 模型测试，而单芯片和五芯片的 MCM 则由固定功率 MCM 的迁移模型进行测试。

图 4.8 展示了所提出的迁移模型与其他三种使用随机初始参数训练的模型的性能对比。图 4.8(a)跟踪了迁移模型和分别使用 100、400 和 800 个数据训练的基础模型的验证损失。迁移模型在第一次迭代时即达到了显著低的损失值，仅在大约 20 次迭代后损失就收敛。而另一方面，其他三种模型虽然起始损失相似，但收

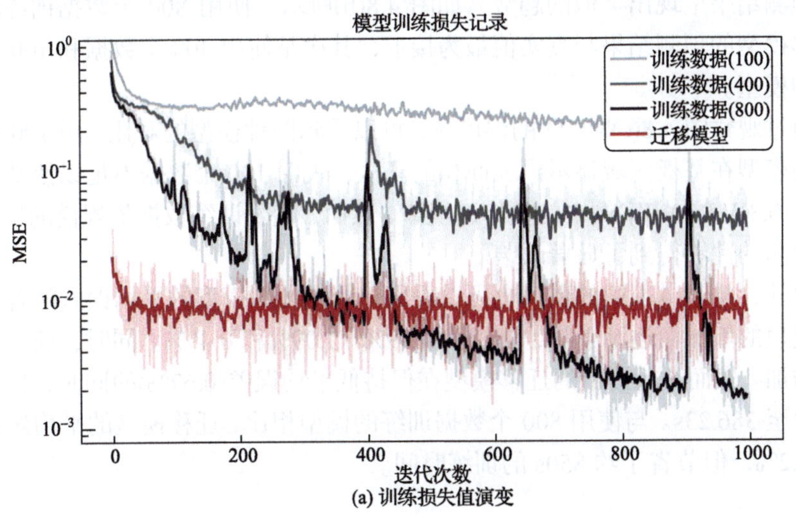

(a) 训练损失值演变

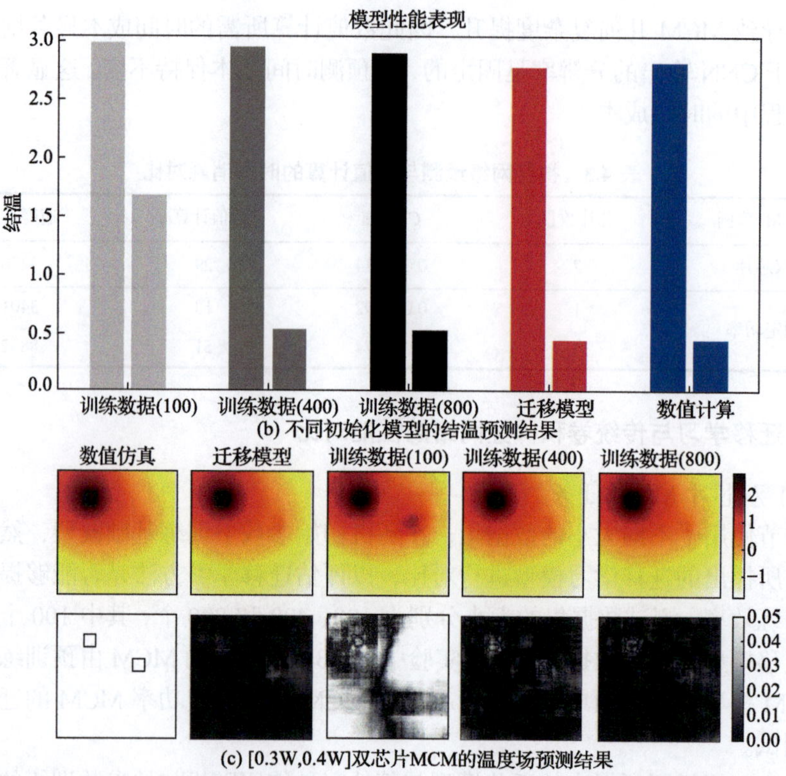

(b) 不同初始化模型的结温预测结果

(c) [0.3W,0.4W]双芯片MCM的温度场预测结果

图 4.8 迁移学习模型和其他三个用随机初始参数训练的模型性能比较

敛速度不同，导致最终的收敛结果也有所差异。其中，使用 800 个数据训练的模型达到了最低的损失值，超过了迁移模型的损失水平。相应地，代表性 MCM 的结温预测结果呈现出类似的趋势，如图 4.8(b)所示。使用 800 个数据训练的模型和迁移模型的预测结果与真实值最为接近，其次是使用 400 个数据和 100 个数据训练的模型。

通过观察图 4.8(c)MCM 的温度场，可以看到四种模型的对比。用 100 个数据训练的模型在基板区域显示出大面积的亮区，表明 100 个数据不足以使基础模型学习到[0.3W, 0.4W]案例中的热传递规律。然而，随着训练数据集规模的增加，温度场预测的性能得到了显著改善。

此外，从表 4.4 中的数值也可以看出，传统训练模型的平均误差随着训练数据集规模的增加而逐渐下降，分别为 4.69%、1.09%和 0.49%。同时，训练时间也逐渐增加。然而，所提出的迁移模型在保持低平均误差(0.67%)的同时，将训练时间减少至 386.23s。与使用 800 个数据训练的模型相比，迁移模型的平均误差仅增加了 0.2%，但节省了约 850s 的训练时间。

表 4.4　迁移学习模型与传统训练模型在[0.3W, 0.4W]MCM 的训练时间和平均误差比较

模型类型	平均误差/%	模型训练时间/s
迁移模型	0.67	386.23
训练数据(100)	4.69	249.06
训练数据(400)	1.09	735.76
训练数据(800)	0.49	1221.34

(2) 固定功率的 MCM 任务。

本节将固定功率 MCM 中单芯片和五芯片的迁移模型的快速适应能力与三种传统方式训练的模型进行了比较，两种情况下的验证损失演变如图 4.9 所示。红

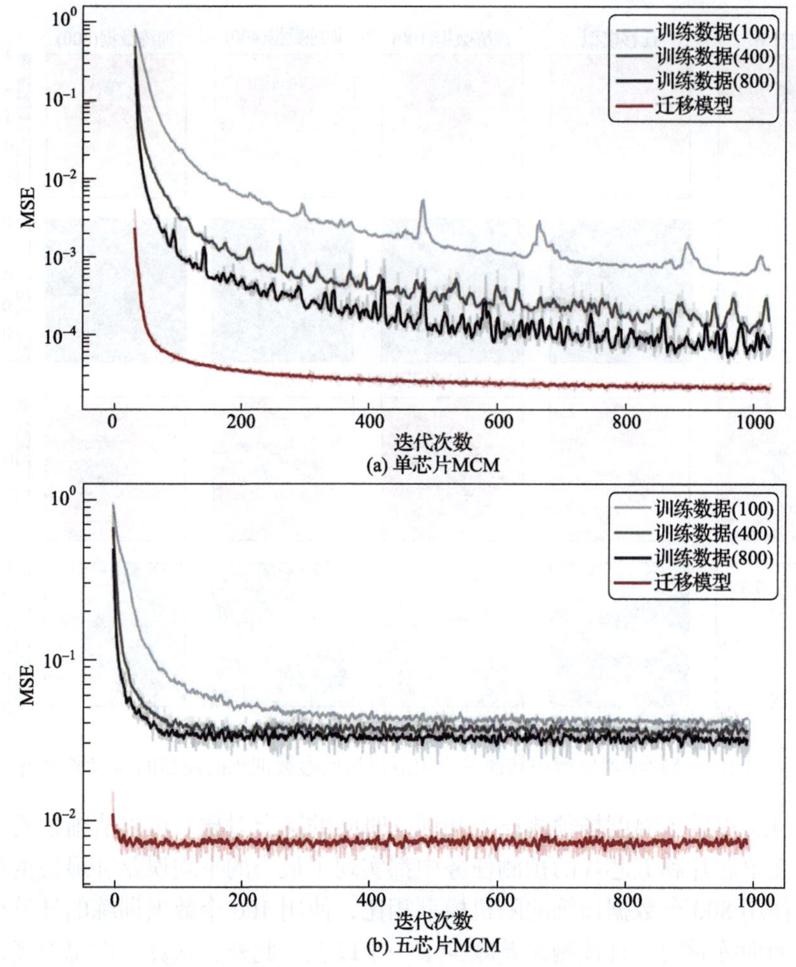

图 4.9　固定功率 MCM 任务的训练损失演变

色曲线代表的迁移模型在初始阶段就表现出极低的损失值，并迅速收敛至最低水平。另一方面，其他三种模型以随机参数初始化，且没有先验经验，在第一次迭代时损失值比迁移模型高出约 100 倍。对于几何结构较为简单的单芯片 MCM，损失曲线在最后一次迭代时仍然呈现下降趋势，表明进一步的训练可能会提升模型性能。然而，对于五芯片 MCM，在训练初期损失值急剧下降后，损失已经收敛到比迁移模型大得多的均方误差。

图 4.10 分别展示了单芯片和五芯片 MCM 的代表性温度场预测结果。显然，从右侧三列可以看到在芯片区域出现了较大的误差，特别是在单芯片 MCM 芯片的四个角落上。并且，随着训练数据的增加，传统训练模型的预测温度场逐渐接近模拟结果。然而，值得注意的是，即便与使用更多数据训练的模型相比，迁移模型的误差仍然是最低的。

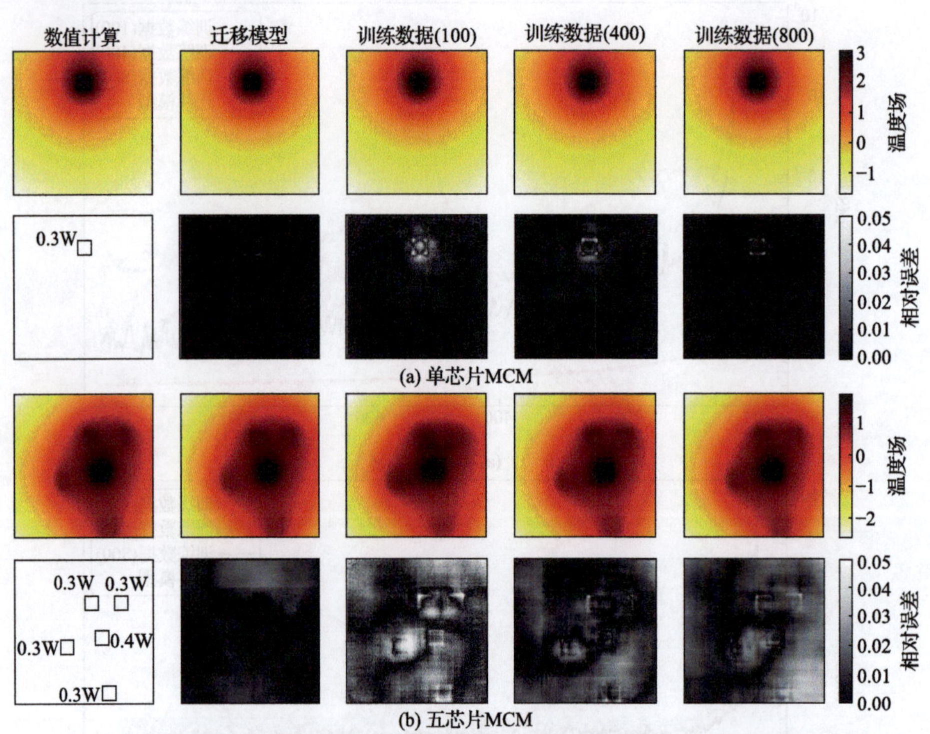

图 4.10　迁移学习模型和其他三个用随机初始参数训练的模型的温度场预测

表 4.5 提供了温度场预测误差和训练时间的综合对比。可以清晰地看到，迁移模型在单芯片和五芯片的预测任务中都实现了最小的平均误差和最短的训练时间。与使用 800 个数据训练的随机模型相比，使用 100 个数据训练的迁移模型仅需 1/3 的训练时间，且预测误差减少了一半以上。此外，估算一次温度场的时间

不到 10ms，比数值计算快了 3～4 个数量级。这些结果突显了迁移学习方法的效率与有效性，展示了其在大幅减少训练需求的情况下依然能够取得优异性能的能力。

表 4.5　迁移学习模型和传统训练模型在单芯片和五芯片固定功率 MCM 任务上的训练时间和预测平均误差比较

模型	单芯片		五芯片	
	训练时间/s	平均误差/%	训练时间/s	平均误差/%
迁移模型(100)	399.17	0.07	393.14	1.17
训练数据(100)	422.17	0.32	448.51	3.29
训练数据(400)	772.43	0.27	783.25	2.60
训练数据(800)	1225.5	0.16	1231.6	2.52

4.4　本 章 小 结

本章提出了一种基于迁移学习的降阶预测模型，用于多芯片模块稳态温度场的预测。通过使用源领域的任务构建预训练模型，并通过目标领域的小样本微调，该模型能够快速适应新的类似双芯片 MCM 任务和固定功率任务。

(1) 预训练模型大约需要 6 小时，然而针对新目标任务的微调只需几分钟。

(2) 与传统数值计算相比，所提出模型的推理速度快了 3 个数量级。

(3) 所有目标任务的温度场估计的平均绝对误差约为 1%，远低于预训练模型。此外，预测的芯片结温与数值计算结果高度一致，决定系数 R^2 均大于 0.93。

(4) 与传统随机初始化、使用 800 个数据训练的模型相比，迁移模型只需 100 个数据即可达到相似的精度，且训练时间仅为前者的 1/3。

(5) 迁移学习在应对最复杂的五芯片固定功率 MCM 任务时表现出显著的有效性，而随机初始化的模型即使通过更多迭代或额外的训练数据，损失曲线也未能表现出下降趋势。

总体来说，所提出的基于迁移学习的 MCM 热传导预测方法在芯片热设计领域具有重要意义。其利用类似任务的先验知识，显著减少了新任务的预测时间和训练数据需求，同时提高了预测的准确性。它将为芯片设计人员提供更多的试错机会，帮助他们更好地实现芯片集成系统的热设计。

参 考 文 献

[1] Hosna A, Merry E, Gyalmo J, et al. Transfer learning: a friendly introduction[J]. Journal of Big Data, 2022, 9(1): 102.

[2] Zhao J, Shetty S, Pan J W. Feature-based transfer learning for network security[C]//The 2017 IEEE

Military Communications Conference (MILCOM), 2017: 17-22.

[3] Shan X, Lu Y, Li Q, et al. Model-based transfer learning and sparse coding for partial face recognition[J]. IEEE Transactions on Circuits and Systems for Video Technology, 2020, 31(11): 4347-4356.

[4] Bharadiya J. Transfer learning in natural language processing(NLP)[J]. European Journal of Technology, 2023, 7(2): 26-35.

[5] Sharma C, Parikh S. Transfer learning and its application in computer vision: a review[C]//Transfer Learning and Its Application in Computer Vision, Waterioo, 2022.

[6] Fang X. Making recommendations using transfer learning[J]. Neural Computing and Applications, 2021, 33(15): 9663-9676.

[7] Wang Z Q, Hua Y, Xie H R, et al. Transfer learning of convolutional neural network model for thermal estimation of multichip modules[J]. Case Studies in Thermal Engineering, 2024, 59: 104576.

第 5 章　Transformer 架构对卷积神经网络的学习和预测性能增强

5.1　引　　言

随着全球能源需求的不断增长和环境问题的日益严重，能源转型已成为各国关注的重点，其中太阳能作为一种清洁、可再生的能源形式，受到了广泛关注。槽式太阳能集热器(Parabolic Trough Collector，PTC)是最具经济性和成熟度的光热发电技术之一。PTC 系统中的集热器管道承担着吸收和传导太阳能的重要任务，通过增强传热性能，可以有效提高光热系统的整体效率。近年来，纳米流体作为一种新型的传热介质，因其优异的热导率和热传递性能，成为提高 PTC 集热器传热效率的研究热点。此外，集热器管道内增加翅片等结构以增强流体的扰动，也被证明能显著改善传热效果。

然而，随着人们对可再生能源效率需求的不断提高，传统数值计算方法面临计算成本高、时间消耗大的问题，特别是在进行复杂结构优化(如翅片设计)时。此外，基于深度学习的数据驱动方法虽然在高维非线性问题的求解中表现优异，但其如何在数据不足的情况下实现高精度的温度场预测，仍然是当前研究中的一大挑战。

本章提出了一种基于融合了 Transformer 模型和卷积神经网络(Hybrid Transformer CNN，HTCNN)的深度学习模型，用于重建填充纳米流体的槽式太阳能集热器管道中带翅片结构的温度场。该模型在传统 UNet 架构的基础上进行改进，采用残差块替换所有的跳跃连接，并嵌入 Transformer 模块以提高特征提取能力。通过将深度学习与物理建模相结合，HTCNN 能够在小数据集上以极高的精度和显著的计算效率进行温度场预测，且其预测精度超过 99.92%，速度比数值计算快 1000 倍。实验结果表明，HTCNN 不仅能在有限数据的条件下准确预测温度场，而且其在 3D 翅片配置优化中展现了巨大潜力，为基于数据驱动的太阳能集热系统优化提供了新的技术路线，有助于实现可再生能源系统的高效设计与优化。

5.2　常见 Transformer 架构及应用

5.2.1　Transformer 模型

Transformer 模型是一种用于自然语言处理和序列到序列任务的深度学习模

型[1]，相较于传统的 CNN 和 RNN，Transformer 完全摒弃了传统的网络结构，整个模型由注意力机制(Self-Attention，SA)和前馈神经网络(Feed-Forword Neural Network,FFNN)构成。这种结构使得 Transformer 在处理长文本时克服了传统 CNN 和 RNN 的性能下降问题，同时具备更好的并行计算能力和捕捉长距离依赖的能力。Transformer 模型的整体架构主要包括编码器和解码器两部分，如图 5.1 所示。每一层都由两个子层组成：SA 和 FFNN。在子注意力机制层中，模型可以动态地为输入序列中的每个位置分配不同的注意力权重，以便更好地捕捉序列中的长距离依赖关系。在前馈神经网络层中，每个位置的表示经过两个全连接层和一个激活函数的变换。在编码器中，每个位置的表示会经过一个额外的自注意力机制层，以帮助模型更好地理解输入序列。在解码器中，除了编码器的结构外，还会添加一个用于生成下一个位置的输出自注意力机制层，以及一个连接编码器输出和解码器自注意力机制层输出的注意力机制层，用于结合编码器的输出以生成目标序列。

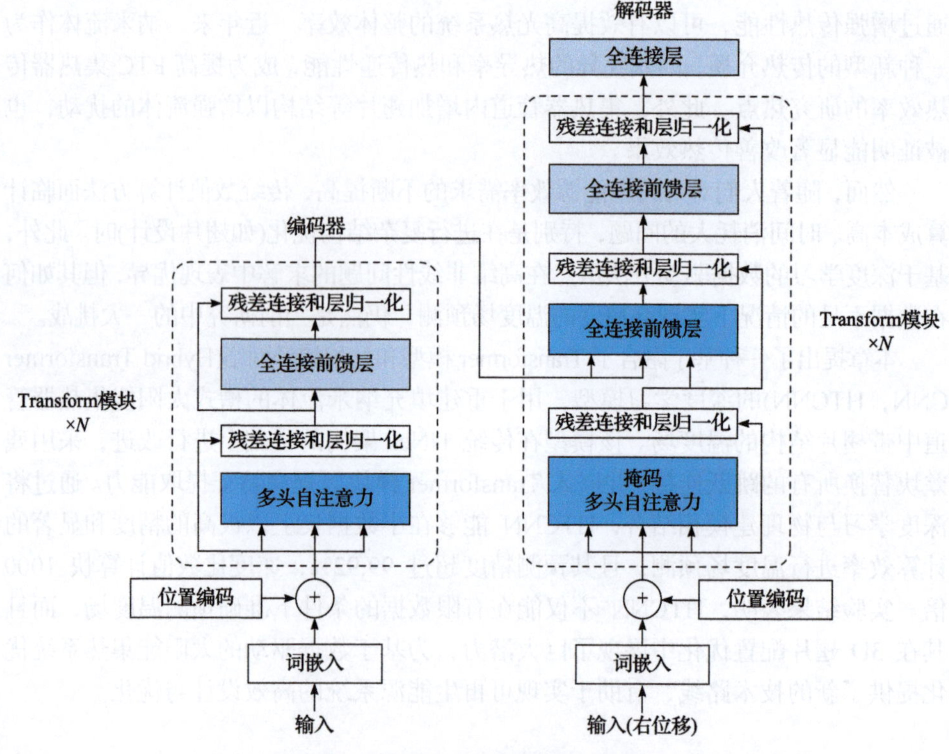

图 5.1　Transformer 架构示意图

(1) SA。

SA 是 Transformer 架构的核心组成部分[2]，其背后的核心概念是缩放点积注意力(Scaled Dot Product Attention，SDPA)。在 SA 中，输入序列的每个位置都被同时视为查询(Query，Q)、键(Key，K)和值(Value，V)，用以计算注意力权重。通过计算 Q 与 K 之间的相似度来得到注意力分数，并将注意力分数与对应位置的 V 相乘，以获得加权和表示。这样，每个位置都可以通过与其他位置的交互来获取全局信息，且每个位置的权重根据输入序列的内容动态计算。SA 的基本结构如图 5.2 所示。

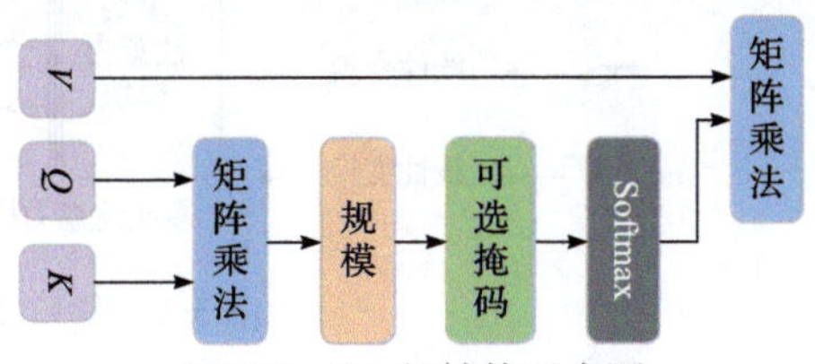

图 5.2　SA 的结构示意图

假设有一个输入序列 $\boldsymbol{X}=\left(x_1,x_2,\cdots,x_n\right)\in\mathbb{R}^{n\times d_{\text{model}}}$，$d_{\text{model}}$ 表示嵌入维度。SA 的核心过程是首先将输入序列分别映射到查询矩阵 $\boldsymbol{W}^Q\in\mathbb{R}^{d_{\text{model}}\times d_q}$、键矩阵 $\boldsymbol{W}^K\in\mathbb{R}^{d_{\text{model}}\times d_k}$ 和值矩阵 $\boldsymbol{W}^V\in\mathbb{R}^{d_{\text{model}}\times d_v}$ 中，得到三个矩阵 $\boldsymbol{Q}$、$\boldsymbol{K}$ 和 $\boldsymbol{V}$。然后，通过 $\boldsymbol{Q}$ 和 $\boldsymbol{K}$ 计算得到注意力权重，并作用于 $\boldsymbol{V}$ 得到整个权重和输出。其过程表示如下

$$\boldsymbol{Q}=\boldsymbol{X}\boldsymbol{W}^Q,\quad \boldsymbol{K}=\boldsymbol{X}\boldsymbol{W}^K,\quad \boldsymbol{V}=\boldsymbol{X}\boldsymbol{W}^V \tag{5.1}$$

对于输入的 $\boldsymbol{Q}$、$\boldsymbol{K}$ 和 $\boldsymbol{V}$，其输出向量的计算公式如下

$$\text{Attention}=\text{Softmax}\left(\frac{\boldsymbol{Q}\boldsymbol{K}^{\text{T}}}{\sqrt{d_k}}\right)\boldsymbol{V} \tag{5.2}$$

式中，d_k 为 $\boldsymbol{K}$ 向量的维度，上标 T 表示矩阵的转置操作。

(2) 多头注意力机制。

多头注意力机制(Multi-head Self-Attention，MSA)是 Transformer 模型中的关键创新之一[3]，旨在提高模型对不同关系和特征的捕捉能力。MSA 的基本结构如图 5.3 所示。MSA 的引入使得 Transformer 模型能更好地适应各种任务以及输入序列中的多样化关系，从而提高了模型的表达能力和泛化性，在自然语言处理、图像处理等领域都取得了显著的成果。MSA 的数学表示如下

$$\boldsymbol{Q}_i=\boldsymbol{X}\boldsymbol{W}^{Q_i},\quad \boldsymbol{K}_i=\boldsymbol{X}\boldsymbol{W}^{K_i},\quad \boldsymbol{V}_i=\boldsymbol{X}\boldsymbol{W}^{V_i} \tag{5.3}$$

$$\boldsymbol{Z}_i=\text{Softmax}\left(\frac{\boldsymbol{Q}_i\boldsymbol{K}_i^{\text{T}}}{\sqrt{d_k}}\right)\boldsymbol{V}_i,\quad i=1,2,\cdots,h \tag{5.4}$$

$$\text{MultiHead}\left(\boldsymbol{Q},\boldsymbol{K},\boldsymbol{V}\right)=\text{Concat}\left(\boldsymbol{Z}_1,\boldsymbol{Z}_2,\cdots,\boldsymbol{Z}_h\right)\boldsymbol{W}^o \tag{5.5}$$

式中，h 表示多头的数量，$\boldsymbol{W}^o\in\mathbb{R}^{hd_v\times d}$ 表示输出层的权重矩阵，$\boldsymbol{Z}_i$ 表示每个头的输出向量，Concat 表示将 h 个子空间的输出向量进行拼接。

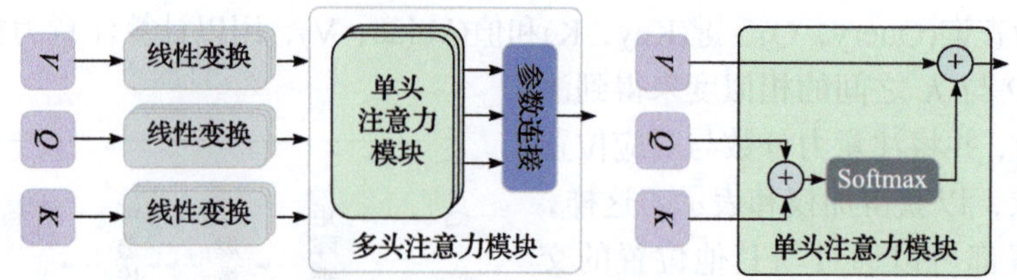

图 5.3　多头自注意结构示意图

5.2.2　Vision Transformer 模型

ViT(Vision Transformer)借助 Transformer 模型强大的长距离依赖信息建模能力，在各种视觉任务中崭露头角[4]。与传统的 CNN 不同，ViT 不依赖卷积层来提取局部特征，而是通过 SA 来建模全局上下文信息。ViT 的核心思想是将图像处理问题转化为序列建模问题，从而利用 Transformer 模型强大的序列建模能力来解决图像处理任务。具体而言，ViT 首先将图像分割成固定大小的图像块，并将这些图像块转换为序列，然后将其送入 Transformer 模型进行处理。在 Transformer 模型的编码器部分，SA 能够捕捉到不同位置之间的关系，从而建模图像中的全局依赖关系。最后，通过解码器或全连接层将编码器的输出映射到目标任务的类别或回归结果。ViT 和 Transformer 编码器的示意图如图 5.4 所示。

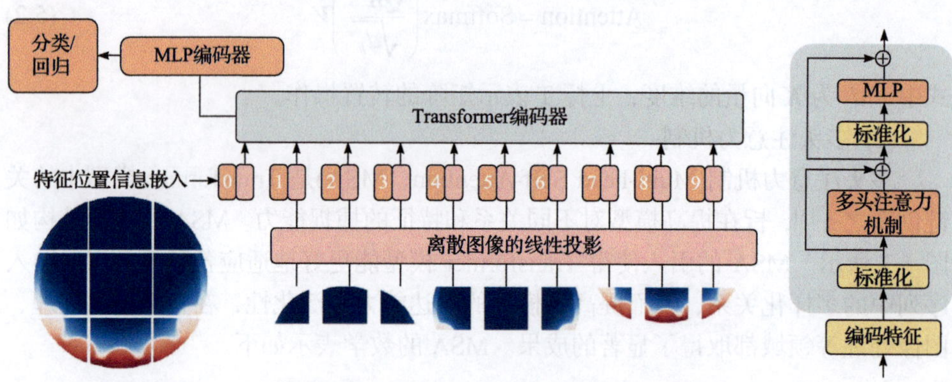

图 5.4　ViT 和 Transformer 编码器的示意图

5.2.3　Swin Transformer 模型

Swin Transformer 是一种新型的 Transformer 模型架构，因其高效的计算性能和卓越的表达能力而备受科研人员青睐[5]。相较于传统的 ViT 模型，Swin Transformer 模型基于移位窗口设计，并引入了分层结构来构建分层 Transformer。这种窗口化的设计使得 Swin Transformer 模型在处理大尺寸图像时能够更加高效，并且能够保持全局上下文信息。通过分层结构提取不同分辨率下的特征，Swin Transformer 模型充分利用了多尺度信息，从而提升了图像的表示能力和感知能力。

Swin Transformer 模型采用多层级的表示结构，如图 5.5 所示，通过分块、交换和重组等操作对输入图像进行多次转换。这种多层级的表述结构允许模型在不同的尺度和抽象级别上对图像信息进行逐步的细化和整合，从而更好地捕捉图像中的全局和局部特征，实现了高效而准确的图像特征提取和处理。首先，通过对图像进行分块操作，将图像划分为不同大小的局部块，以便于局部特征的提取和处理。然后，在不同的分块层级上，模型通过交换和重组操作对图像特征进行整合和调整，从而实现对不同尺度和抽象级别特征的逐步提取和融合。此外，多层级表示结构能够在一定程度上减少计算复杂度，使模型更加高效地处理图像数据。

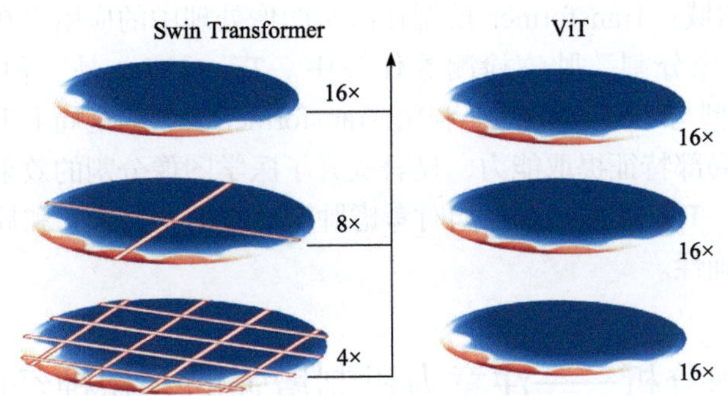

图 5.5 Swin Transformer 多层级表示和 ViT 对比

5.2.4 Transformer 模型的应用

Transformer 模型作为一种基于注意力机制的深度学习架构，在多个领域展现了卓越的性能，尤其在自然语言处理、图像处理、时间序列分析和物理建模中得到了广泛应用。

(1) 自然语言处理(NLP)：Transformer 模型最初被用于 NLP 任务，并在机器翻译、文本生成、语义分析等方面取得了巨大的成功。在此类任务中，序列数据(如句子、段落)的顺序性和上下文依赖是关键。传统的 RNN 和 LSTM 虽然可以处理序列数据，但存在较大的计算开销，并且难以有效处理长距离依赖。相比之下，Transformer 模型的自注意力机制能够在计算复杂度更低的情况下，捕捉序列中的长距离依赖信息。例如，Google 的 BERT 模型使用双向 Transformer 结构，极大提升了 NLP 任务中的文本理解和生成能力，成为诸多 NLP 任务的标准模型。

(2) 物理建模与科学计算：在物理科学领域，尤其是热传导、流体动力学等复杂的数值计算任务中，Transformer 模型逐渐展现出其优势。例如，在对热流体系统进行模拟时，传统的数值方法通常依赖于有限元分析、有限差分法等，这些方法计算精度高，但计算成本也非常高。通过将 Transformer 模型应用于热传导和流体流动的预测任务，科研人员能够利用其全局建模能力，快速构建输入几何结构与输出温度场之间的关系，从而大幅加速计算过程。这种数据驱动的方法在处理复杂物理系统时具有显著的优势，尤其是在数据量有限的情况下，Transformer 模型能够高效捕捉输入数据中的重要特征，进行快速而准确的预测。

(3) 时间序列分析与预测：在时间序列任务中，如金融市场预测、气象预报等，Transformer 模型的应用也逐渐兴起。传统的 RNN 和 LSTM 虽然能够处理时间序列数据，但它们在长时间依赖的建模上仍然存在局限性。Transformer 模型的自注意力机制可以很好地解决这个问题，它能够在处理较长序列时有效捕捉数据之间的长距离依赖关系。通过将时间序列数据视为一个序列输入，Transformer 模型能够同时考虑不同时间步长之间的相关性，进行准确的趋势预测和模式识别。

(4) 医学领域：Transformer 模型在医学图像处理中的应用也在不断扩大，尤其是在医学图像分割、肿瘤检测等任务中。TransUNet 是一种混合模型，将 Transformer 模型与 UNet 相结合，利用 Transformer 模型的全局上下文信息编码能力和 UNet 的局部特征提取能力，显著提升了医学图像分割的效果。例如，在肿瘤检测任务中，TransUNet 可以同时考虑肿瘤区域的全局形态和局部特征，从而提高检测的准确性。

5.3　案例分析——注意力机制增强的卷积神经网络翅片太阳能集热管传热降阶建模

5.3.1　案例说明

通过将 Transformer 模型与卷积神经网络相结合，HTCNN 模型能够快速、准确地预测带翅片结构集热器内的温度场，特别是当数据量有限时，其依然表现出出色的性能[6,7]。

本节主要研究对象为纳米流体填充的集热器管，集热管内安装有不同几何参数的半椭圆翅片，流体介质为 4%体积分数的 CuO 纳米流体。本节通过比较不同翅片配置(如翅片角度、大小等)下的温度场分布，从而验证 HTCNN 模型在复杂几何结构下的预测能力。

5.3.2　训练数据集的生成和预处理

(1) 物理模型。

PTC 的内半径 $r_i = 33\text{mm}$，外半径 $r_o = 35\text{mm}$，且在集热管底部放置了五个纵向内部半椭圆翅片。此外，PTC 的长度设置为 1m，内部使用的纳米流体中包含 4%体积分数的 CuO 颗粒。表 5.1 中列出了详细的边界条件和初始条件。

表 5.1　PTC 算例的边界条件和初始条件

	边界条件					初始条件
	入流		出流	内壁	外壁	管壁
参数	速度	温度	压强	无滑移边界	非均匀热通量	温度
数值	u_x=0.0884m/s	320℃	101.325kPa	$u=0$	参见文献[8]	320℃

本节中 PTC 内的工作纳米流体被认为是不可压缩、黏性的单相流体。相关的连续性方程和动量方程如下

$$\operatorname{div}(\boldsymbol{u}) = 0 \tag{5.6}$$

$$\frac{\partial \boldsymbol{u}}{\partial t} + (\nabla \boldsymbol{u})\boldsymbol{u} = -\frac{1}{\rho}\nabla p + \nu \operatorname{div}(\boldsymbol{D}) + \boldsymbol{f} \tag{5.7}$$

式中，$\boldsymbol{u}$ 为纳米流体的速度向量，t 为时间，p 为流体压力，ρ 为流体密度，ν 为黏度，$\boldsymbol{f}$ 为体积力，计算中取为 0，$\boldsymbol{D}$ 为应变张量，表示为

$$\boldsymbol{D} = \frac{1}{2}\left(\nabla \boldsymbol{u} + (\nabla \boldsymbol{u})^{\mathrm{T}}\right) \tag{5.8}$$

能量方程表示为

$$\frac{\partial T}{\partial t} + (\nabla T)\boldsymbol{u} = \operatorname{div}\left(\frac{k}{\rho c}\nabla T\right) + \frac{S}{\rho c} \tag{5.9}$$

式中，S 为单位体积的热源，k 为热导率，c 为比热容。在参考温度下，假定 k 和 c 保持不变。

在离散计算域生成网格过程中，本节采用 Gmsh 工具实现。如图 5.6 所示，首先使用非结构化三角形单元对结构的横截面进行划分，然后将其转换为 3D 结构。随后，利用 OpenFOAM 中的 kOmegaSST 模型对湍流流动问题进行求解。

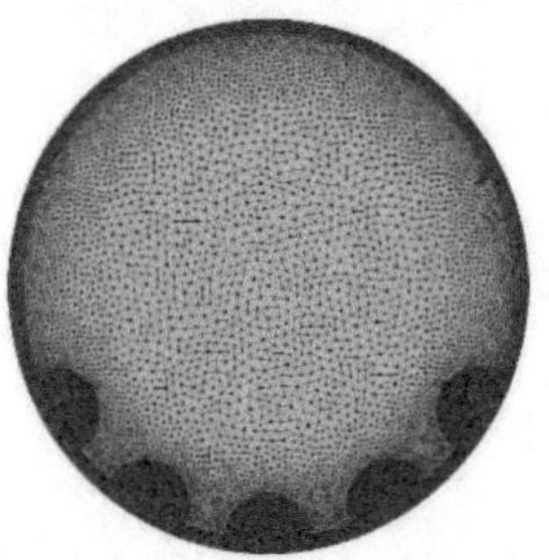

图 5.6　半椭圆翅片 PTC 的横截面网格

(2) 数据设计与预处理。

本节研究的太阳能集热管的截面几何如图 5.7(a)所示，主轴尺寸 a 和副轴尺

寸 b 的范围为 3～20mm；任意相邻两个翅片之间的角度 α 分布在 0～$\pi/3$；第三个翅片始终位于管道下部的中央。随机选取 a、b 和 α，并通过集热管内湍流流动数值仿真生成 20 组训练数据，每组数据包含两部分信息：一部分是集热器横截面的几何信息，使用符号距离函数(SDF)描述，如图 5.7(b)所示；另一部分是通过 OpenFOAM 模拟得到的温度场。前者作为输入矩阵，后者作为标注数据，两者均设置为 240 像素×240 像素的图像。

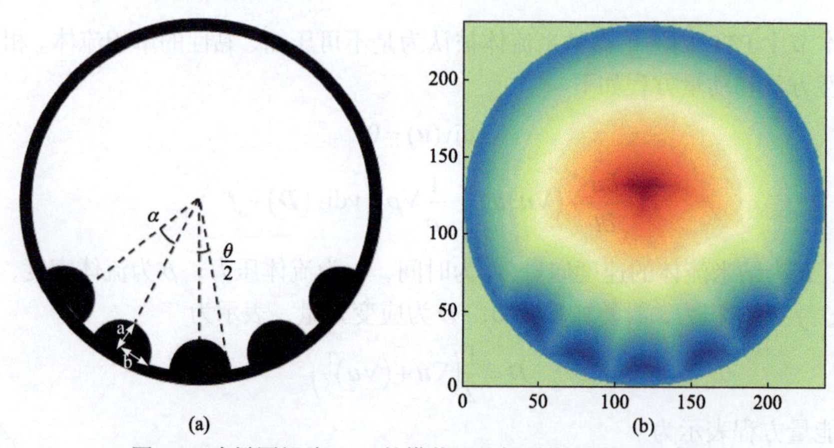

图 5.7　半椭圆翅片 PTC 的横截面几何形状及其 SDF 表示

5.3.3　降阶模型的构建与训练

(1) HTCNN 结构设计。

基于 UNet 结构，HTCNN 的网络结构如图 5.8 所示，主要由下采样路径、上

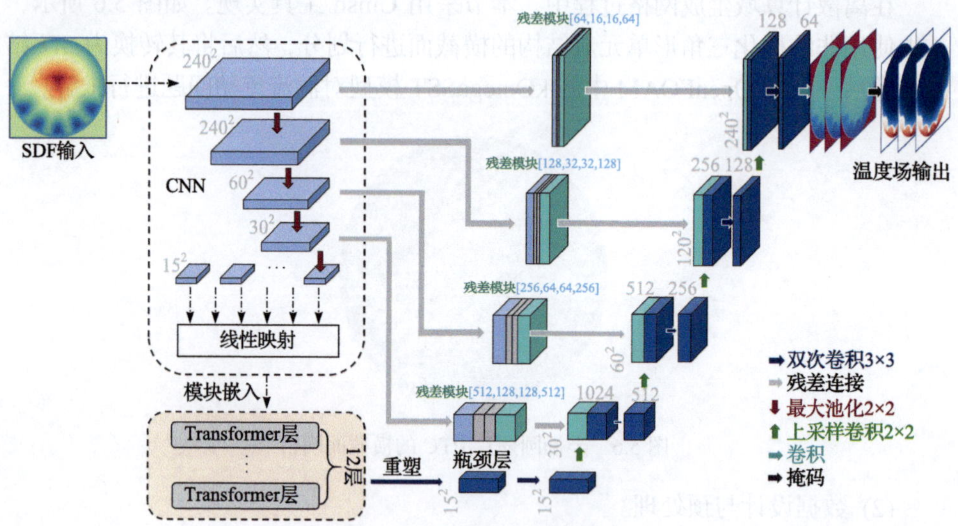

图 5.8　HTCNN 结构示意图

采样路径、Transformer 模块和残差块组成。此结构的 Transformer 设置在下采样之后，与直接将 Transformer 作为编码器相比，保留了下采样路径和残差块，能够让各上采样层从对应下采样层中获得不同压缩程度的特征矩阵，从而提高模型的图像分割性能。此外，通过将 UNet 模型中的所有跳跃连接替换为残差块，可以使每层的部分特征图再进行多次卷积运算，再次为上采样层丰富了特征矩阵，有效避免了深度学习网络中的梯度消失和梯度爆炸问题。

其中，Transformer 模块由 12 个相同的 Transformer 层组成，每层中的计算流程如图 5.9 所示。嵌入矩阵在经过归一化处理后进入多头注意力机制块，输出的结果再次进行归一化处理并输入多层感知机(Multilayer Perception，MLP)。嵌入的 Transformer 模块为模型引入了自注意力机制，以探索更高效的场重构模型。

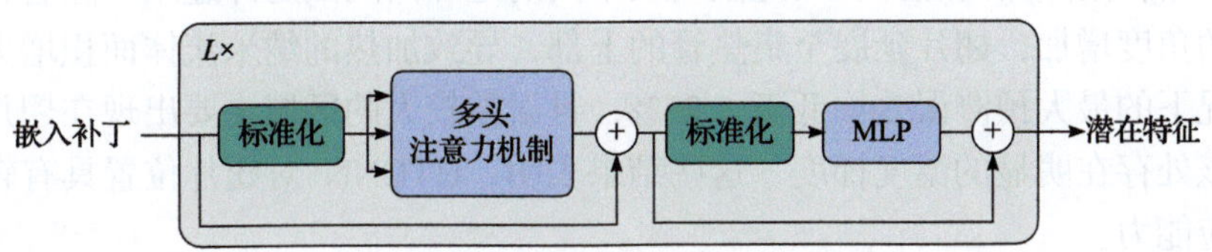

图 5.9 Transformer 层示意图

Transformer 层作用于向量序列。因此，在将高度压缩的特征发送到 Transformer 层之前，需要进行两个过程：图像序列化和补丁嵌入，这些过程参考了 ViT 的图像预处理方法。图像序列化过程将压缩后的图像分割为 N_p 个补丁。假设压缩图像的空间分辨率为 $H\times W$，每个补丁的大小为 $P\times P$，那么补丁数量为 $\dfrac{H\times W}{P^2}$。在补丁嵌入过程中，本节将这些矢量化后的补丁映射到一个可训练的线性投影，进入一个 D 维的嵌入空间。

(2) 损失函数以及模型训练。

损失函数用于表示通过数值计算得出的温度场(被视为真实值)与 HTCNN 预测结果之间的差异。然而，HTCNN 模型的预测区域是正方形，而温度场是圆形的。为了避免在正方形和圆形边缘之间的冗余计算，本节只考虑圆形区域内的差异。为评估 HTCNN 的场预测性能，采用了平均绝对误差(MAE)损失函数

$$\text{loss}=\sum_{n=1}^{N}\sum_{m=1}^{M}\frac{\left|\hat{y}-y\right|}{M} \tag{5.10}$$

式中，N 为数据量大小，M 为重构温度场集热器计算域的像素数量，即在训练过程中忽略了集热器四角区域的面积，$\hat{y}$ 为 HTCNN 预测的结果，y 为相应的数值计算结果。模型使用 Adam 算法来优化损失函数，同时在 Transformer 模块中使用了 Dropout 技术，以防止过拟合。损失函数的值越接近 0，HTCNN 模型的鲁棒性越好。在训练的前半阶段，学习率被固定为 5×10^{-4}，训练的后半阶段则切换为 5×10^{-5}。

5.3.4 预测结果与分析

本节首先用不同翅片配置的集热器管在出口截面处的温度预测结果来测试 HTCNN 模型。然后，应用另外两种不同的集热器管截面来进一步验证 HTCNN 的泛化性能。最后，对 HTCNN 的性能展开分析，解释了如何选择训练数据的大小、残差连接的数量以及 Transformer 层的位置。

(1) HTCNN 模型预测 PTC 温度测试。

为了验证 HTCNN 对翅片位置的自适应能力，图 5.10 展示了不同翅片位置的温度场。五个翅片的主轴和副轴均为 6mm，翅片之间的角度分别为π/6、π/4 和π/3。可以看到，所有翅片的温度都高于纳米流体，因而能够清晰地区分出翅片。热流主要作用在集热器的底部，因此温度从中间的翅片向周围翅片递减。随着相邻翅片间的角度增加，翅片延展至集热管的上部，导致加热的纳米流体面积增大。三种情况下的最大预测误差均低于 2.25%，且误差较大的区域主要出现在翅片边界处，该处存在明显的温度梯度。这些结果表明，HTCNN 对翅片位置具有较强的自适应能力。

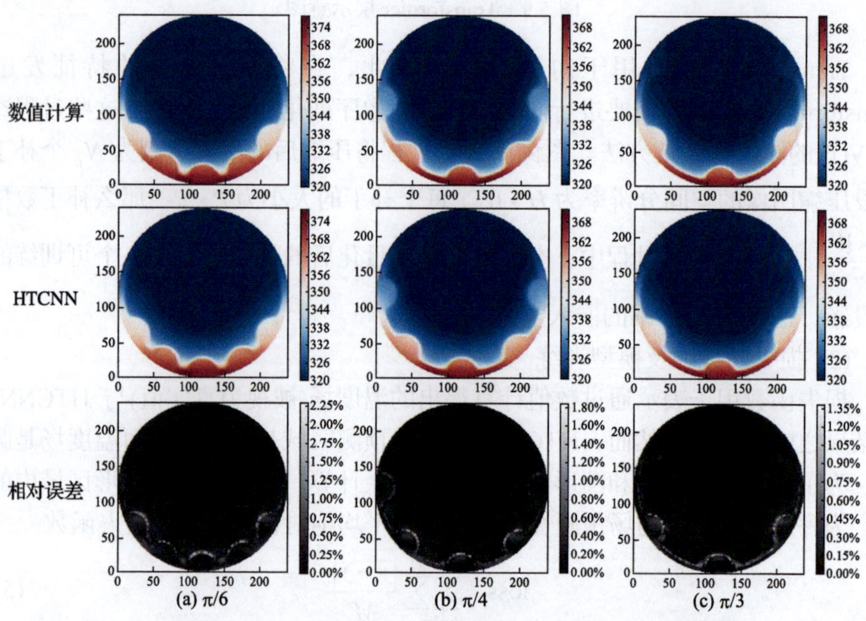

图 5.10　预测不同相邻翅片角度下 PTC 集热器出口横截面的温度场分布

接下来考察不同尺寸翅片的 PTC 集热器的预测性能，图 5.11 展示了一个典型示例。翅片间的角度为π/4，五个翅片的主轴和副轴尺寸分别为[6mm, 6mm]、[6mm, 10mm]和[10mm, 6mm]。可以清楚地看到，温度分布趋势类似，翅片的温度高于纳米流体，且整体温度从集热器下部向上部递减。随着翅片尺寸的增加，纳米流体被加热的区域也相应增大。此外，数值计算与神经网络预测的温度分布极为接近，最大相对误差低于 1.8%。

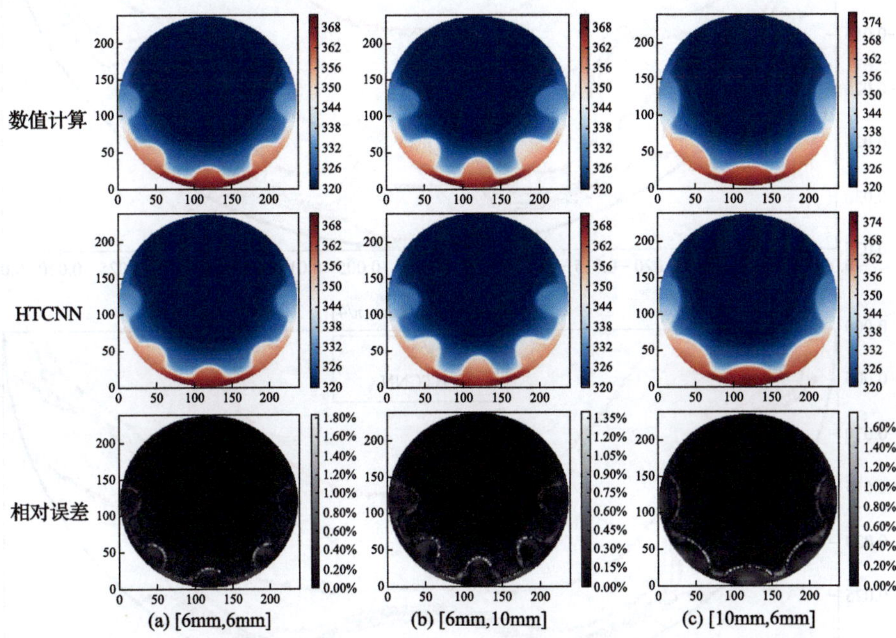

图 5.11 预测不同相邻翅片尺寸下 PTC 集热器出口横截面的温度场预测

为了展示温度场预测的更多细节，图 5.12 对比了不同翅片配置下 CFD 计算与 HTCNN 预测的等温线曲线。温度变化主要发生在 PTC 集热器的底部，因为集

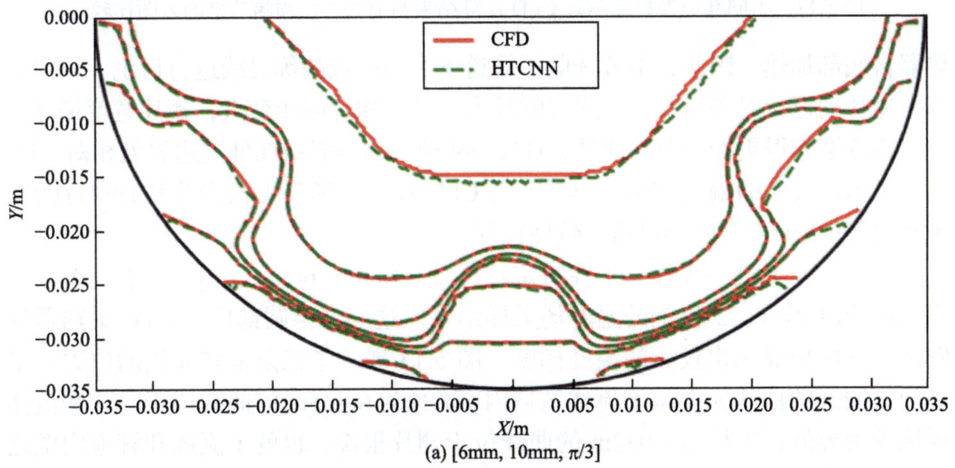

(a) [6mm, 10mm, $\pi/3$]

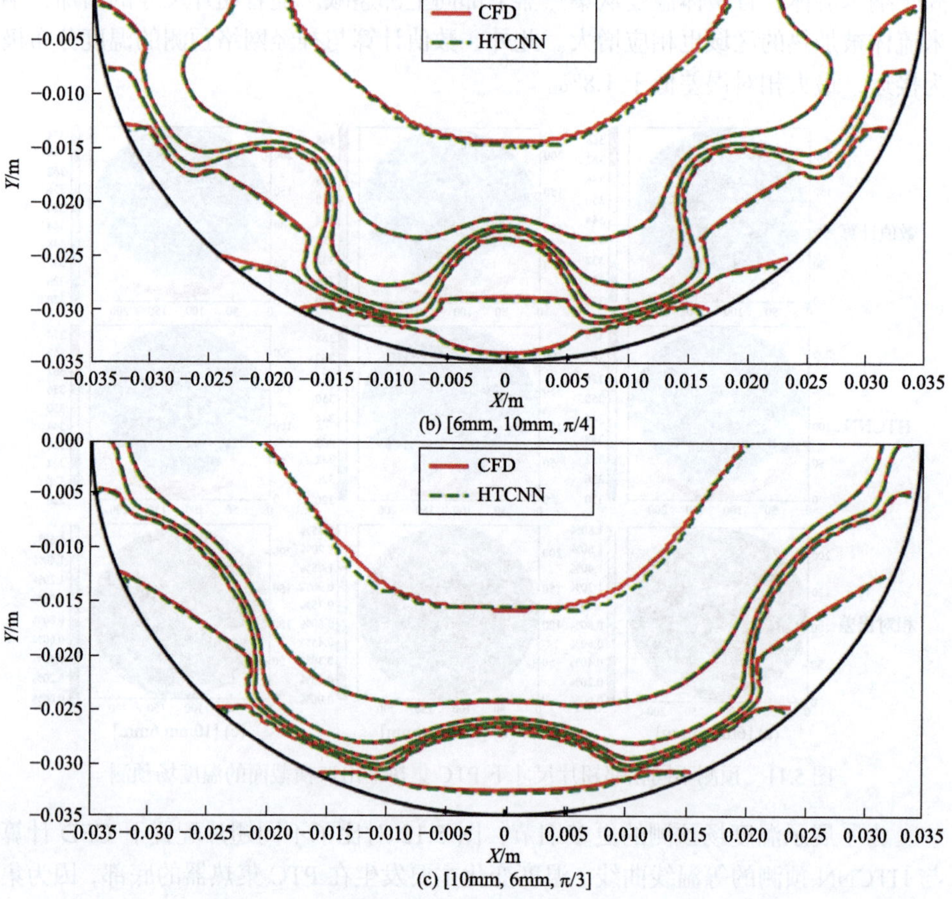

图 5.12　不同几何参数集热管 CFD 计算结果与 HTCNN 预测结果的云图比较

热器自底部加热。因此，本节选取了管道下半圆区域的等温线进行讨论。可以看到，翅片的形状对等温线的形式影响较大。随着翅片间距变大，翅片宽度增加，等温线逐渐变得更加平滑。此外，HTCNN 预测的等温线在外壁边界处相对 CFD 结果显示出较大的偏差。然而，整体上，CFD 计算的等温线(红色实线)和 HTCNN 预测的等温线(绿色虚线)仍然一致性良好。

随后，本节进一步探究了在特定翅片配置[6mm, 6mm, π/6]下，沿三个同心半圆曲线(曲线 1、2 和 3)的温度场采样结果。这三个半圆都位于 PTC 集热器的底部，该区域显示出较大的温度梯度。图 5.13 展示了三条采样曲线的位置：半径为 0.02m 的曲线完全位于流体区域内；半径为 0.025m 的曲线位于翅片和流体区域的边界处；半径为 0.032m 的曲线位于翅片根部，也就是流体和管道内壁之间的边界处。

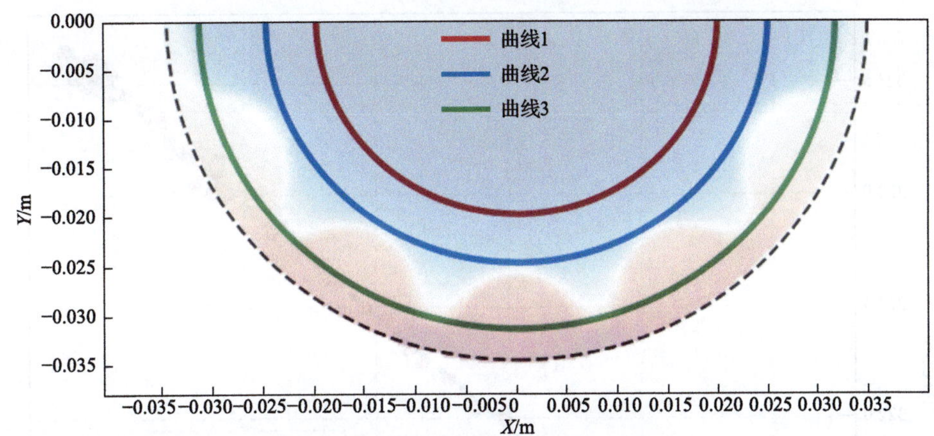

图 5.13　温度场采样曲线位置示意图

在图 5.14 中展示了通过图 5.13 所示曲线位置的温度场采样结果。蓝色虚线代表 CFD 计算结果，红色虚线代表 HTCNN 的预测结果。可以看到，与曲线 2 和曲线 3 相比，曲线 1 的温度变化相对平缓，几乎不受翅片的影响。这是因为曲线 1 完全位于流体区域，远离翅片。而在曲线 2 中，有三处明显的温度升高，这些位置位于翅片边界。曲线 3 则穿过了所有五个翅片，由于翅片的温度明显高于流体，因此在曲线上清晰地看到五个升高的平台。总体而言，半径较大的曲线(即更靠近热源的位置)具有相对较高的温度，且曲线的形状受翅片显著影响。此外，本节计算了三条曲线沿线温度预测的决定系数 R^2。所有曲线的 R^2 值均超过 0.993，验证了 HTCNN 模型的高性能表现。

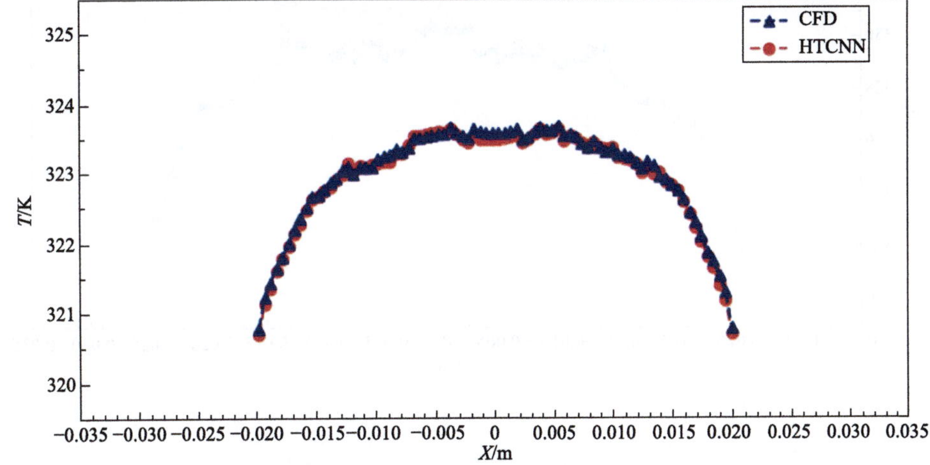

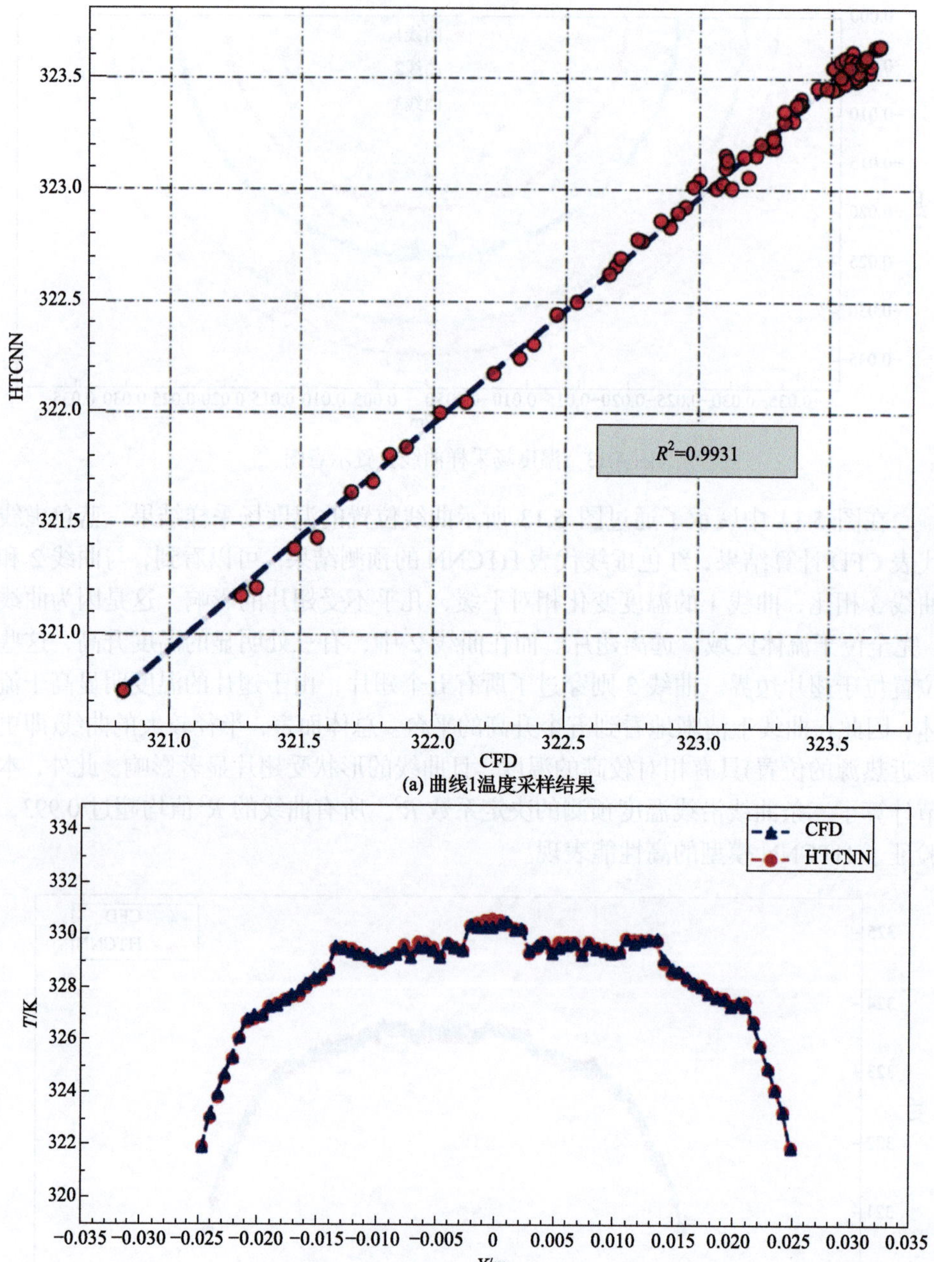
HTCNN
CFD
323.5
323.0
322.5
322.0
321.5
321.0
R^2=0.9931
CFD
HTCNN
T/K
X/m
334
332
330
328
326
324
322
320
−0.035 −0.030 −0.025 −0.020 −0.015 −0.010 −0.005 0 0.005 0.010 0.015 0.020 0.025 0.030 0.035

(a) 曲线1温度采样结果

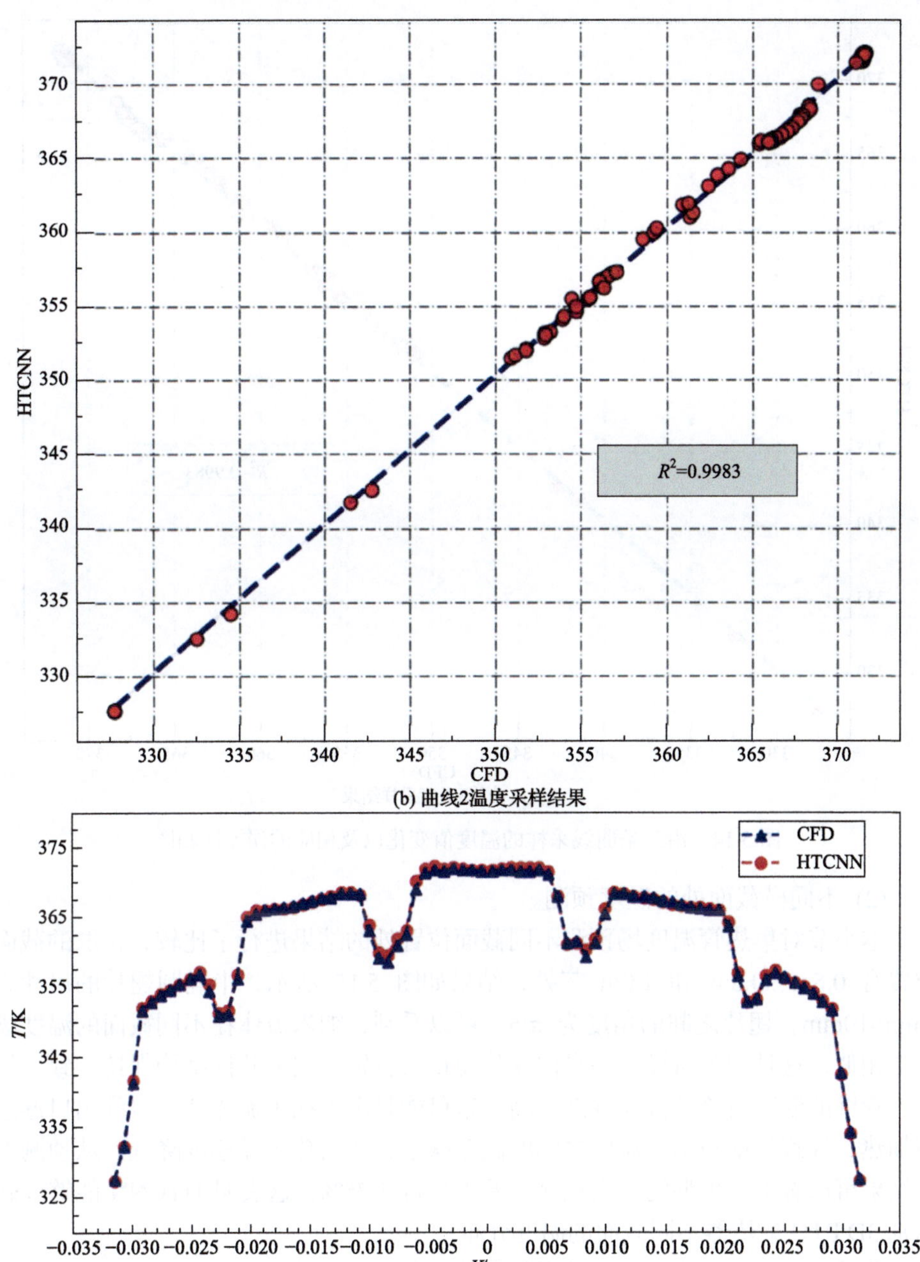

(b) 曲线2温度采样结果

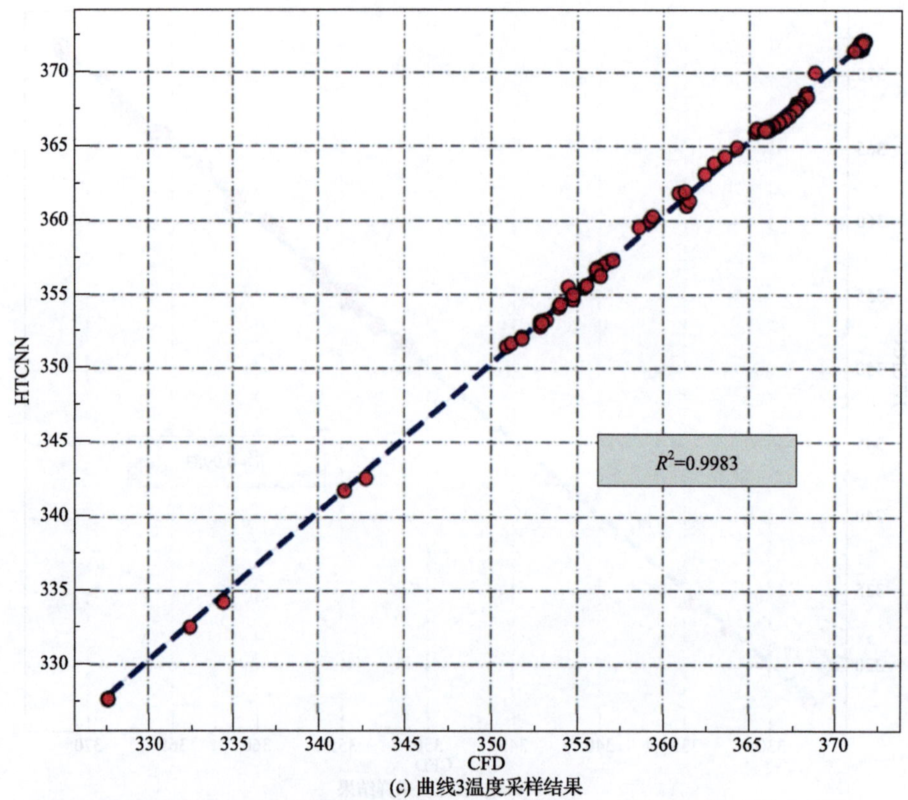

(c) 曲线3温度采样结果

图 5.14　沿三条曲线采样的温度值变化以及相应的误差回归图

(2) 不同横截面处的温度预测。

本小节对集热管温度场预测不同截面位置处的结果进行了比较，选取的截面位置有 0.5m、0.8m 和 1.0m 三处，结果如图 5.15 所示，半椭圆翅片的尺寸为 6mm×10mm，翅片之间的角度为 $\pi/6$。可以看到，纳米流体在不同截面的温度场非常相似，这是因为所设计的纵向翅片使得沿管轴方向的几何结构保持一致。然而，管壁的温度沿流动方向逐渐升高。这可能是由于纳米流体从入口到出口逐渐被加热，导致管壁与纳米流体之间的温差减小，从而热传导速度降低。从预测误差结果可以看出，模型的最大预测误差不超过 1.75%，这表明 HTCNN 能够准确识别 3D PTC 集热器不同截面的温度分布。

此外，图 5.16 中展示了温度预测的更多细节，比较了 0.5m、0.8m 和 1.0m 三个截面下 CFD 计算与 HTCNN 预测的等温线曲线，翅片配置为[6mm, 10mm, $\pi/4$]。可以看到，预测的温度曲线与计算的温度曲线吻合良好。此外，随着流体在集热器内沿流动方向流动，纳米流体区域的温度逐渐升高，而靠近翅片底部的区域温度略高于周围区域。

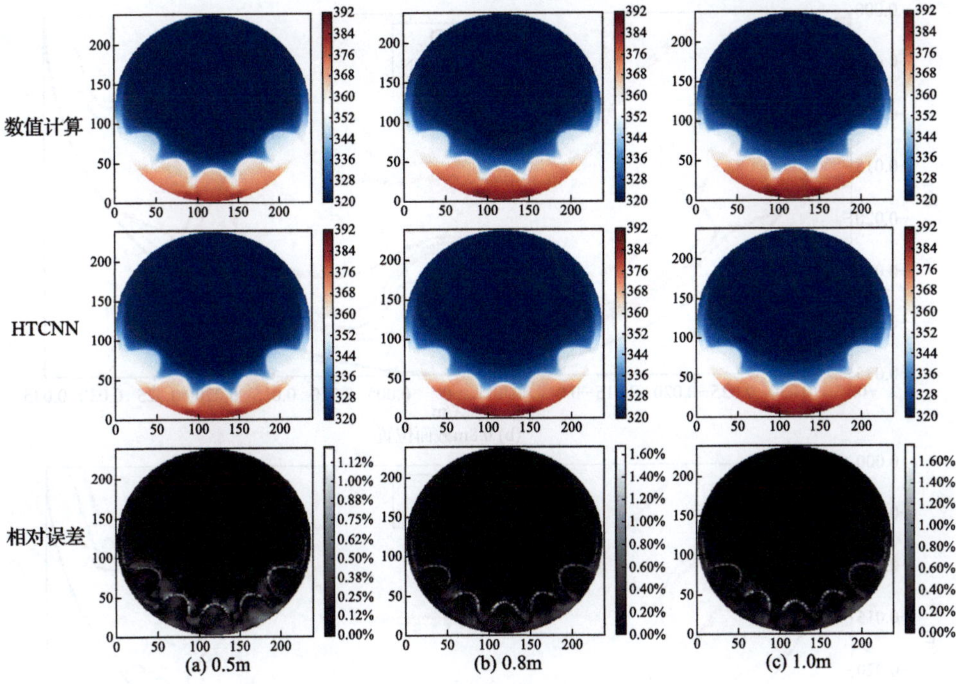

图 5.15　PTC 三个不同截面处的模型预测结果比较

(3) HTCNN 模型的性能分析。

本小节分析了超参数对 HTCNN 性能的影响。为了进行超参数研究，准备了 100 组测试数据。超参数选择依据是利用相对绝对误差(Relative Absolute Error，RAE)、相对最大误差(Relative Maximun Error，RME)和相对平均最大误差(Relative Average Maximun Error，RAME)三个评估标准进行。所有分析使用了翅片尺寸为[6mm, 10mm]、相邻翅片之间角度为π/6 的案例来开展计算。

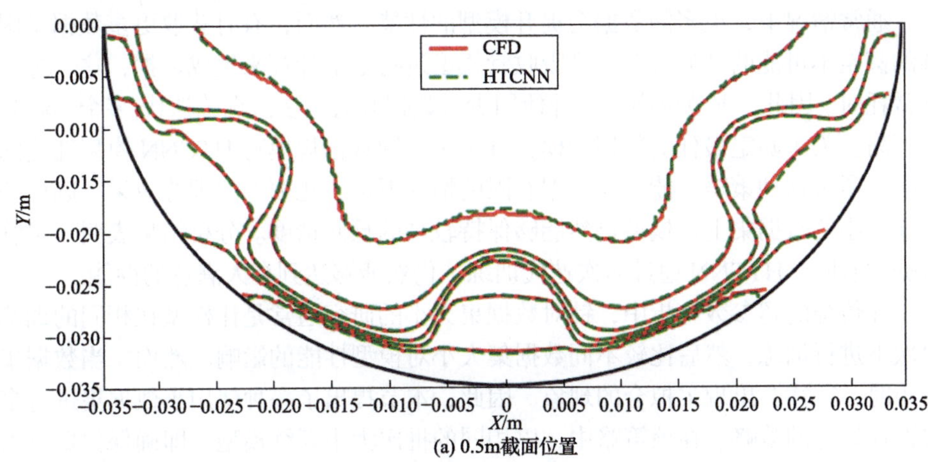

(a) 0.5m截面位置

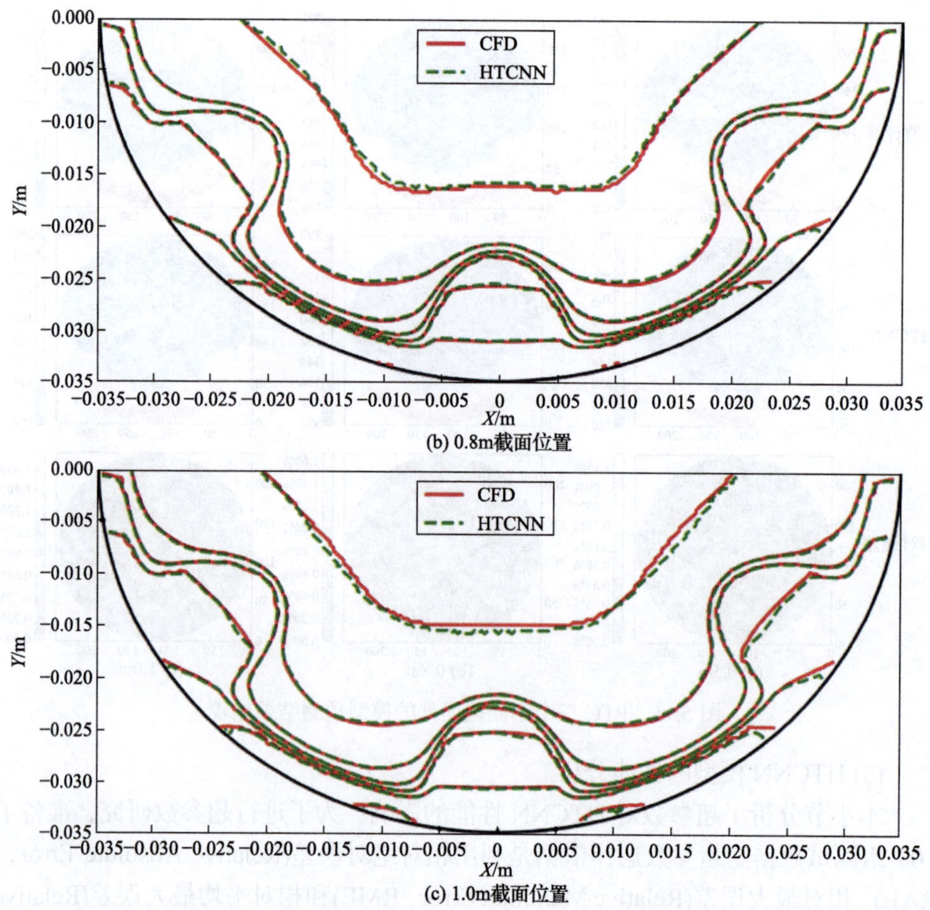

(b) 0.8m截面位置

(c) 1.0m截面位置

图 5.16 集热管三个截面处的 CFD 计算结果与 HTCNN 预测结果的云图比较

① 训练数据量对模型性能影响。

通常情况下，更多的数据会提升模型的性能。然而，有时获取更多数据是困难的甚至不可能的。通过对三维吸收管模型进行数值计算来生成数据，这一过程非常耗时。因此，本节提出了一种使用少量数据并通过多次训练迭代(多个 epoch)的策略。为了确定最佳的数据规模，分析了不同数据规模对 HTCNN 模型性能的影响。通过这种策略，能够在数据有限的情况下最大化模型的训练效果，确保即使在较小的数据集上，模型仍然能够保持较高的预测精度。分析结果表明，尽管数据量有限，HTCNN 通过多次迭代训练，仍然能够达到令人满意的性能。

在传统的超参数分析中，针对数据集大小的研究通常是让模型在相同的训练轮次下进行训练，然后比较不同数据集大小对模型性能的影响。然而，当数据集较小时，往往会出现欠拟合的现象。因此，本节提出了一种使用小数据集进行多次迭代训练的策略。在该策略中，以相同的批次大小训练模型，即确保数据集大小与训练轮次的乘积保持一致。这种方式能够确保每个模型在训练过程中经历相同的数据量，从而能够更公平地比较不同数据集大小训练下模型的性能，并最终确定最佳的数据集大小。这种策略有效避免了小数据集下的欠拟合问题，同时提高了模型的泛化能力。

在分析过程中，构建了五种不同的数据规模：20、50、100、200 和 400。每次训练时，将数据集按 90%训练数据和 10%验证数据进行划分。为了保证相同的训练量，分别为这些数据规模设置了 2000、800、400、200 和 100 次训练迭代。图 5.17 展示了验证损失的收敛历史曲线。所有曲线在训练的前半段都有所下降，并在相似水平上收敛。数据规模为 50、100 和 400 的曲线下降速度更快，但在训练结束时，验证损失较大。

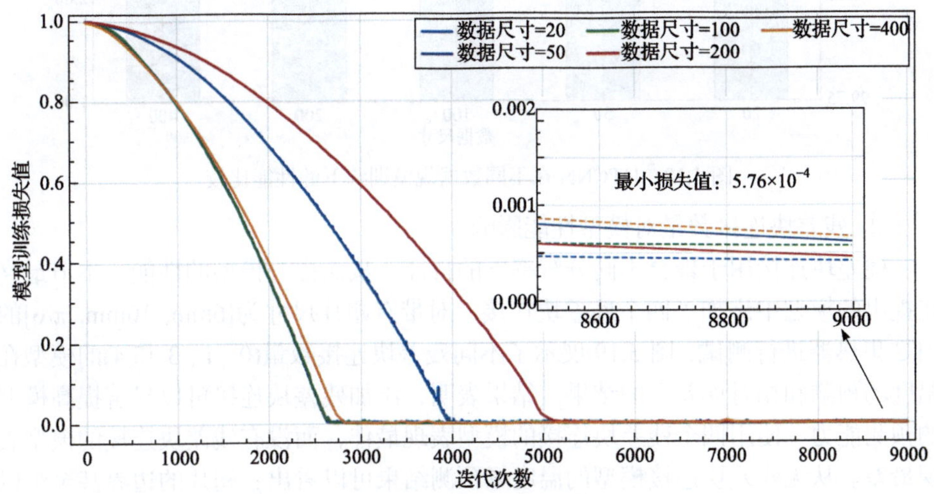

图 5.17　不同训练数据大小的损失收敛历史

在进一步的研究中，本节对五种数据规模训练下的 HTCNN 在验证集和测试集上的预测准确度进行了统计。如图 5.18 所示，在五种训练情况下，HTCNN 的预测精度差异非常小，最大不超过 0.1%。其中，训练数据规模为 400 时，HTCNN 在测试集的预测精度最高。

在 RME 方面，随着数据规模的增加，模型的表现趋势与精度一致。因此，数据规模为 400 的数据集得到了模型的最佳性能。尽管如此，本节最终选择了数据规模为 20 的模型进行下一步的训练和验证，主要有两个原因：其一，使用 20 个数据进行训练时，模型已经展示出了高达 99.92%的测试精度，并且 RME 仅为 3.66%；其二，相比于生成 400 个数据，生成 20 个数据显然需要更少的时间。因此，这是综合考虑效率和性能平衡后的结果。

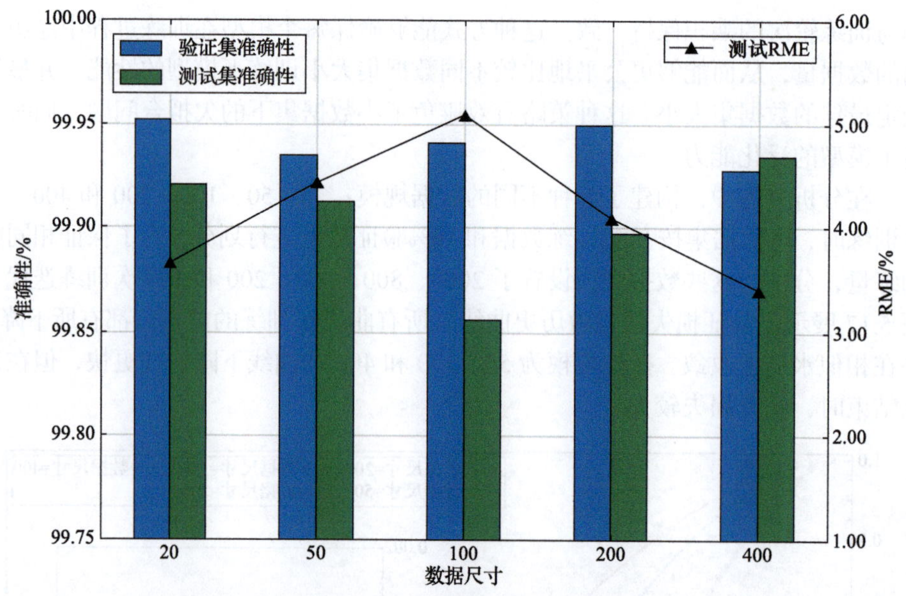

图 5.18　HTCNN 在不同数据规模训练下的性能比较

② 残差块连接数量对模型性能影响。

残差块连接用于聚合不同分辨率下的特征，从而提升模型的性能。本节最终在提出的模型中添加了四个残差块连接。对带有翅片尺寸为[6mm, 10mm, π/6]的 PTC 集热器进行测试，图 5.19 展示了不同残差块连接数量(0、1、3 和 4)的模型在温度场预测和相对误差上的结果。结果表明，添加残差块连接可以显著提高模型的预测能力。使用四个残差块连接的模型表现最佳，而没有残差块连接的模型表现最差。从无残差块连接模型的温度场预测结果可以看出，翅片的边界甚至难以

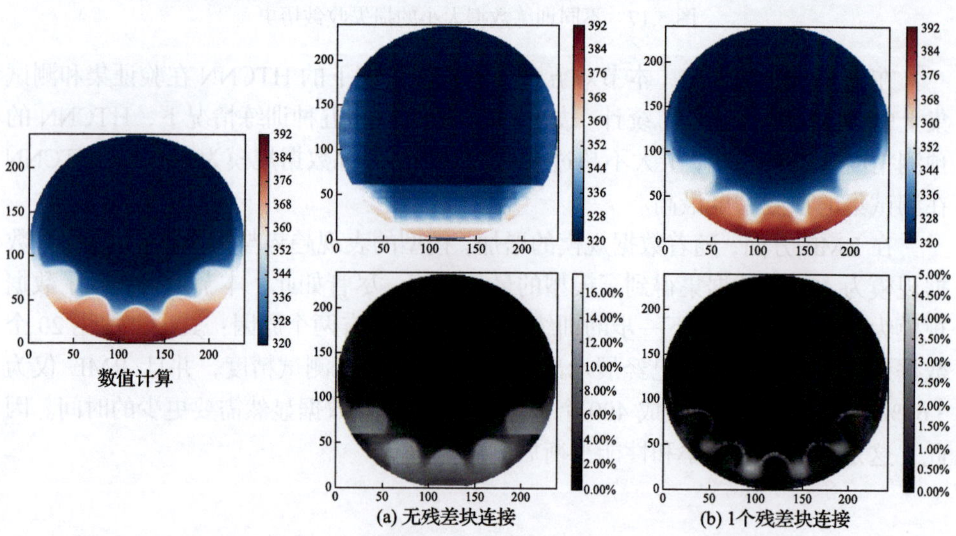

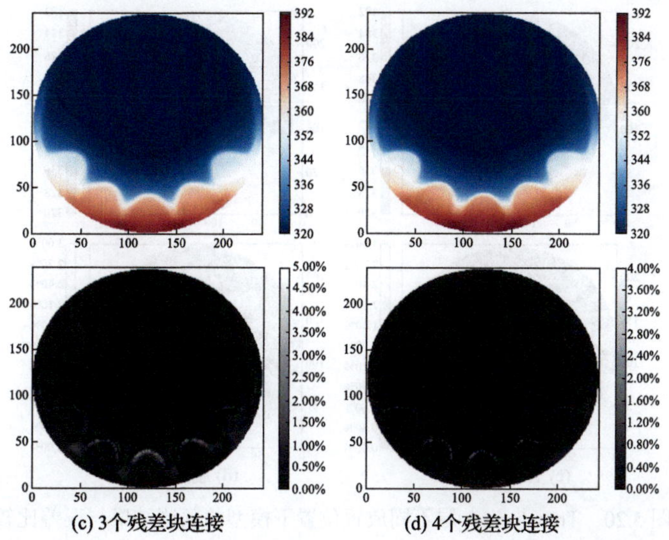

图 5.19　不同残差块连接数量下模型的预测结果和误差比较

区分。这表明残差块连接对模型的预测能力有重要影响，增加连接数可以有效提高模型的精度和表现。

③ Transformer 层所在位置对模型性能影响。

本节提出的模型将 Transformer 层添加到了卷积模型中。具体位置选择在下采样路径之后、中间瓶颈层之前，这是通过分析得出的最佳位置。本节还尝试将 Transformer 层放置在瓶颈层之后，或者直接替换瓶颈层，并对比了三种模型的性能。图 5.20 展示了上述三种模型与原卷积模型的温度分布预测结果及相对误差。

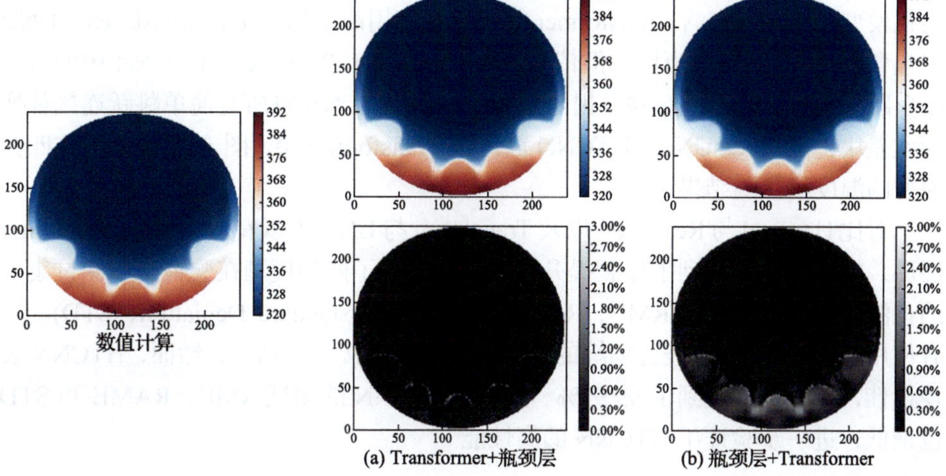

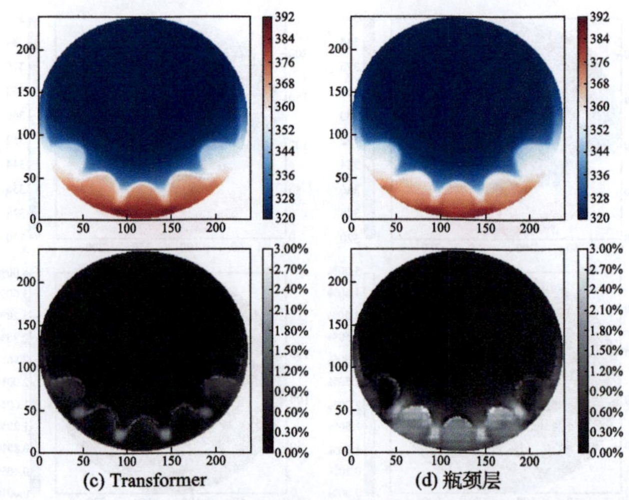

图 5.20　Transformer 层不同放置位置下模型的预测结果与误差比较

可以看出，与原卷积模型相比，添加 Transformer 层能够显著提升模型的性能。此外，Transformer 层的位置对预测精度也有一定的影响。将 Transformer 模块放置在瓶颈层前的神经网络结构取得了最高的预测精度。因此，Transformer 层的位置对模型性能起到了关键作用，将其置于瓶颈层之前能够有效提高模型的准确性。

5.3.5　与传统卷积神经网络的性能对比

通过对这些超参数的调整，模型的各项评估指标得到了充分验证。随后，将 HTCNN 与经典的深度学习模型进行比较，包括常见的 CNN 以及 UNet 等架构，旨在进一步验证 HTCNN 在精度和速度方面的优越性。其中，UNet，作为提出的卷积模型原型，不包含 Transformer 结构，且使用简单的连接；TransUNet，UNet 中包含了 Transformer 模块，但依然使用简单连接；ResUNet，将 UNet 中的所有简单跳跃连接替换为残差块。相比 TransUNet，HTCNN 将所有简单跳跃连接替换为残差块；相比 ResUNet，HTCNN 嵌入了 Transformer 层。图 5.21 展示了这四种模型的温度场预测结果。

对比 HTCNN 与 ResUNet，以及 TransUNet 与 UNet 可以看出，添加 Transformer 层后，模型的性能得到了显著提升。表 5.2 列出了四种模型在验证集和测试集上的预测精度、测试集的 RME、RAME 以及标准差(Standard Deviation，STD)。所有使用 20 个小数据集进行训练的模型均达到了可接受的精度，然而，HTCNN 表现最佳，测试精度达到了 99.92%。此外，HTCNN 的测试 RME、RAME 和 STD 也最低，进一步验证了 HTCNN 的高性能。

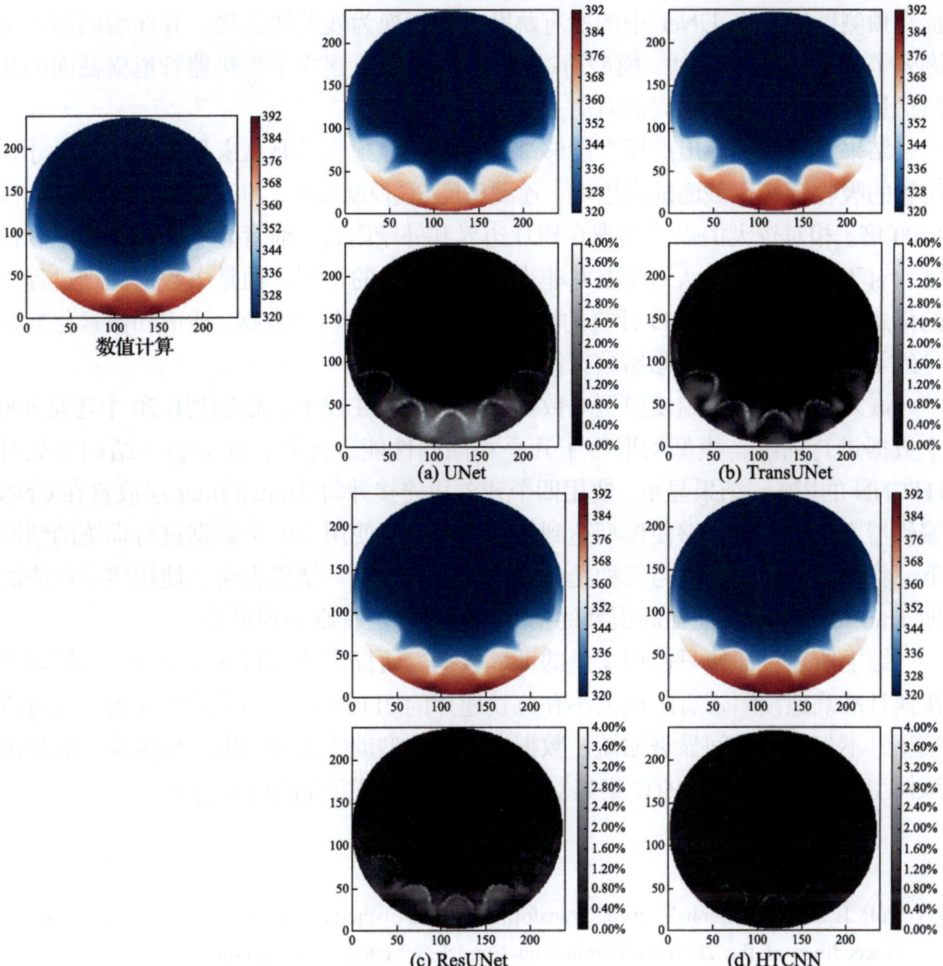

图 5.21　不同深度学习模型的预测结果和误差比较

表 5.2　四种模型的性能比较

模型	数据尺寸	测试集 RME/%	测试集 RAME/%	验证集准确性/%	测试集准确性/%	STD
HTCNN	20	3.66	1.32	99.94	99.92	0.0026
ResUNet	20	8.08	2.40	99.92	99.86	0.0033
TransUNet	20	9.52	2.54	99.92	99.86	0.0032
UNet	20	7.18	3.18	99.89	99.84	0.0030

5.4　本 章 小 结

本章提出的 HTCNN 模型由基于卷积神经网络的编码器和解码器组成，为了提高预测性能，将 UNet 中的所有跳跃连接替换为残差块连接，并在编码器末端嵌入了 Transformer 模块。模型通过端到端的方式，建立了集热器管道横截面的几何信息与温度场输出之间的对应关系。

结果表明，所提出的模型能够准确、快速地预测带有从未见过的翅片尺寸和位置的吸收管任意截面的温度场。预测精度超过 99.92%，预测速度比数值计算快 1000 倍。相对较大的误差出现在翅片边界和外壁附近：前者显示出较高的温度梯度；对于后者，本章认为误差并非来自 HTCNN 的预测，而是由数据处理过程中的信息丢失所致。从 CFD 计算的温度场到像素化的标签数据，插值和像素化处理导致了圆形边界附近的原始数据偏差。

嵌入自注意力机制使模型对数据规模的依赖性较小，无论使用 20 个还是 400 个数据进行训练，模型均取得了几乎相同的性能。此外，还分析了结构参数对 HTCNN 的影响，结果显示，使用四个残差块连接并将 Transformer 层放置在 CNN 编码器之后的位置能够使模型达到最佳表现。在使用 20 个数据进行训练的情况下，将 HTCNN 的精度与三种经典模型进行了比较。结果表明，使用残差块或添加 Transformer 层都能提高模型的精度，而结合两者则表现最佳。

综上所述，即使只使用少量的训练数据，所提出的 HTCNN 模型也能够显著快速且准确地预测带有随机大小和位置翅片的 3D PTC 集热器的温度场。通过该模型，不仅预测时间显著缩短，数据准备和模型训练的时间也大幅减少，展现出该模型在快速优化 3D PTC 集热器翅片形状和布局方面的巨大潜力。

参 考 文 献

[1] Wolf T, Debut L, Sanh V, et al. Transformers: state-of-the-art natural language processing[C]//Proceedings of the 2020 Conference on Empirical Methods in Natural Language Processing: System Demonstrations, 2020: 38-45.

[2] Tang G, Müller M, Rios A, et al. Why self-attention? a targeted evaluation of neural machine translation architectures[J]. arXiv Preprint, arXiv:1808.08946, 2018.

[3] Voita E, Talbot D, Moiseev F, et al. Analyzing multi-head self-attention: specialized heads do the heavy lifting, the rest can be pruned[J]. arXiv Preprint, arXiv:1905.09418, 2019.

[4] Han K, Wang Y, Chen H, et al. A survey on vision transformer[J]. IEEE Transactions on Pattern Analysis and Machine Intelligence, 2022, 45(1): 87-110.

[5] Liu Z, Lin Y, Cao Y, et al. Swin transformer: hierarchical vision transformer using shifted windows[C]//Proceedings of the IEEE/CVF International Conference on Computer Vision, 2021: 10012-10022.

[6] Hua Y, Yu C H, Peng J Z, et al. Thermal performance estimation of nanofluid-filled finned absorber tube using deep convolutional neural network[J]. Applied Sciences, 2022, 12(21): 10883.

[7] Hua Y, Yu C H, Zhao Q, et al. Surrogate modeling of heat transfers of nanofluids in absorbent tubes with fins based on deep convolutional neural network[J]. International Journal of Heat and Mass Transfer, 2023, 202: 123736.

[8] Laaraba A, Mebarki G. Enhancing thermal performance of a parabolic trough collector with inserting longitudinal fins in the down half of the receiver tube[J]. Journal of Thermal Science, 2020, 29(5): 1309-1321.

第 6 章 网格自适应的图卷积神经网络传热流动预测模型

6.1 引　言

本章对网格自适应降阶模型的探索，是在几何自适应降阶模型的基础上进一步深入开展的研究。因为几何自适应模型基于 CNN 构建，而 CNN 要求输入是矩阵数据的性质，始终是阻碍 CNN 降阶模型获得更高精度结果的主要原因。尽管存在一种稀疏卷积神经网络(Sparse-CNN, SCNN)具备可以只专注于流动区域计算的特点，但其依然是从矩阵数据中获取特征信息。而将原始数据转换成矩阵数据(欧几里得空间结构)，一般是通过像素化预处理。这便导致原始数据精度的丢失，使降阶模型从一开始训练的数据上就降低了准确性。

在计算流体中，离散计算域的网格通常为非均匀分布，在流动相对复杂的区域加密网格使计算更加准确，而流动相对简单的区域稀疏网格节省计算资源，就算是结构化网格也存在疏密不均的类型(例如，近壁面网格更加密集以捕获边界处的复杂流动)。然而，当这些信息被像素化处理后，网格本身的特性也被抹除。针对这类具有非欧几里得属性的数据，本章提出了一种基于图卷积网络(GCN)的新型数据驱动框架。GCN 降阶模型中的卷积算子能在非结构化网格或非均匀结构化网格数据上直接预测流体动力学。

6.2 常见图神经网络及应用

6.2.1 常见的图神经网络

常见的图神经网络模型有四种，分别是图卷积神经网络、图注意力网络、循环图神经网络以及基于自编码器的图神经网络。

(1) 图卷积神经网络。

图卷积神经网络是目前最常见的图神经网络模型，通过卷积操作来实现邻居节点聚合，根据卷积操作的定义方式，目前 GCN 模型主要分为基于谱域[1]和基于空间域[2]两类。其中基于谱域的方法基于图信号分析和图谱论相关的工作，基于空间域的方法主要关注邻居节点的直接聚合方式。

基于谱域的方法从图的层面来定义卷积操作

$$\boldsymbol{H}^{l+1}=\sigma\left(\boldsymbol{\mathcal{D}}^{-\frac{1}{2}}\tilde{\boldsymbol{A}}\boldsymbol{\mathcal{D}}^{-\frac{1}{2}}\boldsymbol{H}^{l}\boldsymbol{W}^{l}\right) \tag{6.1}$$

基于此，一些方法将最终的迭代结果作为节点表示

$$\boldsymbol{H}=\boldsymbol{H}^{(L)} \tag{6.2}$$

其他方法则综合多层迭代结果来进行节点表示

$$\boldsymbol{H}=f_{\text{comb}}\left(\left\{\boldsymbol{H}^{(L)},l=0,1,\cdots,L\right\}\right) \tag{6.3}$$

式中，f_{comb} 表示结合函数，常见形式有均值、加权均值、向量拼接等。

基于空间域的方法则从节点的角度来考虑卷积操作，一个节点的状态是通过聚合其邻居节点的特征来进行更新，具体的聚合和更新操作见式(2.57)。和基于谱域的卷积操作一致，图卷积神经网络架起了基于谱域和基于空间域的卷积操作桥梁。

(2) 图注意力网络。

注意力机制通过引入可训练的权重参数，来区分元素对目标任务的不同贡献，在自然语言处理、图像识别等领域有广泛的应用。

在图结构中，节点和节点之间的关联性也存在差异，针对此问题研究人员提出图注意力网络(Graph Attention Network，GAT)，其基本表达形式如下

$$\boldsymbol{h}_u^l=\boldsymbol{W}^l\boldsymbol{e}_u^{l-1} \tag{6.4}$$

$$\hat{\boldsymbol{\alpha}}_{u,v}^l=\sigma\left(\boldsymbol{a}^{l^{\mathrm{T}}}\left[\boldsymbol{h}_u^l\|\boldsymbol{h}_v^l\right]\right) \tag{6.5}$$

$$\boldsymbol{\alpha}_{u,v}^l=\frac{\exp\left(\hat{\boldsymbol{\alpha}}_{u,v}^l\right)}{\sum\limits_{i\in\mathcal{N}_u}\exp\left(\hat{\boldsymbol{\alpha}}_{u,i}^l\right)} \tag{6.6}$$

$$\boldsymbol{e}_u^l=\sigma\left(\sum_{u\in\mathcal{N}_u}\boldsymbol{\alpha}_{u,v}^l\boldsymbol{e}_v^{l-1}\right) \tag{6.7}$$

式中，$\boldsymbol{\alpha}_{u,v}^l$ 是注意力权重，表示在第 l 层聚合过程中邻居节点 v 对表示节点 u 的重要性，$\boldsymbol{a}^l\in\mathbb{R}^{2\times d_l}$ 表示权重向量，d_l 是经过线性转化之后的特征维度。$\boldsymbol{W}^l\in\mathbb{R}^{d_{l-1}\times d_l}$ 是特征转化矩阵。GAT 中使用的非线性激活函数是 Leaky ReLU。此外，GAT 也提供了多头注意力机制在图神经网络中的实现，即针对同一个节点的同一个邻居有不同的权重。

(3) 循环图神经网络。

信息序列是推荐系统、交通预测、音频处理等应用中常见的形式之一，在序列中，一个元素的作用会随着时间的增长而减弱。为了准确建模序列信息、捕捉

其长短期依赖特性，研究者们提出了循环神经网络模型，其常见形式是长短期记忆网络、门控循环单元。而用于处理图结构数据的循环图神经网络便是基于门控循环单元构建，主要针对以输出状态序列为目标的任务，常见的图神经网络模型以输出单个状态表示为目标。循环图神经网络传播过程表示如下

$$\boldsymbol{a}_v^l = \boldsymbol{A}_v^{l^T}\left[\boldsymbol{e}_1^{l-1}, \boldsymbol{e}_2^{l-1}, \cdots, \boldsymbol{e}_N^{l-1}\right] + b^l \tag{6.8}$$

$$\boldsymbol{z}_v^l = \sigma\left(\boldsymbol{W}^z \boldsymbol{a}_v^l + \boldsymbol{W}^z \boldsymbol{e}_v^{l-1}\right) \tag{6.9}$$

$$\boldsymbol{r}_v^l = \sigma\left(\boldsymbol{W}^r \boldsymbol{a}_v^l + \boldsymbol{U}^r \boldsymbol{e}_v^{l-1}\right) \tag{6.10}$$

$$\tilde{\boldsymbol{e}}_v^l = \tanh\left(\boldsymbol{W}\boldsymbol{a}_v^l + \boldsymbol{U}\left(\boldsymbol{r}_v^l \odot \boldsymbol{e}_v^{l-1}\right)\right) \tag{6.11}$$

$$\boldsymbol{e}_v^l = \left(1 - \boldsymbol{z}_v^l\right) \odot \boldsymbol{e}_v^{l-1} + \boldsymbol{z}_v^l \odot \tilde{\boldsymbol{e}}_v^l \tag{6.12}$$

在循环图神经网络中，首先对节点 v 的邻居节点 $\boldsymbol{e}_1^{l-1}, \boldsymbol{e}_2^{l-1}, \cdots, \boldsymbol{e}_N^{l-1}$ 进行聚合生成中间表示 $\boldsymbol{a}_v^l$，其中 $\boldsymbol{A}_v^{l^{\mathrm{T}}}$ 表示在第 l 个时间步与节点 v 相关的子邻接矩阵，b^l 是偏置因子。$\boldsymbol{z}_v^l$ 表示第 l 个时间步的更新门，决定了应当保留的信息特征，$\boldsymbol{W}^z$ 是其相关的系数矩阵。$\boldsymbol{r}_v^l$ 表示重置门，决定了应当丢弃的信息特征，$\boldsymbol{W}^r$ 和 $\boldsymbol{U}^r$ 是其相关的系数矩阵。$\tilde{\boldsymbol{e}}_v^l$ 是经过了重置门 $\boldsymbol{r}_v^l$ 过滤之后的中间表示，$\odot$ 是哈达玛积。$\boldsymbol{e}_v^l$ 是结合了更新门 $\boldsymbol{z}_v^l$ 生成特征后的第 l 步的最终表示。不同于图卷积神经网络模型和图注意力模型以静态图作为输入，并通过多层神经网络迭代的方式捕捉图结构特征，循环图神经网络的输入图随着时间步演化，并借助遗忘门、更新门等结构对图结构的演化特征进行建模。

(4) 基于自编码器的图神经网络。

自编码器能够通过无监督学习的方式高效学习节点表示，由编码器和解码器两个部分构成[3]。编码器通过多层神经网络结构将输入空间的特征 $\boldsymbol{X}$ 映射到潜在空间 $\boldsymbol{Z}$，解码器采用和编码器对称的神经网络结构，将 $\boldsymbol{Z}$ 解码到输入空间，记作 $\hat{\boldsymbol{X}}$。自编码器通过减小重构损失(即 $\boldsymbol{X}$ 和 $\hat{\boldsymbol{X}}$ 之间的差异性)来优化网络参数。

当前将自编码器应用到图结构数据的代表模型是 SDNE(Structural Deep Network Embedding)，其借助多层神经网络构成的编码器将节点 u 的输入特征 $\boldsymbol{x}_u$ 映射到潜在空间得到其嵌入表示 $\boldsymbol{z}_u$，再通过解码器重构节点特征 $\hat{\boldsymbol{x}}$，其具体过程如下

$$\boldsymbol{y}_u^1 = \sigma\left(\boldsymbol{W}^1 \boldsymbol{x}_u + b^1\right) \tag{6.13}$$

$$\boldsymbol{y}_u^l = \sigma\left(\boldsymbol{W}^l \boldsymbol{y}_u^{l-1} + b^l\right) \tag{6.14}$$

$$\boldsymbol{z}_u = \boldsymbol{y}_u^L \tag{6.15}$$

$$\hat{y}_u^l = \sigma\left(\hat{W}^l y_u^{l+1} + \hat{b}^l\right) \tag{6.16}$$

$$\hat{x} = \sigma\left(\hat{W}^1 y_u^1 + \hat{b}^1\right) \tag{6.17}$$

与典型自编码器模型相同，SDNE 需要减小节点的重构损失 L_{2nd}。此外，还考虑节点 $s_{u,v}$ 间的相似性(如果节点 u 和 v 有关联，则 $s_{u,v}$ 表示二者的相似性；如果节点 u 和 v 没有关联，则 $s_{u,v}$ 等于 0)，借助 L_{1s} 来减小相似节点在潜在空间的距离。L_{reg} 是正则化损失。相关公式如下

$$L_{2nd} = \sum_{u-1}^{n} \left\| \hat{x}_u - x_u \right\|_2^2 \tag{6.18}$$

$$L_{1s} = \sum_{u,v-1}^{n} s_{u,v} \left\| y_u^l - y_v^l \right\|_2^2 \tag{6.19}$$

$$L_{reg} = \frac{1}{2} \sum_{l-1}^{L} (\left\| W^l \right\|_F^2 + \left\| \hat{W}^l \right\|_F^2) \tag{6.20}$$

$$L = L_{2nd} + \alpha L_{1s} + \beta L_{reg} \tag{6.21}$$

6.2.2　图神经网络的应用

(1) 社交网络分析。

在社交网络中，GNN 可以分析用户之间的复杂关系，帮助识别社群、预测用户行为，并进行内容推荐。例如，GNN 可以通过用户的交互历史和社交网络结构，预测可能感兴趣的内容或朋友，提升推荐系统的精准性。

(2) 推荐系统。

推荐系统依赖于用户与商品、服务等实体之间的关系。传统的推荐算法通常不能很好地捕捉这些复杂关系，而 GNN 通过节点和边的信息聚合，能够有效地建模用户与商品的交互关系，从而在推荐结果中提供个性化和高精度的建议。

(3) 生物信息学与化学。

在生物信息学和化学领域，分子通常以图的形式表示，节点代表原子，边代表化学键。GNN 在分子属性预测、药物设计等任务中取得了显著成功。例如，GNN 可以预测某种化合物的药效或毒性，帮助研究人员设计出更为有效的药物分子。

(4) 计算流体力学。

在计算流体力学领域，网格数据的离散性和不规则性使得传统方法在处理时效率较低。GNN 能够直接处理非结构化网格，避免像素化带来的精度损失，并通过学习网格中的局部和全局信息，提升流体力学的模拟与预测性能。

6.3 图数据的生成

6.3.1 图的概念

图[4]是一种复杂的非线性数据结构，由顶点的有穷非空集合和连接顶点之间的边组成。通常表示为 $G(V, E)$，其中 G 表示一个图，V 是图 G 中顶点的集合，E 是图 G 中边的集合。图已经用来解决各种实际问题，如社交网络分析、路线规划、网络拓扑设计等。图的种类可以分为有向图、无向图和完全图。

有向图中的每条边都有一个方向，表示从一个节点到另一个节点的关系，如图 6.1 所示。通常用于表示有方向的单向关系。

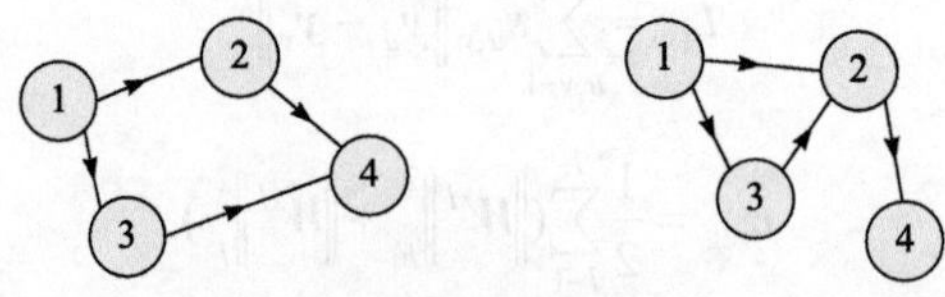

图 6.1　有向图

无向图中任意两个顶点之间的边都是无向边，表示两个节点之间的双向关系，如图 6.2 所示。通常用于两节点之间存在相互影响的情况。

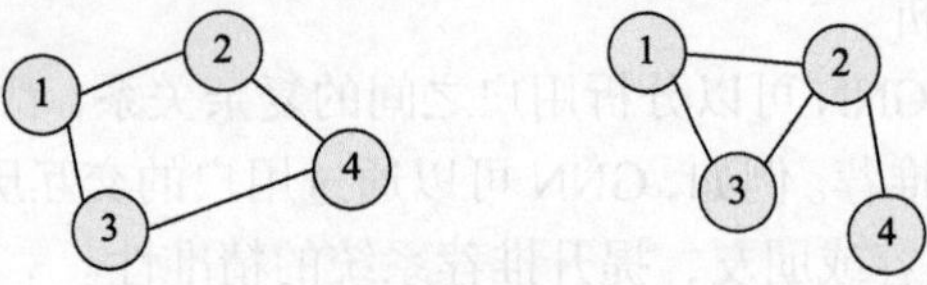

图 6.2　无向图

完全图中任意两个顶点之间都存在边，如图 6.3 所示。如果这些边没有方向，则为无向完全图；而若边都存在互为相反的两个方向，则为有向完全图。

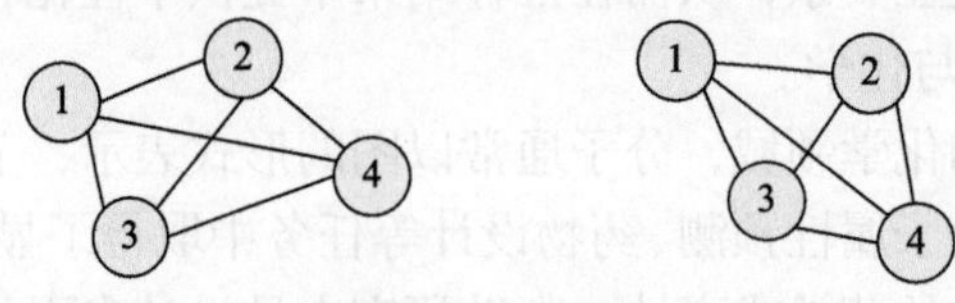

图 6.3　完全图

图中与每一个节点相关联边的数量被称为度(Degree)。对于有向图来说，有入度(In Degree)和出度(Out Degree)之分，有向图节点的度等于该节点的入度和出度之和。有些图的边具有与它相关的数字，这种与图的边相关的数称为权，如图 6.4 所示。

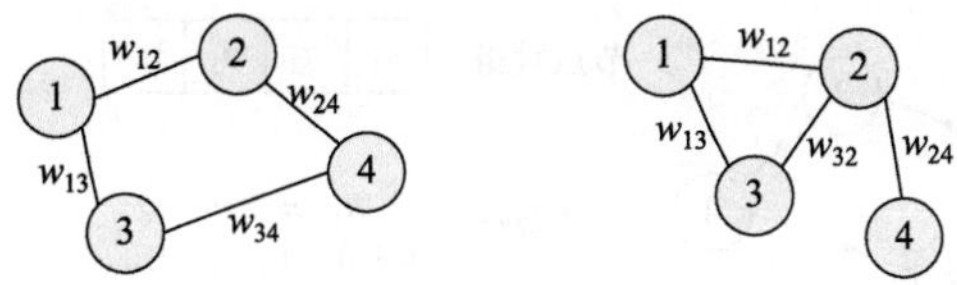

图 6.4　带有权的完全图

图的权重通常用来量化边或节点之间的关系强度、距离、成本等，它们对于解决各种实际问题和优化问题至关重要。不同类型的图和问题可能需要不同的权重定义以及预处理方式。

6.3.2　图的存储结构

图的存储结构需要同时记录各顶点信息和它们之间的关联，因此图的结构通常较为复杂。常见的图存储方式包括邻接矩阵和邻接表。

(1) 邻接矩阵。

图的邻接矩阵(Adjacency Matrix)存储方式是用两个数组来表示图。其中一个一维数组存储图中节点信息，另一个二维数组储存图中的边信息。对于无向图来说，假设图的节点数组为 nodes[4]={n_1, n_2, n_3, n_4}，边数组为 edges[4][4]，如图 6.5 所示。

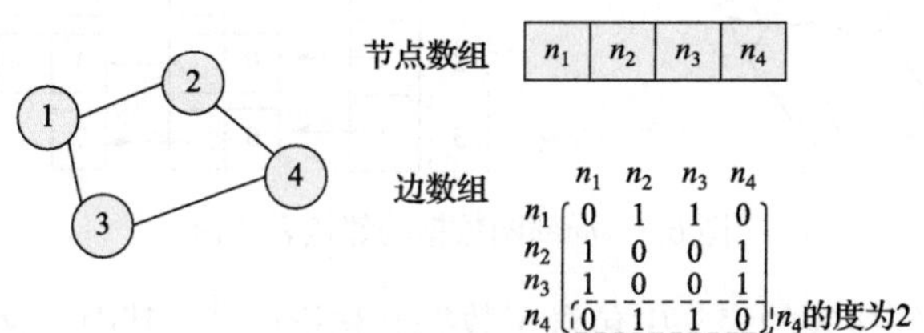

图 6.5　无向图的图数据邻接矩阵表示

右侧即为邻接矩阵，在矩阵主对角线上的值全为 0，即 edges[1][1]、edges[2][2]、edges[3][3]、edges[4][4]，这是因为节点自身不存在边。此外，由于连接节点的边无向，矩阵具有对称特性。相对应地，在有向图中，节点数组和边数组的维度与无向图相同，矩阵的主对角线上数值依然为 0。但因为边具有方向，此时矩阵并不对称。例如，从节点 n_1 到节点 n_2 有边，那么 edges[1][2] = 1，而节点 n_3 到节点 n_1 没有边，因此 edges[3][1] = 0。

虽然邻接矩阵很好地表示了图的边连接关系，但也可以看到，当所研究问题的图存在 n 个顶点时，需要 $n \times n$ 个数组元素来存储邻接矩阵，如图 6.6 所示。若图为稀疏图结构，使用邻接矩阵存储的方法会出现大量 0 元素，这会造成极大的空间浪费。这时可以考虑使用邻接表来存储图数据。

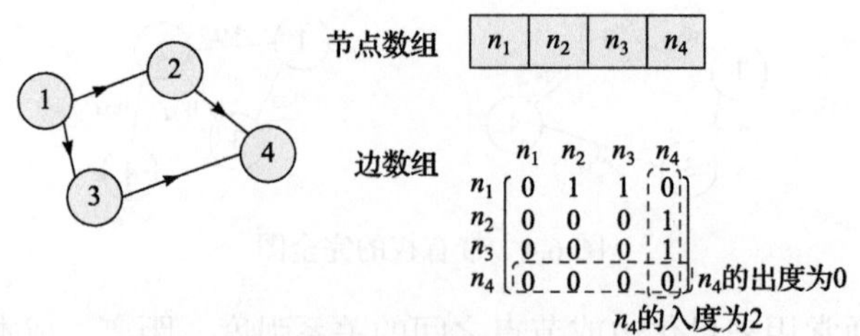

图 6.6　有向图的图数据邻接矩阵表示

(2) 邻接表。

邻接表是通过对边的信息使用链式存储的方式来避免空间浪费的问题。邻接表由表头节点和边表节点两部分组成，图数据中每个节点均对应一个存储在数组中的表头节点。如果这个表头节点所对应的节点存在邻接节点，则将其邻接节点依次存放于表头节点所指向的单向链表中。图 6.7 以无向图为例，展示了邻接表的结构。

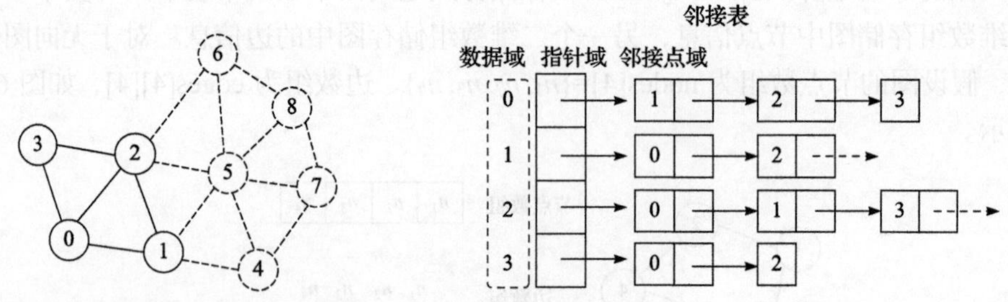

图 6.7　局部图数据的邻接表结构

可以看到，邻接表的表头中包含了数据域和指针域。其中，数据域存储了图节点的信息，指针域指向边表中对应表头节点的第一个邻接点。边表由邻接点域和指针域构成，其中邻接点域存储对应表头节点的邻接点在图中的索引。例如，节点 n_1 与 n_0、n_2 互为邻接点，则在 n_1 的边表中，邻接点域分别为 n_0 的 0 和 n_2 的 2。

6.3.3　网格数据到图数据的转换

本节基于图数据的特征和固有属性研究了将数值离散的网格信息继承到图数据结构中的方法。具体而言，本节关注的是如何将数值离散网格的空间信息转化为适用于图数据的表示形式，从而让图数据结构能够更好地反映出原始网格数据中的特性。图 6.8 以热圆柱体在封闭计算域中的热扩散现象为例，展示了网格数据到图数据的转换过程。

首先，从网格数据中提取出对应的节点和边信息。节点通常表示网格中的单元格或者位置点，而边则表示这些单元格或者位置点之间的连接关系。在此基础

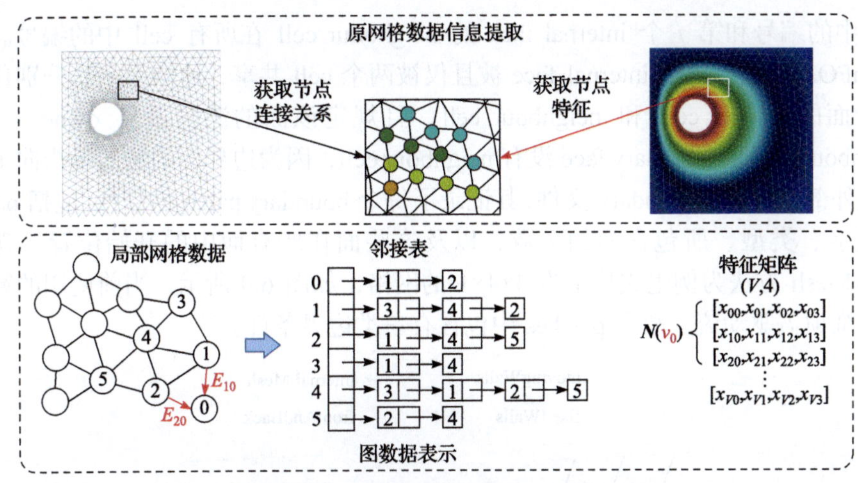

图 6.8　网格数据到图数据的转换过程

上，为了更好地适应流体力学中的应用，每个节点被额外赋予了相应的特征，包括节点的坐标、属性或其他与流体问题相关的信息。其次，考虑到图数据结构的拓扑特性，本节也对边进行了处理。具体来说，如果两个单元格在网格中是相邻的，那么在图数据结构中，这两个单元格对应的节点就会通过一条边连接起来。而边的权重则根据这两个单元格中的数值信息进行计算，例如，取这两个单元格中数值的平均值或者差值作为边的权重。最后，通过这种方式得到了一个新的图数据结构，它不仅保留了原始网格数据的空间分布特性，也继承了网格数据中的数值信息。这种继承网格数据到图数据结构的方法，为后续进一步数据挖掘和分析提供了全新的视角和工具，即可以利用图网络来求解和分析网格依赖性的问题。

将网格节点信息继承至图数据中是首次提出的一种针对流场数据到图数据的转换方法(公开的信息中并没有相关工作的介绍)，因此，有必要进一步介绍转化的方法细节。研究中总共使用到了两种方法：OpenFOAM 源文件解析法和 Mesh 文件解析法。

(1) OpenFOAM 源文件解析法。

在 OpenFOAM 算例的 constant/polyMesh 目录下，存储着算例的网格文件，其中主要包括 points、faces、owner、neighbour 和 boundary 五个文件信息。它们可以由 blockMesh 生成，也可以用前处理工具从其他格式的网格文件转换得到(比如 fluentMeshtoFoam、gmshToFoam 等)。points 文件中记录了网格的所有节点，每个点都是由三个分量组成(三维空间坐标)；faces 中记录了所有的面和组成每个面的节点编号(也就是 points 文件中所有节点的次序)；owner 和 neighbour 两个文件都记录了一个整型数组，其第 i 个元素分别表示第 i 个 face 的 owner cell 在所有

cell 中的编号和第 i 个 internal face 的 neighbour cell 在所有 cell 中的编号。在 OpenFOAM 中，每个 internal face 被且仅被两个 cell 共享，这两个 cell 分别称为这个面的 owner cell 和 neighbour cell，且规定该面的法向量从 owner 指向 neighbour。但是 boundary face 没有 neighbour cell，因为边界面的法向量指向了计算域外部。最后是 boundary 文件，其记录了每个 boundary patch 的信息，包括 patch 的名字、类型、所包含面的个数，以及这些面在所有面中的开始位置。现以 blockMesh 方法为例生成总量为 4×4×1 的网格，如图 6.9 所示，当前使用的算例为二维顶盖驱动流，故在 patches 中包含有三类边界条件。

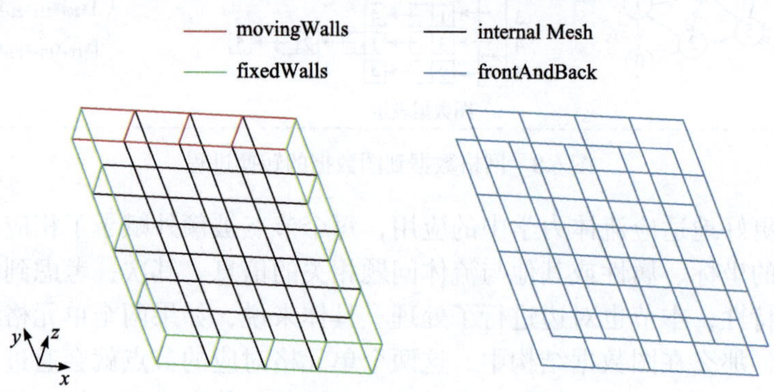

图 6.9　分辨率为 4×4×1 的网格结构

生成图数据，需要从网格中获取的信息主要是节点信息和边信息，而对应的信息分别通过解析 points 文件和 faces 文件获得。在 points 文件中，每个节点的坐标信息按照(x, y, z)的顺序排列。节点之间的排布顺序是从计算域左下角向右遍历，当达到右边界后向纵轴正方向上升一行，随后循环遍历。局部网格节点的二维简图如图 6.10 所示。

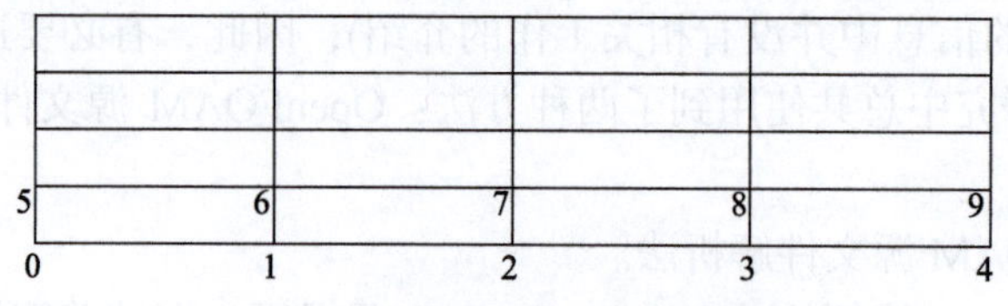

图 6.10　局部网格节点的二维简图

通过解析 points 文件中节点的信息，按照其中节点的顺序，将节点的坐标信息依次存储到数组中，这样就获得了图数据的节点特征。同理，为了获取这些节点的边连接关系，还需对 faces 文件进行解析。因为是结构化网格，每个 face 包含 4 个 point。例如，faces 文件中某一个 face 的表示方法为 4(1, 6, 31, 26)，括号前面的 4 表示该面由四个节点构成，而括号内容表示组成第一个 face 的四个节点序号分别为 1、6、31、26，节点排列的顺序遵循法向量指向 block 内部的准则。

在 faces 文件中面是按照内部面到边界面的顺序排列，有效解析其排列顺序是构建节点之间准确边连接关系的前提。虽然在 OpenFOAM 中对于二维问题的求解形式上要将网格三维化，但实际上第三个维度的物理分量不影响网格计算。本节的研究对象为二维问题，故不需考虑内部面的构成情况。最后根据 boundaty 文件中 frontAndBack 的边界面起始序号和数量，定位到 faces 文件中相应序号位置，成为亟待解决的问题。

前面提及的 boundary 文件中，包含了对边界类型的定义，以及各边界面在 faces 文件中的起始序号和包含面数量信息。在顶盖驱动流算例的 boundary 文件中共有 3 个 patch：movingWalls、fixedWalls、frontAndBack。其中，movingWalls 的起始序号是 24(也就是内部面的数量)，说明 movingWalls 从第 24 个面开始，总共包含有 4 个面。同理可得到另外两个 patch 的面在 faces 文件中的排列顺序。最终，因为本节需要的节点连接关系在 xOy 平面内，对应到 boundary 文件中的 patch：frontAndBack。根据其起始面为 40，定位到 faces 文件中，随后，便可根据这些连接关系构建节点边的图数据表示，也就是邻接表。

(2) Mesh 源文件解析法。

Gmsh 是一个跨平台三维有限元网格生成与可视化软件。由 Gmsh 直接生成的 Mesh 网格文件，主要包含对三维网格中节点(Node)、几何元素(Element)、节点数据(NodeData)和元素数据(ElementData)的描述。通过读取 Mesh 文件中的$Nodes 块信息，按照节点序号依次将节点的坐标信息装载至数组中，即可得到图数据的节点数据。为了完善图数据结构，还需要节点之间的边连接关系。这些信息需要从 Mesh 文件中的$Elements 块获取。$Elements 块是网格中较为关键的块，也是结构定义相对复杂的块，其结构如下

```
单元数
单元编号 单元类型 标签数量 所属物理实体编号 所属几何实体编号 节点列表
```

在本节中，节点的连接关系主要储存在节点列表中，因此仅关注$Elements 块中单元编号以及对应单元中包含的节点信息即可。从 Mesh 文件中获取的节点以及单元的二维简图如图 6.11 所示。

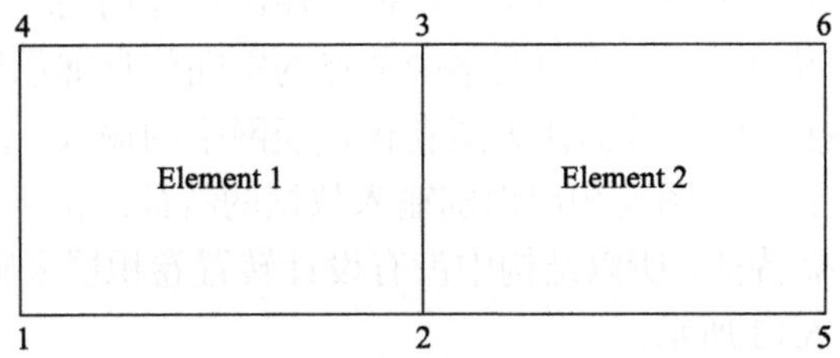

图 6.11　局部网格节点以及单元的二维简图

根据构成单元的节点，以及节点与相邻节点的连接关系，可构建完整的图数据结构。

这两种方法都能有效地将网格数据中的空间信息继承到图数据中，它们最主要的区别是：OpenFOAM 源文件解析法直接从原始网格数据上获取节点的信息，所构建的图大小完全取决于原网格大小；Mesh 源文件解析法可以灵活修改网格大小(分辨率)，结合 OpenFOAM 中的探针数据采样方式，所构建的图大小可根据实际问题的需求进行修改，适用性相对较广。

6.4 基于图卷积神经网络的网格自适应预测模型构建方法

6.4.1 针对几何自适应问题的基于卷积神经网络的预测模型结构设计

本节详细介绍基于 GCN 的流场预测框架，主要包括图卷积神经网络模型及其训练、测试数据集的设计，以及模型性能的评估方法。GCN 降阶预测模型的关键思想是使用图表示来描述非结构化计算域的物理场，提出的预测模型整体架构如图 6.12 所示。

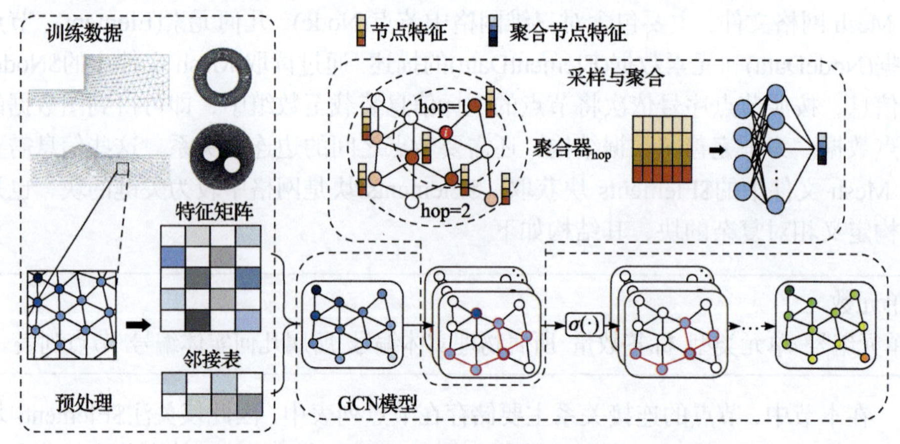

图 6.12　基于图神经网络构建降阶模型的总体框架

该框架主要构建了从输入的图结构数据到输出物理场的端到端映射关系。首先根据 6.3 节中介绍的方法，将原网格中节点的空间信息继承到图结构数据中，并以特征矩阵和邻接表两种数据作为图卷积神经网络的输入。随后是 GCN 模型的构建，本节使用了 6 个图卷积层识别输入数据的特征。由于 GCN 使用消息传递和聚合的方式传播特征，所以结构中没有设计转置卷积层来解码特征。GCN 降阶模型的结构如图 6.13 所示。

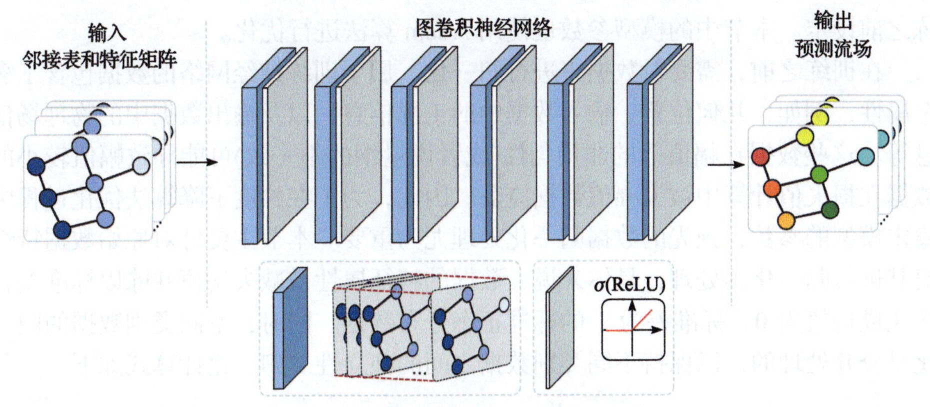

图 6.13　GCN 降阶模型的结构

前面的工作已经证明，适当堆叠网络层数可以增加模型提取信息特征的复杂性，从而加深模型对物理问题的理解。在 GCN 模型中，下一层中每个节点的信息是通过对当前层本身的信息和相邻节点的信息进行加权求和获得的，该过程在图中用浅蓝色方块进行表示；同时，除了最后一层外，每一层都跟随着一个 ReLU 激活函数，对聚合后的信息进行非线性转换以增加模型的非线性表达能力，该过程在图中用浅灰色方块表示；模型最后一层的输出依旧是直接输入到损失函数中，用于在训练过程中评估模型预测与目标真值之间的偏差。GCN 模型的损失函数定义需要遵守回归预测的规定，即评估每一个预测点和真值点之间的偏差。因此，采用均方误差(MSE)损失函数来评估预测场与数值计算场之间差异，即

$$\text{loss}_{\text{MSE}}=\frac{1}{n_{bc}\times N}\sum_{t=1}^{n_{bc}}\sum_{n=1}^{N}\left(\hat{Z}_{t,G_n^L}-Z_{t,G_n^L}\right)^2 \tag{6.22}$$

式中，n_{bc} 表示训练过程中每个迭代步下训练数据的批次大小，N 表示图节点的数量，$\hat{Z}_{t,G_n^L}$ 表示在第 t 个批次下，GCN 模型的预测结果，Z_{t,G_n^L} 是相应的数值计算结果。此外，考虑到流场计算域中往往存在网格节点密集分布的区域，为了提高 GCN 预测模型对这些密集节点上特征学习的准确性，本节在损失函数中额外添加了对节点密集区域的权重损失，即

$$\text{loss}_{\text{weight}}=\frac{1}{n_{bc}\times F}\sum_{t=1}^{n_{bc}}\sum_{f=1}^{F}\left(\hat{Z}_{t,G_f^L}-Z_{t,G_f^L}\right)^2,\quad F\in N,\quad G_F^L\in G_N^L \tag{6.23}$$

式中，F 表示网格密集区域的节点数量。因此，当前情况下模型的损失函数需要表示为

$$\text{loss}=\text{loss}_{\text{MSE}}+\lambda\cdot\text{loss}_{\text{weight}} \tag{6.24}$$

式中，λ 用于平衡密集区域节点的损失在总损失中的权重，它一般为常数且在训

练之前设定。本节中的模型参数也使用 Adam 算法进行优化。

在训练之前，需要对数据集进行归一化。用于训练神经网络的数据包含了多个属性，例如，几何位置、输入数据中的工况信息，以及输出数据中的物理场信息等。这些数据在幅值上的非均匀性(或者说量纲的不一致)可能导致幅值较小的数据在损失值计算中被大幅值数据掩盖。因此，为了在梯度下降算法优化过程中稳定模型的参数，预先的数据归一化处理尤为重要。本节主要针对原始数据特性对其进行归一化预处理，具体来说，数据的特征属性被减去均值并除以标准差，转化成均值为 0、标准差为 1 的标准正态分布数据。同时，不同类别数据的归一化是分开处理的，以保持不同类别数据之间的独立性。归一化计算式如下

$$\mu = \frac{1}{N}\sum_{n=1}^{N} x^n, \quad \sigma = \frac{1}{N}\sum_{n=1}^{N}(x^n - \mu)^2 \tag{6.25}$$

$$\tilde{x}^n = \frac{x^n - \mu}{\sigma} \tag{6.26}$$

式中，μ 和 σ 分别是数据的均值和标准差，$\tilde{x}^n$ 表示归一化后的结果。

图卷积预测模型的提出是为了进一步扩展降阶预测模型在计算流体力学中的应用，同时它也被寄希望于解决传统卷积神经网络模型所面临的问题，即像素化处理后带来的精度丢失问题。针对这些问题，本章专门设计了测试算例，并在 GCN 模型和 CNN 模型上分别进行了测试，旨在通过对比研究的方式说明 GCN 模型的优越性。

6.4.2　模型性能评估

为了充分验证所提出模型的可行性，本节采用误差分析的方式量化了模型性能。量化的方法是计算模型预测结果与数值计算结果之间误差的大小，通过逐个比较每个节点上的误差，分析模型的预测精度。误差的计算方式如下

$$E(x,y) = \frac{\left|\psi(x,y) - \hat{\psi}(x,y)\right|}{\psi_0} \tag{6.27}$$

式中，ψ 表示数值计算的物理场，$\hat{\psi}$ 表示降阶模型预测的物理场，而 ψ_0 是物理场的初始值。单个算例的平均误差定义为

$$E_{\text{mean}} = \frac{1}{N}\sum_{x}\sum_{y} E(x,y) \tag{6.28}$$

式中，(x,y) 表示算例中节点在图数据上的索引。

此外，在量化模型性能的基础上，本节还设计了传统 CNN 作为 GCN 降阶模型的对比。选取的对比角度主要集中在传统卷积网络构建降阶模型的固有缺陷，

例如，破坏了原网格空间结构的缺陷、在边界处预测精度低的缺陷等。依此设计专门的测试算例，通过比较 GCN 模型与 CNN 模型在这些测试算例上的性能表现，突出 GCN 模型基于网格层面的预测特性，以及在计算流体力学领域中的独特优势。

6.5　案例分析 1——基于图卷积网络的环形热管自然对流降阶建模

6.5.1　案例说明

本节采用图卷积神经网络构建降阶模型，用于预测环形空间内由内部热源引起自然对流的温度分布，其中环形空间内的热源具有数量、大小、位置等特征变化[6]。本节面向化工或电子冷却系统，例如，设计一个需要精确温度控制的环形反应器，该反应器内部分布有若干热源，它们的大小、位置和数量可能会根据实际应用需求而变化。该降阶模型构建的目标是快速预测在不同热源配置下，反应器内部的温度分布情况，以便进行有效的热管理。

6.5.2　训练数据集的生成和预处理

研究的传热问题是环形封闭空间内的自然对流现象[5]，主要关注点是 GCN 降阶预测模型是否能适应环形封闭空间内热源的大小、数量和位置的变化，并给出准确的预测。研究的热对流情景有三种：单一热源，其位置和大小都被设置成可变参数；双热源和三热源，仅热源的位置被设置成可变参数。所有几何算例的工况都为稳态对流。传热模拟的训练数据集生成示意图如图 6.14 所示。

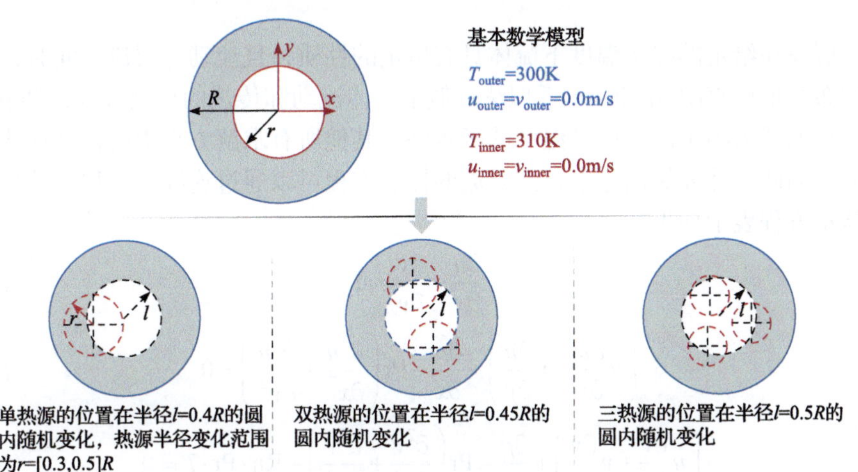

图 6.14　传热模拟的训练数据集生成示意图

对于单热源情况，热源的半径及其在计算域内的位置为随机可变参数，变化的半径范围为$[0.3, 0.5]R$，R表示计算域的特征长度。此外，热源的中心的变化范围是以原点为中心、半径长度为$0.4R$的圆形区域。在双热源和三热源算例中，变动的仅为热源的位置，热源的半径固定不变。其中，双热源的半径为$0.3R$，三热源半径为$0.2R$。这些热源都被限制在以原点为中心、半径长度为$0.45R$(双热源)和$0.5R$(三热源)的圆形区域内。此外，在双热源、三热源算例中，热源之间的距离被限制为至少间隔$0.1R$，以防止热源相交的情况发生。

类似地，传热问题中研究的算例也采用 6.2 节中图数据生成方法，将网格数据转换成图数据。在数据集的生成中，每个不同情景的数据集包含 400 个具有不同几何参数的算例。数据集被划分成 320 个训练算例和 80 个验证算例，分别用于模型的训练和训练过程中模型性能的评估。值得一提的是，除了将网格节点的空间信息继承至图数据中，每个算例中热源的几何特征参数也被作为节点上的特征继承到图数据中。几何特征参数包括热源中心的位置和其相应的半径大小，它们可以进一步帮助降阶模型区分不同的算例情况。

在环形封闭空间内进行的自然对流数值计算也是基于 OpenFOAM 平台进行。为了便于研究并快速生成数据集，首先假定流体域是不可压缩的牛顿流体。随后，设定流体域内速度的初始条件为$\boldsymbol{U}=\boldsymbol{0}$。环形中冷壁面的温度被固定为$T_0$，热源的温度同样保持不变，设置为$T_1$。流体的物理性质如表 6.1 所示，包括流体密度、运动黏度系数、热膨胀系数和热扩散率。

表 6.1　流体介质的物理性质

流体密度/(kg/m^2)	运动黏度系数/(m^2/s)	热膨胀系数/($1/K$)	热扩散率/(m^2/s)
1000	8.484×10^{-4}	3×10^{-4}	1.248×10^{-7}

假设在给定的参考温度下流体具有恒定的性质，且流动为层流。同时，通过采用布辛尼斯克(Boussinesq)近似法近似了流体流动和传热的控制方程，即除了动量方程的浮力项中的密度是温度的函数外，其他所有求解方程中的密度均认为是常数。因此，计算域内稳态自然对流的控制方程可以通过连续性方程、动量方程和能量方程表示如下

$$\frac{\partial u}{\partial x}+\frac{\partial v}{\partial y}=0 \tag{6.29}$$

$$\left(u\frac{\partial u}{\partial x}+v\frac{\partial u}{\partial y}\right)+\frac{\partial p}{\partial x}-\Pr\left(\frac{\partial^2 u}{\partial x^2}+\frac{\partial^2 u}{\partial y^2}\right)=0 \tag{6.30}$$

$$\left(u\frac{\partial v}{\partial x}+v\frac{\partial v}{\partial y}\right)+\frac{\partial p}{\partial y}-\Pr\left(\frac{\partial^2 v}{\partial x^2}+\frac{\partial^2 v}{\partial y^2}\right)-\mathrm{Ra}\cdot\Pr\cdot T=0 \tag{6.31}$$

$$u\frac{\partial T}{\partial x}+v\frac{\partial T}{\partial y}-\left(\frac{\partial^2 T}{\partial x^2}+\frac{\partial^2 T}{\partial y^2}\right)=0$$

$$\text{st}\ T_0\left(x_i,y_i\right)=300℃,\ x_i,y_i\in\Phi_{\text{outer}},\ T_1\left(x_i,y_i\right)=310℃,\ x_i,y_i\in\Phi_{\text{source}} \tag{6.32}$$

式中，p 表示压力，u 和 v 分别表示横向和纵向上的速度大小，$T\left(x_i,y_i\right)$ 是计算域内关于温度的解，Φ_{outer} 和 Φ_{source} 分别表示计算域的外圆和热源。Pr 为普朗特数，Ra 为瑞利数，定义如下

$$\text{Pr}=\frac{\upsilon}{\alpha},\quad \text{Ra}=\frac{g\beta\left(T_{\text{hot}}-T_{\text{cold}}\right)R^3}{\upsilon\alpha} \tag{6.33}$$

式中，R 是研究对象的特征长度，g 是重力加速度，υ 是动力黏度，$\alpha=k/\rho c$ 是流体的热扩散率，k 和 c 分别是热导率和比热，β 是体积系数。控制方程的无量纲形式如下

$$T^*=\frac{T-T_{\text{cold}}}{T_{\text{hot}}-T_{\text{cold}}},\quad x^*=\frac{x}{R},\quad y^*=\frac{y}{R},\quad u^*=\frac{uR}{\alpha},\quad v^*=\frac{vR}{\alpha},\quad p^*=\frac{pR^2}{\rho\alpha^2} \tag{6.34}$$

式中，*表示无量纲变量，为了简化后续对符号的描述，本节省略了全部的星号符(*)。

最后，同样采用网格无关性研究以确认生成数据集的恰当网格大小。研究的网格为相对复杂的三热源算例，通过对比不同节点数量的网格在外圆边界上温度的均值，验证网格无关性，结果如表 6.2 所示。

表 6.2　网格无关性验证

网格	节点数量	外圆边界上温度的均值
Grid 1	8849	301.4296
Grid 2	18786	301.3324
Grid 3	25068	301.2711
Grid 4	31514	301.2264

可见当网格节点数量为 8849 时，计算结果已经与网格节点数量无关。为了加快数值计算速度和节省计算资源，在 GCN 降阶模型的训练数据集生成中选取了与 Grid 1 量级相似的网格。

6.5.3　预测结果与分析

本节主要关注 GCN 模型对二维自然对流问题的预测能力和泛化性能。用于模型性能测试的数据集类型有三种，分别是单热源、双热源、三热源的圆形封闭容器。在图 6.15 中呈现了不同测试算例的数值计算结果、GCN 模型预测结果和预测误差的分布。

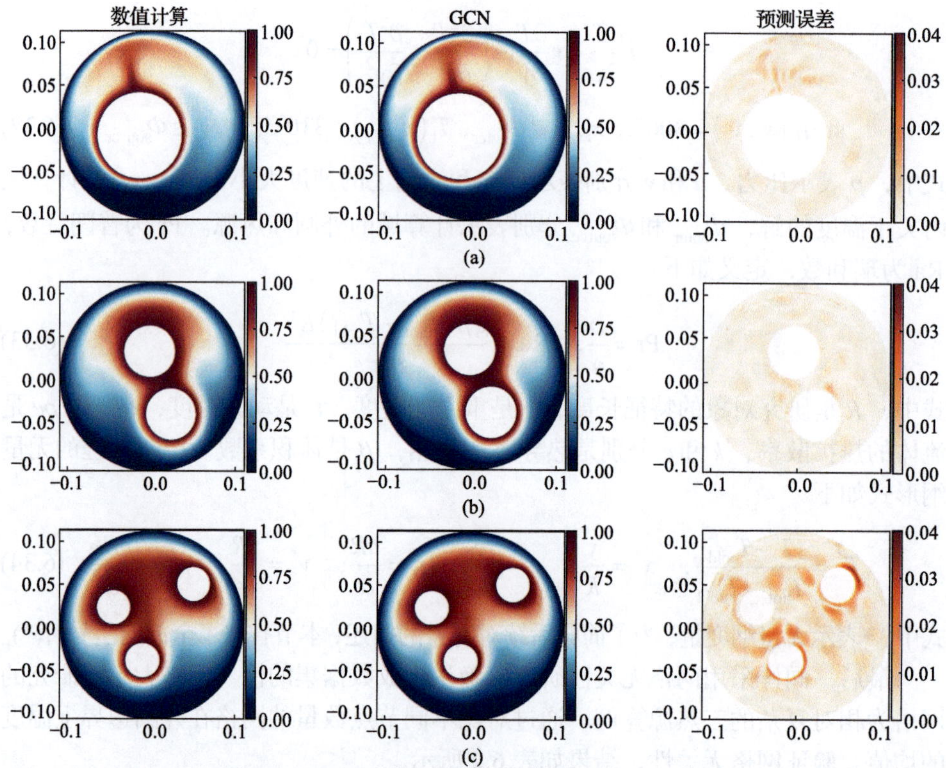

图 6.15 GCN 模型预测不同热源数量的自然对流温度场分布，并与数值计算结果进行比较

显然，GCN 模型在所有测试算例上的预测结果都与数值计算结果具有较高的一致性。这些结果初步表明了 GCN 模型准确预测温度场的能力，同时也证明了 GCN 模型在密闭容器中的热源位置、大小和数量发生变化时具有很高的鲁棒性，说明 GCN 模型已经准确地学习到热源几何变化时的热对流模式。随后，为进一步评估 GCN 降阶模型的预测结果，本节对每个算例的相对误差进行了误差统计分析，结果如图 6.16 所示，不同的算例采用不同的颜色进行区分。

图中所展示的结果为 GCN 模型在温度预测中相对误差大小的频率分布。整体来看，GCN 模型对所有算例的温度场预测误差都集中分布在 0 附近。然而，随着热源数量的增加，GCN 模型对温度场的预测性能逐渐下降，其相对误差分布在 0 附近的频率也有所减少。通过比较，发现在三热源的算例预测中，模型的相对预测误差达到了最高。这是因为随着热源数量的增加，温度分布的复杂性也随之增加。当热源数量达到 3 个时，与单热源的情况相比，模型的预测变得相对不太准确。GCN 降阶模型的这种表现可以解释为：在没有改变模型的网络结构前提下，随着模型预测问题的复杂性增加，其学习和拟合的效率将下降。该问题可以通过

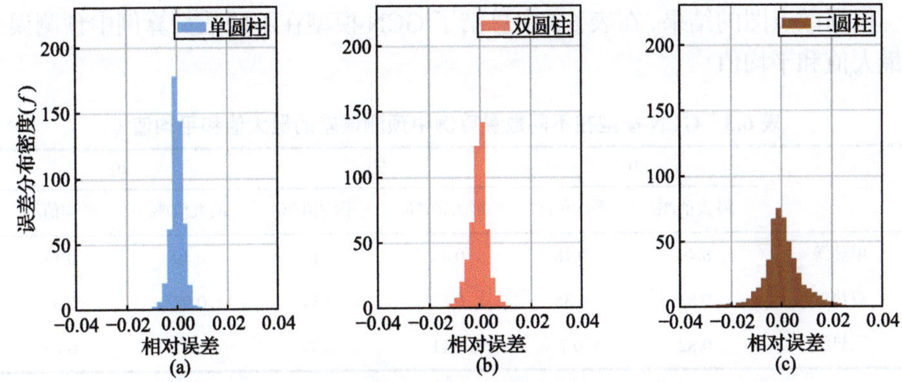

图 6.16　模型预测不同算例的相对误差分布频方图

改变 GCN 模型的结构来解决，目的是增强模型学习更复杂特性的能力。尽管如此，GCN 模型所实现的整体预测性能令人满意。最后，本节采用了更多的测试算例来验证模型的稳定性，以降低结果分析的偶然性。图 6.17 分别统计了 GCN 模型在预测 10 个、20 个和 40 个算例的平均误差。

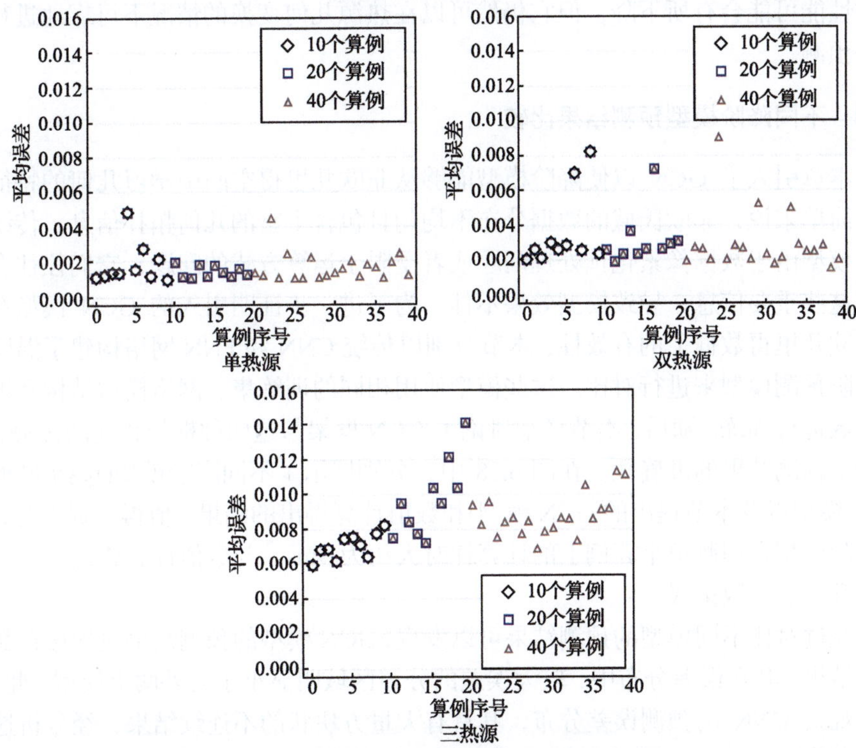

图 6.17　模型预测不同数量的测试算例的平均误差统计结果

根据散点图的结果，在表 6.3 中总结了 GCN 模型在不同数量算例中预测误差的最大值和平均值。

表 6.3　GCN 模型在不同数量算例中预测误差的最大值和平均值

	10		20		40	
	最大值/%	平均值/%	最大值/%	平均值/%	最大值/%	平均值/%
单热源	0.49	0.18	0.49	0.16	0.49	0.17
双热源	0.82	0.35	0.82	0.34	0.91	0.32
三热源	0.82	0.7	1.41	0.83	1.41	0.85

GCN 模型在单热源算例中表现出最低的平均预测误差，大多数集中在 0.17%附近。随着热源数量的增加，模型的平均预测误差略有上升。其中，对于双热源算例，平均误差达到了 0.32%，而对于三热源算例，平均预测误差增加到了 0.85%。这些误差值直观地说明了模型在预测单热源算例上的优异性能，同时也展示了 GCN 模型在大量测试算例中的高稳定性。尽管在相对复杂的算例预测中，GCN 模型的性能可能会有所下降，但它仍然可以在热源几何变换的情况下可靠地进行温度场预测。

6.5.4　不同降阶模型预测结果比较

本章引入了 GCN 以使降阶模型能够从非欧几里得空间中学习几何的特征表示。简单来说，非欧氏域的数据分布不均匀且包含丰富的几何拓扑信息，传统的网络模型由于数据像素化预处理问题或者受限于运算方式的问题，它们往往会忽略掉这些重要信息，导致模型效果不佳。为了进一步证明引入的 GCN 模型在预测非欧几里得数据上的有效性，本节分别以传统 CNN 和 FNN 网络构建了温度场的降阶预测模型来进行对比。这些模型使用相同的训练集、网络模型结构和训练超参数进行训练。随后，本节详细讨论了 GCN 框架与这两种框架相比的优势，并分析了预测结果的准确性。在图 6.18 中，分别展示了不同降阶模型(包括 FNN、CNN 模型以及本节提出的 GCN 模型)和数值计算得出的结果。值得一提的是，三种降阶模型在预测单个算例上的计算耗时大约为 9ms。与数值计算相比，计算速度提升了 3 个数量级。

经过对比不同模型的预测结果可以发现，GCN 模型的预测结果更加接近数值计算结果。其在误差分布中，较大误差的分布区域明显小于另外两个模型。此外，仔细观察 CNN 的预测误差分布，其具有大量方块状的不连续结果，经分析这是在数据像素化处理成规则矩阵后，模型只能对规则格子中的值进行预测所导致，加上数据预处理造成的原数据精度丢失，使 CNN 模型预测的结果不连续。FNN

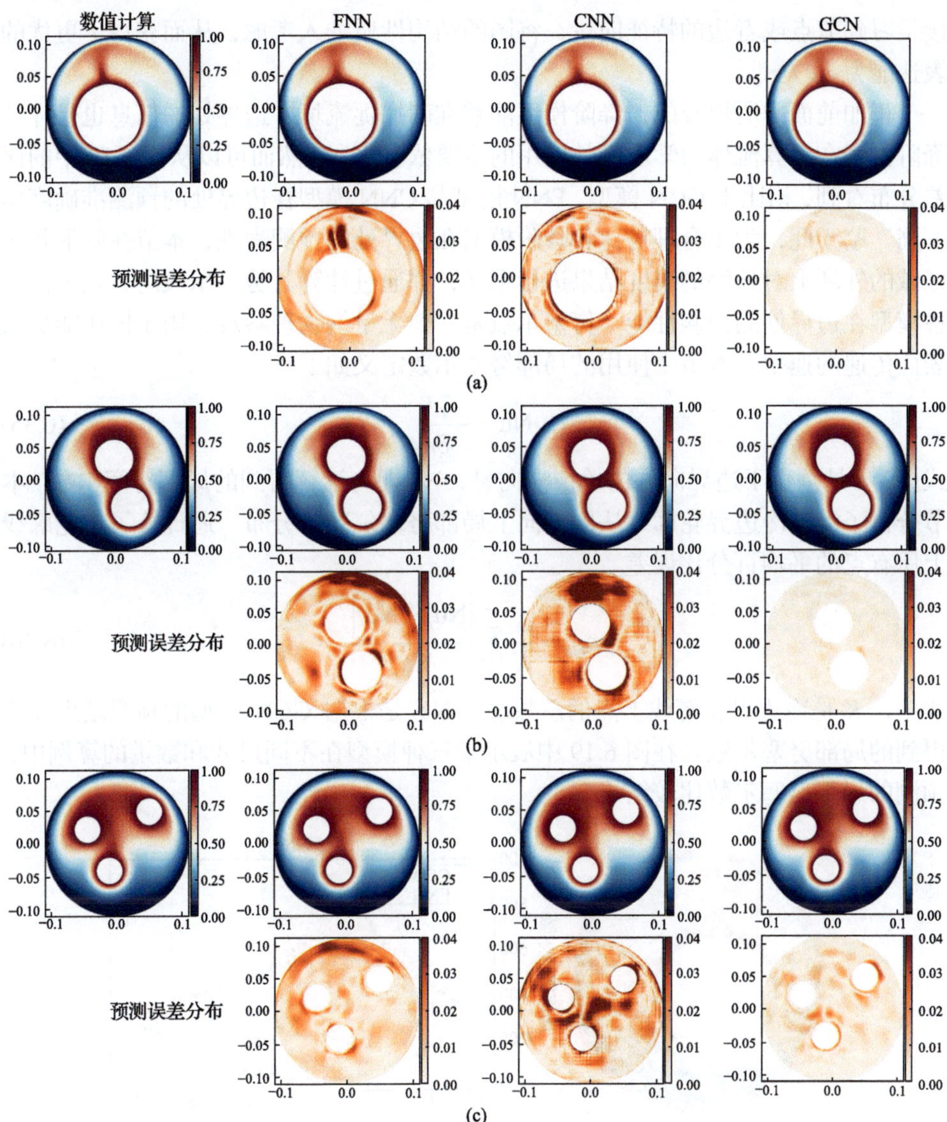

图 6.18　三种模型在不同热源数量算例中预测自然对流温度场分布的情况

的预测误差分布虽然相比于 CNN 没有不连续的方块区域，但其在边界上，以及温度梯度较大的区域预测误差较大，这是 FNN 模型的运算方式所导致。虽然 FNN 模型准确地捕获了每个空间节点上的特征信息，但它并没有将节点与节点之间的相互影响考虑到特征学习中。这使得其在几何变换学习任务中的鲁棒性降低，导致其在全新几何构型的温度场预测中会出现较大的预测误差。综上，GCN 模型通过处理流场的图结构数据，可以在原始数据上直接进行特征提取，保留了原数据的空间拓扑关系，使得学习过程更符合数据的内在联系。其次，GCN 模型可以直接学习到节点或者边的特征向量，将图的结构性质纳入考虑，从而获得了更优的表达能力。

正如前面中所提及的，降阶模型能够准确捕捉流场中边界处的信息也是评估降阶模型在计算流体力学中高效应用的重要依据之一。然而可以从图 6.18 中的误差分布看到，相比于 GCN 模型，FNN 模型与 CNN 模型在边界处的预测准确度均不高。鉴于此，为了合理对比各降阶模型在边界处的预测表现，本节在圆形封闭区域的外环上对预测的温度结果进行采样，并通过计算其努塞尔数的方式来评估各模型在边界处的预测性能。努塞尔数是一个无量纲物理参数，用于描述能量从表面传递的速率。本节中使用的局部努塞尔数定义如下

$$\mathrm{Nu} = -\frac{\partial T}{\partial n} \tag{6.35}$$

式中，n 是垂直于边界向外的单位法向量，Nu 即为计算得到的局部努塞尔数。本节分析了沿着冷边界轮廓线法向方向上局部努塞尔数的分布，还计算了在轮廓线上所有点的平均百分比误差。

$$\varepsilon_{\mathrm{Nu}} = \frac{1}{K}\sum_{i=1}^{K}\frac{\left|\mathrm{Nu}_i - \widehat{\mathrm{Nu}_i}\right|}{\mathrm{Nu}_i} \tag{6.36}$$

式中，K 是冷边界轮廓线上点的总数量，$\widehat{\mathrm{Nu}_i}$ 是根据 GCN 模型的预测结果计算得到的局部努塞尔数。在图 6.19 中展示了三种模型在不同尺寸和数量的算例中，预测的局部努塞尔数比较结果。

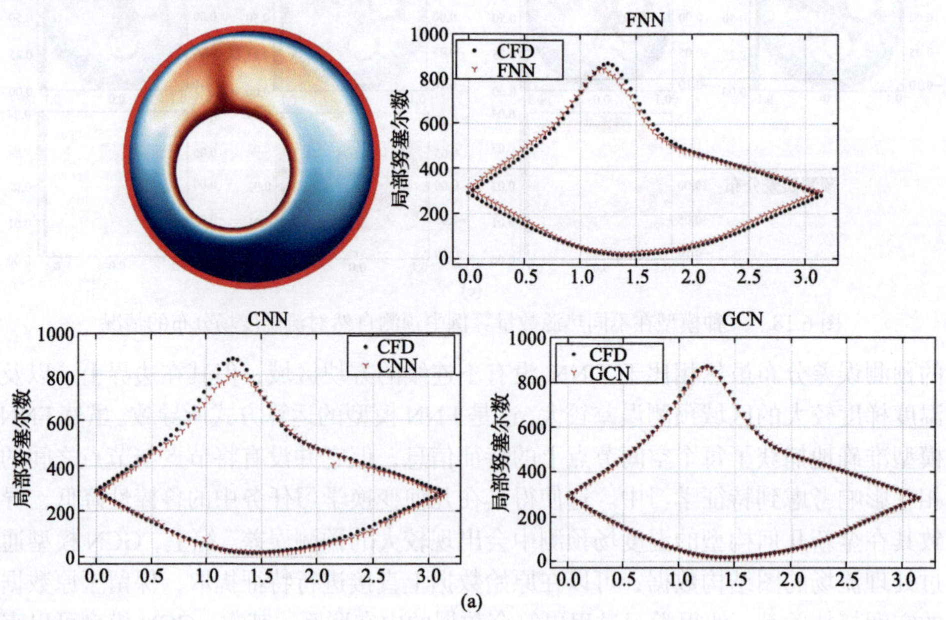

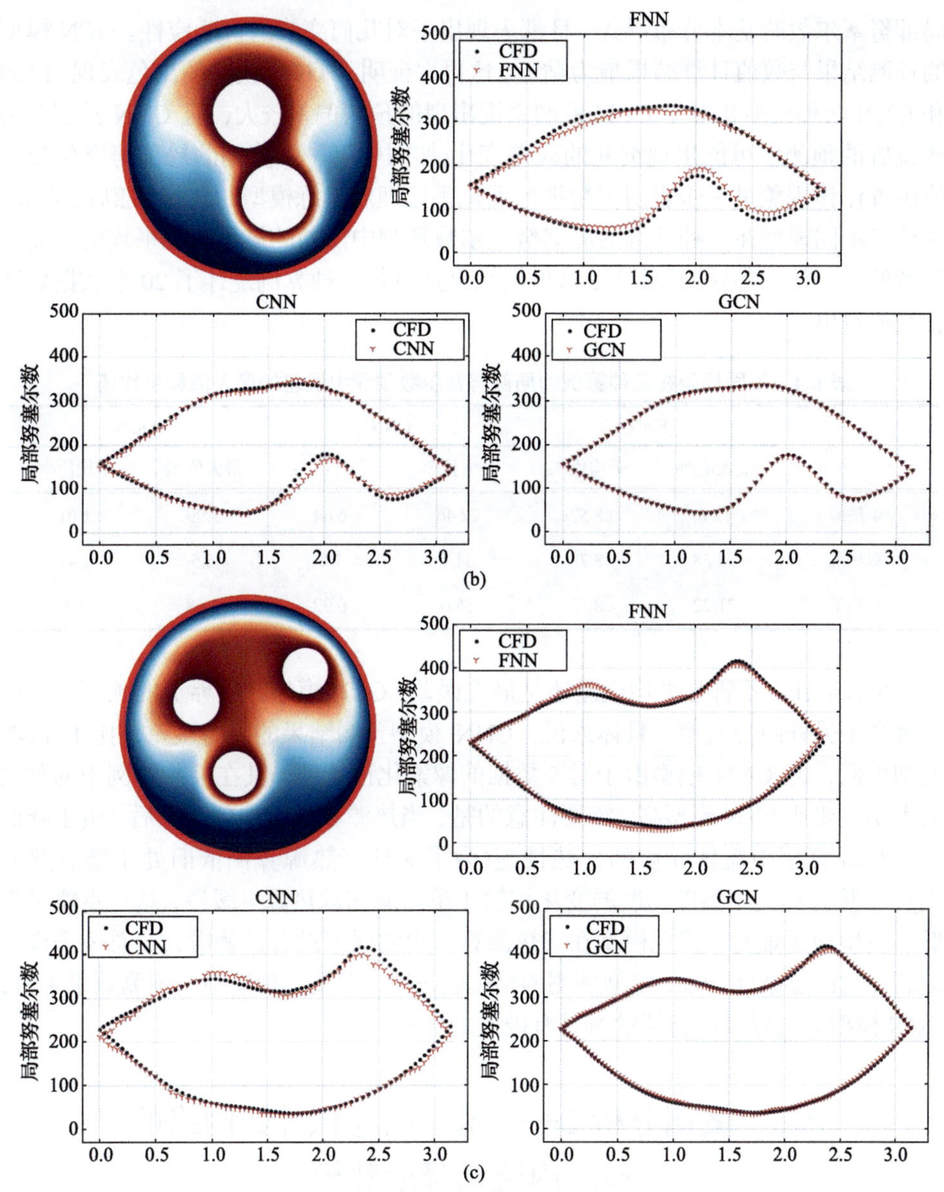

图 6.19　三种模型分别在不同热源数量算例中预测的局部努塞尔数比较

各子图左上角是测试算例的温度分布图，在计算域的最外围用红色轮廓线标出的为温度信息采集位置。在温度分布图右侧是相对应的局部努塞尔数值分布。其中黑色散点代表数值计算的局部努塞尔数，它是基于方程从数值计算的温度结果计算而来。红色三角符号代表 GCN 模型预测的局部努塞尔数，它同样是基于方程但从预测的温度结果计算而来。总体来说，三种降阶模型都捕捉到了边界处局部努塞尔数的基本分布形式，且都表现出了对几何变换的自适应性。GCN 模型的预测结果与数值计算结果最为贴近，这再次证明了 GCN 模型的出色表现。FNN 和 CNN 两种模型相对于 GCN 模型来说出现的预测偏差较大，且 CNN 模型在某些位置的预测中可能出现突兀的误差变化(如图中第一个算例的局部努塞尔数峰值位置)，该现象进一步表明了数据像素化预处理后训练模型的缺陷。随后，表 6.4 统计了不同模型在三种算例的局部努塞尔数预测中误差的最大值和平均值。需要注意的是，为了减小偶然误差，这里的结果是对每一种算例统计了 20 个数据后计算均值得出。

表 6.4　不同模型在三种算例的局部努塞尔数预测中误差的最大值和平均值

	FNN		CNN		GCN	
	最大值/%	平均值/%	最大值/%	平均值/%	最大值/%	平均值/%
单热源	12.8	8.52	22.46	6.64	1.99	1.01
双热源	28.58	8.78	34.4	7.8	6.5	1.47
三热源	21.22	8.32	15.0	6.92	2.68	1.5

可以看出，不管是平均误差还是最大误差，GCN 模型在边界上的预测性能都显著高于另外两种模型。具体来说，CNN 模型预测结果的平均误差相比于 FNN 模型更低，但 CNN 模型由于对原数据的像素化预处理，其在某些算例中的预测最大误差要比 FNN 模型高。需要注意的是，当热源数量增加到 3 个后，由于降低了三热源算例中流体介质的传热性能(为了保证三热源算例依旧处于稳态热对流)，三热源算例中温度梯度的变化相较于单热源和双热源更缓慢，这一点略微降低了模型预测难度，因此模型在三热源算例中的误差没有显著增大。总体来说，随着几何的复杂度增加，模型预测的精度会下降。但从三种模型的预测效果来看，GCN 模型对边界处的特征学习具有极大的优势。

6.6　案例分析 2——基于图卷积神经网络的通道内流动降阶建模

6.6.1　案例说明

本节基于图卷积神经网络提出流体动力学预测降阶模型，选择的研究对象是二维稳态层流，包含有直通道内流、凸通道内流以及突扩管内流[7]。不同研究对象流动特征具有显著的差异，用于测试模型在处理不同复杂流动结构的适应能力。

6.6.2 训练数据集的生成和预处理

为了全面评估 GCN 模型在流场数据预测中的性能，本节选择了通道内流动作为测试算例，其中包括直通道内流、凸通道内流和突扩管内流等流动问题。所有的算例都为二维流动以简化计算过程。图 6.20 展示了数据集中设计的几何形状，以及相应的非结构化网格和点云的分布情况。

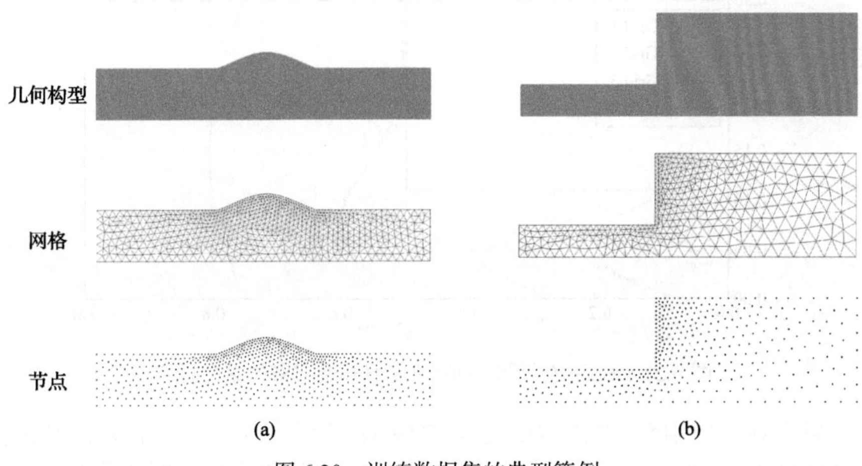

图 6.20　训练数据集的典型算例

在生成几何数据时，所有对象都以横坐标方向的长度(R)作为参考单位进行设计。同时不同的流动问题研究也根据它们的特性进行了形状上的变化。例如，在直通道内流的上壁面添加了凸曲面，而凸曲面在直管上的横向位置、高度和凸曲面的数量都作为可变参数；类似地，突扩管内流的入口宽度也作为可变参数。设计此类训练数据的目的是让神经网络学习数据中潜在的变化模式，以便模型能够适应几何形状的变化(该设计思想与前面章节中数据集的设计思想一致)。每个研究的流动问题都包含 100 个数据集，全部数据集都具有不同的形状，其中 30%用于测试，不参与模型的训练过程。

研究的流体问题均为不可压缩稳态牛顿流体，因此数据的计算模拟采用 OpenFOAM 中的 SimpleFOAM 求解器计算。算例的边界条件设置如表 6.5 所示。

表 6.5　算例的边界条件设置

边界类型	速度条件	压力条件
壁面	Fixed Value (0, 0, 0)	Zero Gradient
入流	Fixed Value (u_0, 0, 0)	Zero Gradient
出流	Zero Gradient	Fixed Value (0)

本节以突扩管内流为例，对网格无关性进行了研究，并确定了要使用的合适网格。网格无关性中研究的网格总共有 4 种，它们的网格节点数量依次是：Grid 1 具有 1087 个，Grid 2 具有 2319 个，Grid 3 具有 8788 个，Grid 4 具有 34434 个。通过对比在通道内垂直于横坐标剖线上速度大小，验证网格无关性，结果如图 6.21 所示。

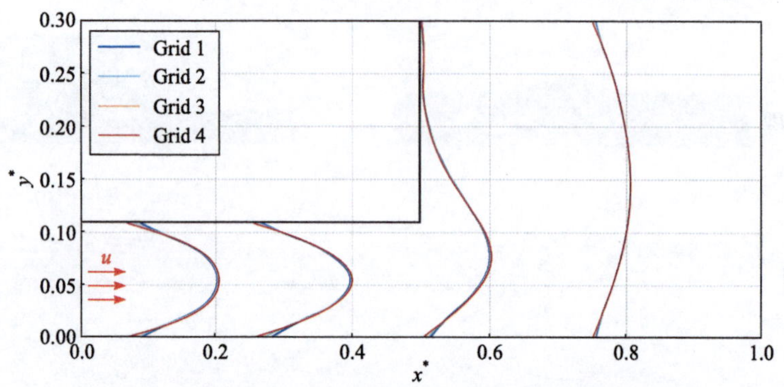

图 6.21　利用突扩管流动的速度值开展网格独立性研究

可以看到，当网格中节点数量达到 2319 后，计算结果的收敛性已经与网格节点数 34434 相一致，为了节省计算成本，在 GCN 降阶模型的训练数据集生成中选取了 Grid 2。

6.6.3　降阶模型的构建

本节选取的图卷积网络基于 GraphSAGE 框架搭建，它的消息传递思想可总结为：把当前节点邻接点的信息用一个聚合函数进行汇聚，然后再与节点自身的信息进行融合，通过更新函数更新当前节点的特征表示。随着信息传递过程的迭代，节点逐渐获得更多关于邻居节点的信息。GraphSAGE 聚合规则类似于卷积操作，其表达式为

$$\boldsymbol{H}_i^{l+1} = \sigma(\boldsymbol{W}_1\boldsymbol{H}_i^l + \boldsymbol{W}_2 \cdot \mathrm{Aggregate}_{\mathrm{hop}}\boldsymbol{H}_j^l),\quad j \in \mathcal{N}(i) \tag{6.37}$$

式中，$\boldsymbol{W}$ 是可学习的权重矩阵，σ 是激活函数，Aggregate 是聚合函数，本节选择了均值聚合规则。Aggregate 的下标 hop 表示从给定节点 i 出发的搜索深度，$\mathcal{N}(i)$ 是节点 i 的邻居节点集合。值得一提的是，$\mathcal{N}(i)$ 并不是 i 的所有邻居节点，而是做了固定尺寸的采样，对当前节点 i 的所有邻居节点中采样 k 个数量邻居节点作为待聚合信息的节点，若节点 i 邻居数小于 k，则采用有放回的抽样方法，直到采样出 k 个节点；若节点邻居数大于 k，则采用无放回的抽样。图 6.22 详细展示了 GraphSAGE 的消息传递过程。

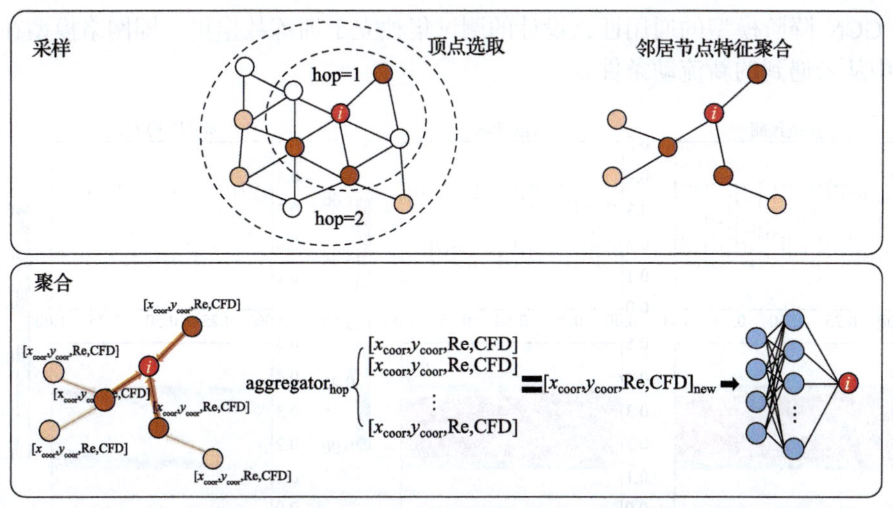

图 6.22　GraphSAGE 采样和聚合方法的示意图

在上述信息传递形式的描述中，可以看到 GraphSAGE 在训练过程中并没有对图中的所有节点进行更新，而是采用了一种类似 Dropout 的训练算法，这提高了图卷积网络的泛化性和扩展性。这种训练策略使得 GraphSAGE 以一种归纳的方式运行，而不是在一个传导学习框架中。归纳框架在流体动力学预测中尤为有用，因为流体动力学预测包含了大量训练过程中未出现过的未知节点。

流体动力学降阶模型也是直接从非结构化网格数据中预测物理场，属于回归预测。因此，采用均方误差损失来衡量预测场与数值计算场之间差异的标准，公式见式(6.22)。

此外，考虑到流动中存在显著的回流区域，该区域通常分布有密集的网格，为了提高降阶模型在密集网格上的特征学习能力，损失函数中为网格密集区域增加了权重损失，公式见式(6.23)。

因此，本节使用的总损失函数表示见式(6.24)。

在训练之前，需要对数据集进行归一化处理，具体参见 6.4.3 节。

6.6.4　预测结果与分析

首先以最基本的几何构型——直通道内流的流动预测开始。离散计算域的方法采用的是结构化网格。生成的训练数据集中每个算例都具有不同的通道宽度(范围是 $0.2R\sim0.5R$)。每一个算例在横坐标和纵坐标方向上的网格点保持恒定，且接近壁面的网格被加密处理，直通道内流的 Re 变化范围为 200～1000。速度场的预测结果如图 6.23 所示。图中误差分布的大小为相对于来流速度的相对误差，子图中最下侧一幅为速度在横坐标为 0.25 和 0.5 剖线上的采样结果。为了测试所提出的 GCN 降阶模型的通用性，设计的测试集独立于训练数据集，即网络模型在训练中从未遇到的新流动条件。

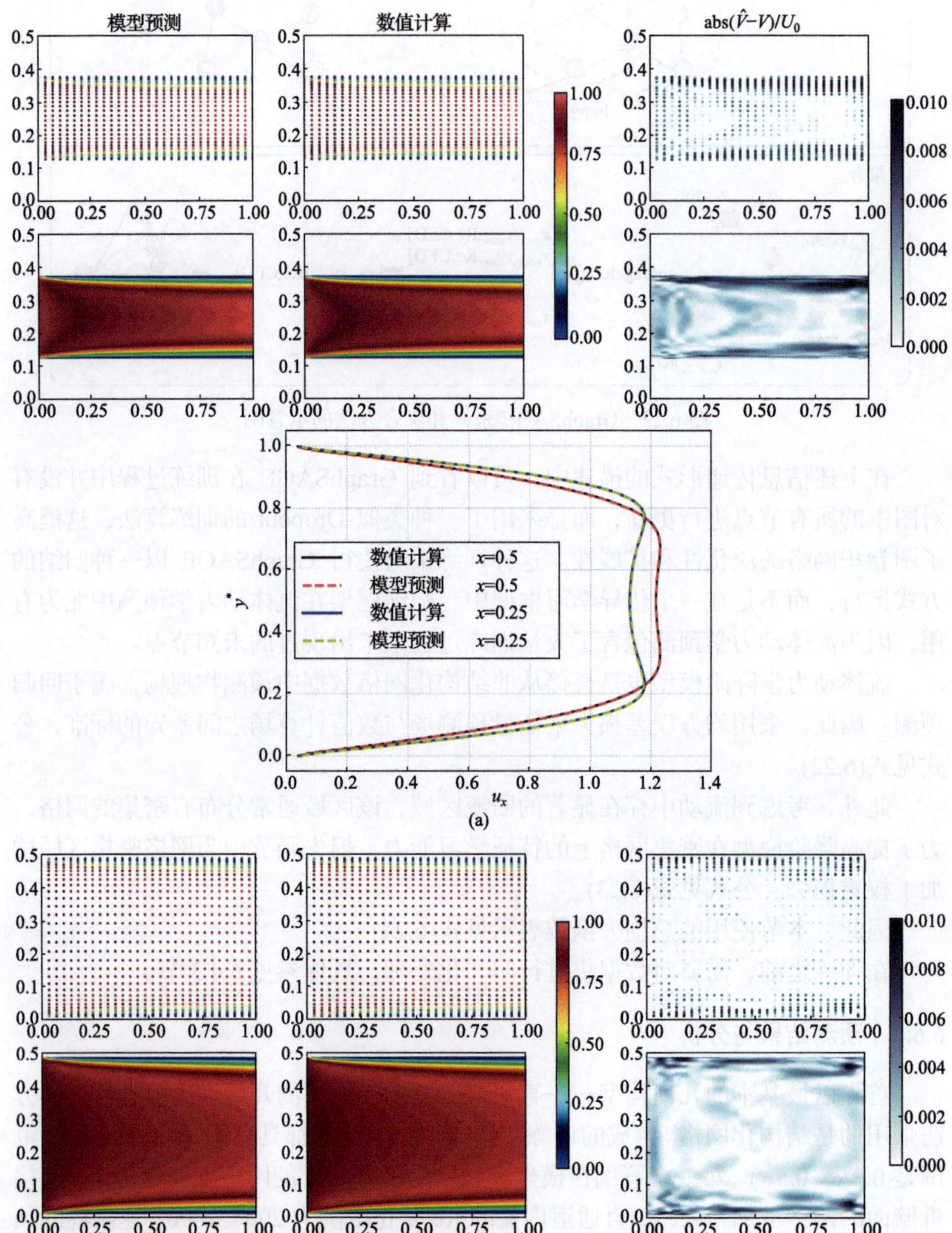

(a)

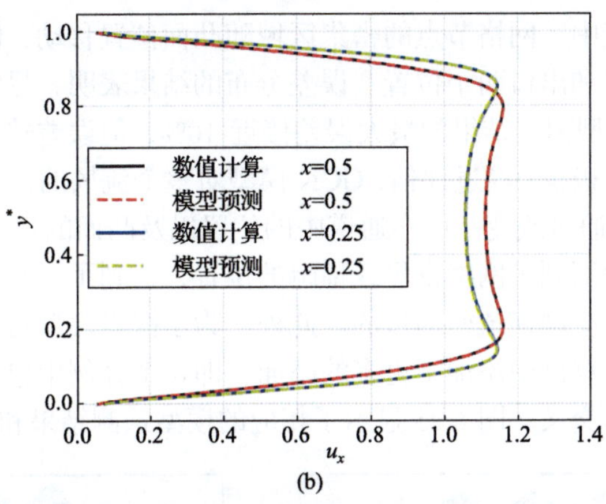

图 6.23　不同宽度通道速度场的模型预测与数值计算结果比较，以及相应的误差分布和横向速度的垂直剖线采样结果

可以看到，GCN 降阶模型的预测结果与数值计算结果取得了良好的一致性，总体误差在 1%以内，相对较大的误差主要分布在靠近壁面的区域。从剖线上采样的速度比较结果中发现，GCN 模型较好地捕捉到了边界附近的流动特性，这说明 GCN 降阶模型在边界处的预测遵守了无滑移边界条件。此外，本节还研究了通道宽度对速度场的影响，因为通道宽度的变化影响了流动的雷诺数大小。例如，在来流速度固定不变的前提下，通道越宽雷诺数越大，而壁面附近的速度梯度就越大。显然，云图中的结果证明 GCN 模型准确预测了不同通道宽度中的流动特点。此外，从速度场的点云分布来看，GCN 模型良好地适应了节点稀疏性的变化，这是传统的 CNN 模型无法做到的。GCN 模型这种直接从网格节点上提取特征信息的特性改良了预测模型对计算域中精细区域的学习方法，使模型能够准确地预测具有非均匀分布特性的网格数据。

为了进一步验证 GCN 降阶模型在非均匀网格数据上的预测能力，选取了更为复杂的通道内流问题作为测试算例，包括带凸面的通道内流和突扩管内流。图 6.24 展示了凸通道内流的预测速度场及其相应的误差分布。

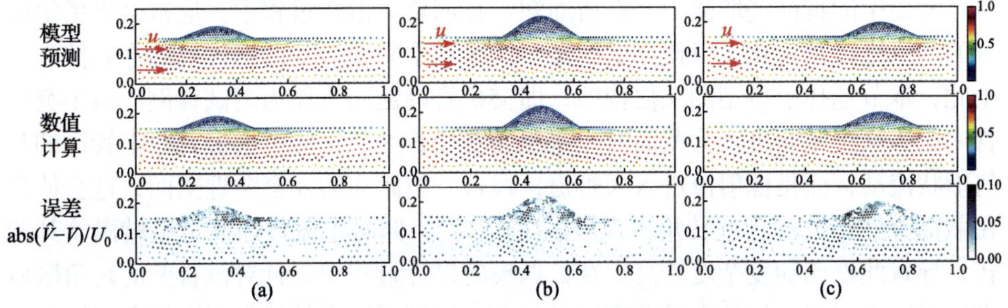

图 6.24　模型和数值计算预测的凸通道流速度场及其相应的误差分布

在凸通道内流中，网格节点的密集区域随凸面位置移动，网格的稀疏区域主要位于通道的进口和出口两个位置。误差分布的结果表明，尽管在直通道中添加凸面导致 GCN 模型预测结果的最大误差接近 10%，但误差较大的节点占整个预测结果的节点数量极少。经过评估，GCN 模型对整个流场的预测准确度在 97%以上。最重要的是，通过改变凸面在通道中的位置以及凸面的顶点高度，GCN 降阶预测模型成功地检测到了网格密集或稀疏的位置，达到了一开始设计 GCN 降阶模型所期望的自适应网格疏密的目的。此外，为了探索模型对更多类型流动的适用性，在单个凸面算例中添加了更多的凸面，即每个算例中包含三个凸面，并且相邻凸面之间没有交叉。图 6.25 显示了相应的模型预测结果和误差分布。

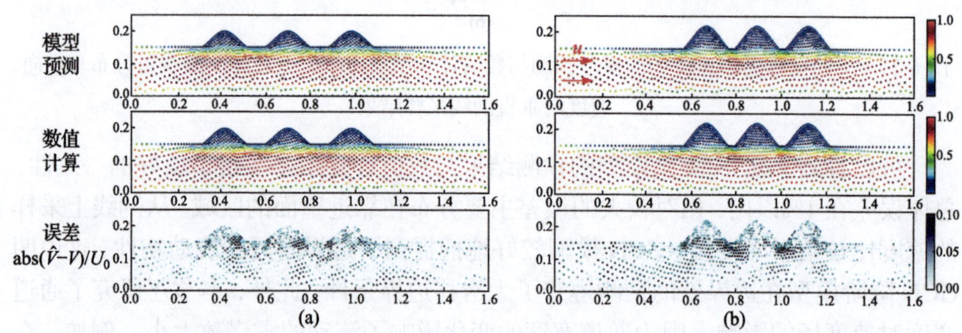

图 6.25　模型和数值计算预测的具有三个凸面的通道流速度场及其相应的误差分布

图中呈现的预测流场具有合理的物理特性，同时证明了随着凸面数量的增加，模型预测准确度并没有显著下降。经过评估，GCN 模型在具有三个凸面的直通道内流问题中，预测的平均准确度达到了 95.6%。具体来说，经过与数值计算结果相比，模型预测结果的大偏差主要发生在凸面和主通道的交汇处，并且随着凸面之间的间距减小，预测结果的误差在增加。这样的结果也是在预期之内，因为凸面的存在导致了额外的流动复杂性，从而增加了模型的预测难度。

以上的算例基本证明，本节提出的基于 GCN 的降阶模型可以有效地识别非均匀网格中的密集和稀疏区域。然而，还需要更直接的结论来验证 GCN 模型在节点密集中的特征提取能力。众所周知，在网格离散化过程中，通常会将指定区域的网格进行密集化，以提高求解器对该区域中复杂流动的迭代解的准确性。基于此，本节选择了典型的几何构型，即突扩管内流问题作为测试算例。由于突扩管内流体从小截面进入大截面时，流速会变慢，并且流体不会沿着原本管道的几何形状流动，而是像射流进入大管道，经过一段距离后才会贴近壁面，这会使得在截面突然扩大的管壁转角出现漩涡(回流区)，同时主流传递能量给漩涡使其旋转，导致此处流动复杂度较高。在数据集的设计过程中，针对该管壁的转角区域进行了网格加密，目的也是希望通过 GCN 模型可以有效捕捉到该加密区域的流动特征。训练数据集中突扩管的入口宽度依旧是可变化参数，其变化范围是 $0.05R \sim 0.15R$，所有算例的雷诺数都限制在 40 以内，这是对称破裂的临界雷诺数[8]。为了突出回流区的特点，在结果展示中绘制了流场的流线图，同时根据流线分布得出了再附着点的位置，如图 6.26 所示。

对突扩管的分析中，测试了 GCN 模型在插值数据集(算例 1 和算例 2)和外推数据集(算例 3 和算例 4)中的预测表现。其中插值数据集对应于入口宽度在 $0.05R \sim$

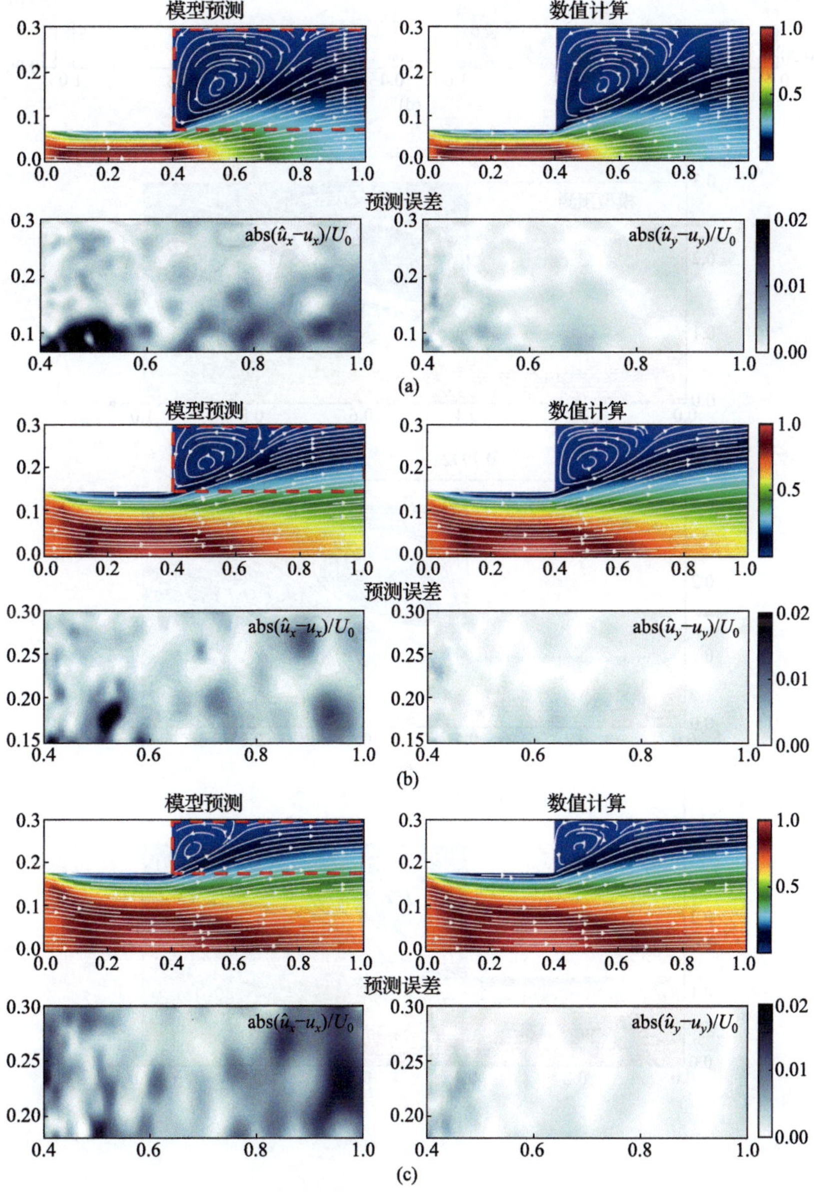

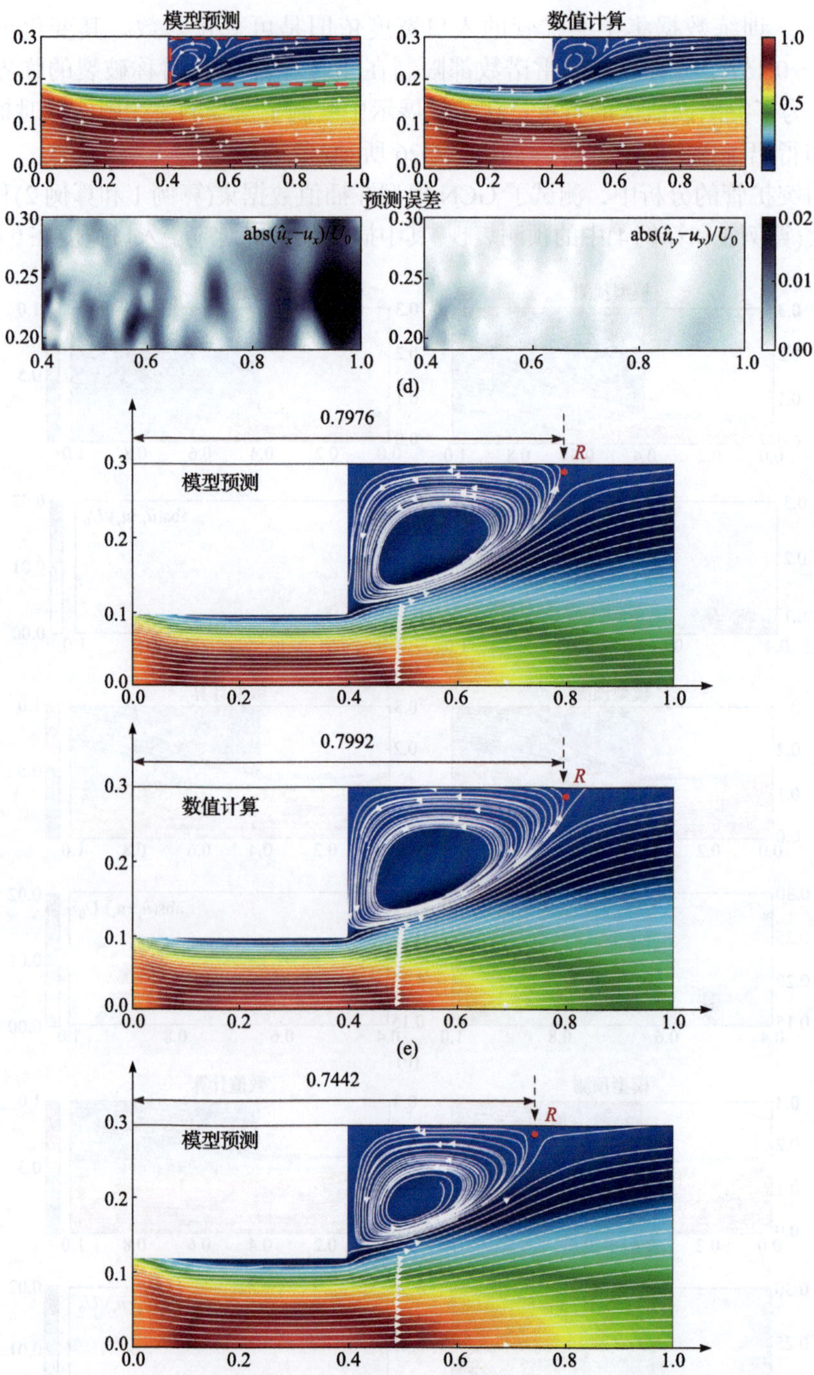

模型预测
数值计算
预测误差
abs($\hat{u}_x-u_x$)/U_0
abs($\hat{u}_y-u_y$)/U_0
(d)
0.7976
R
模型预测
0.7992
R
数值计算
(e)
0.7442
R
模型预测

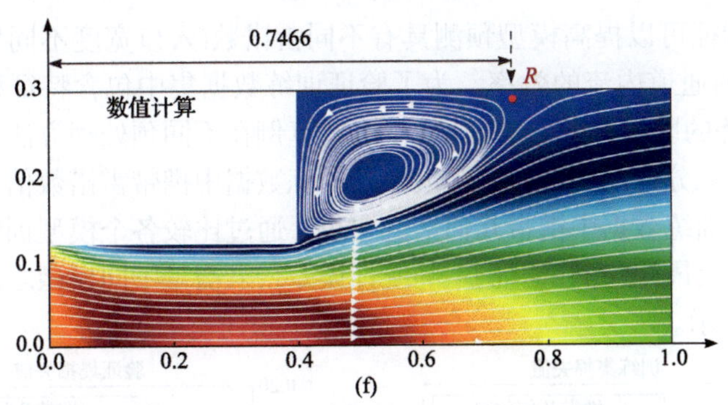

图 6.26　模型和数值计算预测的流线分布和对应红色虚线框中的误差分布，以及再附着点位置对比

0.15R，而外推数据集对应于宽度在 0.15R～0.2R。从漩涡的形状和再附着点的位置来看，可以得出的结论是：对于插值测试集，预测结果和数值计算结果之间显示了高度的相似性，说明 GCN 模型有效地识别了突扩管中回流区的特征，然而，对于外推测试集，GCN 模型在预测回流区的细微特征时准确度相对较低，但仍然可以预测出基本的漩涡形状。在对误差的分析中，分别将模型预测的流向速度分量和纵向速度分量与数值计算结果进行了比较。误差分布表明，影响模型预测精度的主要因素是流向速度。从机器学习模型的角度分析，突扩管中流向速度分量整体较纵向速度更大，而其较大的变动造成了相对更大的预测复杂性，从而导致误差主要集中在对流向速度的预测中。尽管如此，GCN 模型对整个突扩管流场的预测精度依旧很高，平均准确率达到了 97%以上。

下面从 GCN 模型的训练数据预处理角度着重讨论不同输入数据特征对预测模型的影响，以进一步揭示 GCN 模型的预测机理。神经网络作为数据驱动的拟合模型，如果训练数据集的预处理能够根据算例本身特点进行适当的特征表示，那么神经网络模型的学习效率和预测准确性将进一步提高。为了增加对算例的特征表示，输入模型的数据中包含有节点坐标信息、几何信息(节点到边界的垂直距离)和流动工况信息。其中，坐标信息为基本特征，虽然它能一定程度上表示几何，但不够直观。因此额外添加了节点到边界的最近距离信息来提升模型对几何变换的自适应能力，几何信息可视化形式如图 6.27 所示。

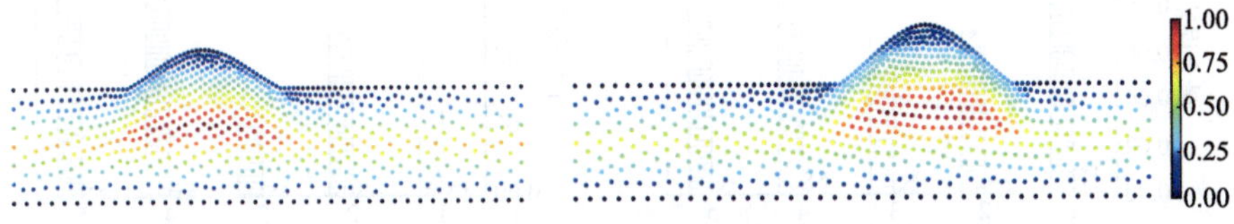

图 6.27　几何信息可视化形式

数据集中引入几何信息可以提高凸面特征在模型中的表达效率；类似地，引

入流动工况特征可以提高模型预测具有不同雷诺数(入口宽度不同导致算例具有不同雷诺数)的通道内流的效率。为了验证训练数据集中包含特征种类的不同对GCN模型训练的影响，本节研究比较了这些算例在不同预处理方法下模型的预测表现。研究对象分为两类：直通道内流的训练数据中携带雷诺数信息与否；三凸面通道内流的训练数据中携带几何信息与否。通过比较各个模型训练时损失值的迭代历史，以及最终在测试算例上的统计误差，来衡量不同模型之间的性能。结果如图 6.28 所示。

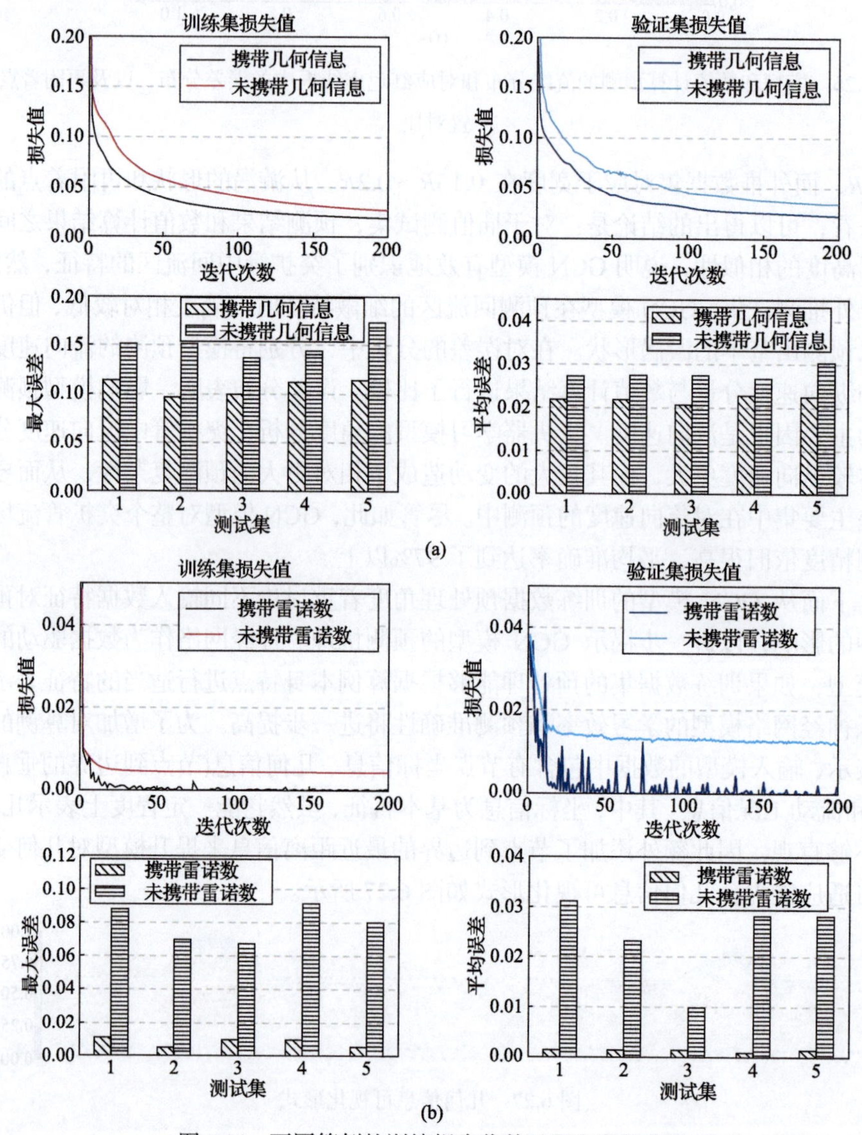

图 6.28　不同算例的训练损失收敛过程和误差分析

以上结果中所研究的算例，其验证过程中采用的方法、GCN 模型结构和训练过程都一致。就模型的收敛性能而言，通过向输入数据中添加适当的特征，相同迭代步骤下的损失函数值收敛程度更低，这意味着额外的特征使模型预测结果更接近数值计算结果。同样，从预测结果的误差分析中也可以看出，对于三凸面通道内流算例的输入数据特征表示中，在携带适当几何信息的情况下，模型预测结果的最大误差相比于未携带几何信息的模型改善了 22%，平均误差也改善了近 14.7%。在直通道内流算例中，引入工况信息到训练数据中对模型的改进更加显著，其中最大预测误差和平均误差的改进分别为 85.8%和 87.7%。由此可见，这两种附加信息对模型性能的改进差异明显，因此可以推断，并非任意的附加信息特征对模型性能的改进都是等效的，而是需要根据附加信息与原算例固有特征的相关性水平加以区分。例如，在三凸面通道算例中，所添加的附加信息主要用于增强模型对几何形状的感知。然而，节点的固有信息——坐标信息，本身具有一定的功能来帮助模型识别不同几何形状。因此，几何信息是一个低相关性特征。相反，直通道内流中的雷诺数(或入口宽度)信息非常重要，在数据集中引入该信息将直接影响模型辨识流动类别的能力。因此，雷诺数信息的引入等同于向 GCN 模型提供流动的物理特性，而这种特征在本书中被称为高相关性特征。

在计算流体中，边界处的流动非常重要。但由于这些位置的流动通常涉及流体与固体或其他介质之间的相互作用，导致边界处的流动相对其他区域更复杂。针对该问题，本节提出了一种解决方案，称为边界识别。具体来说，在突扩管内流问题的数据集中，添加了与下边界类型描述相关的信息到特征矩阵中：如果边界类型为对称面，则相应的节点特征设置为“1”；如果边界类型为壁面，相应的节点特征设置为“−1”；其他位置设置为“0”。根据上述方式将新特征添加到数据集，并训练模型。模型的损失值收敛过程以及预测结果均展示在图 6.29 中，同时与训练数据集中携带此类边界信息的模型预测结果进行了比较。

从模型的训练收敛来看，训练数据中携带对边界信息描述的模型，获得了更低的收敛值，并且模型的预测结果以及误差分布都比未携带边界信息的模型表现得较好。通过比较两种训练方式的模型所预测的流场分布，在模型训练未携带边界描述的预测结果中，壁面边界和对称边界两种情况的流场显示出一定的相似性。通过分析它们实际对应的真实流场，模型的预测结果似乎收敛到两种流动模式的平均值上。据此可以推测，当两种形式的流动无法被模型清晰区分时，模型的输出会趋向于收敛到平均结果，而这样的趋势可以使模型训练过程中的损失函数获得最小值。

损失函数对于神经网络模型来说，相当于模型参数在训练调优过程中的优化目标。本章中使用的图卷积降阶模型从节点层面准确描述了原网格的空间信息，可以充分表达网格的非均匀分布特性。而要充分利用这些特性，基于全局的 MSE

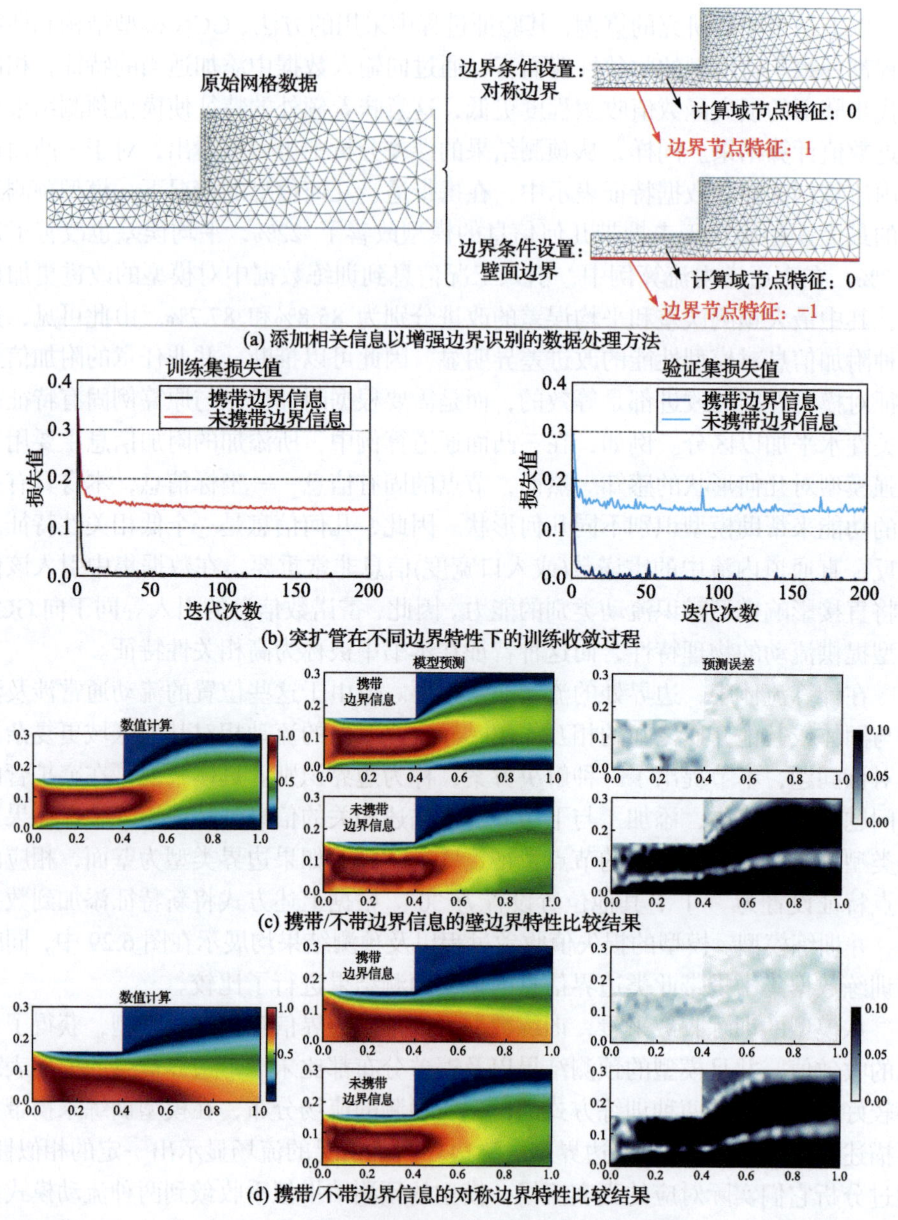

(a) 添加相关信息以增强边界识别的数据处理方法

(b) 突扩管在不同边界特性下的训练收敛过程

(c) 携带/不带边界信息的壁边界特性比较结果

(d) 携带/不带边界信息的对称边界特性比较结果

图 6.29　模型的损失值收敛过程以及预测结果

损失函数需要根据全局节点的拟合精度平均各个节点的权重，这显然不能满足对局部密集信息的关注。为了使模型能够更深入地识别节点密集区域的流动特性，本节引入了一个权重损失函数来增加模型对这些区域特征的识别。随后，GCN 模型分别使用全局损失函数和权重损失函数进行训练，以测试损失函数的修改对模型性能的影响。其中，全局损失函数为 Loss 1 = MSE 损失；权重损失为 Loss 2 = MSE 损失+WEIGHT 损失。选择突扩管内流作为测试算例，结果如图 6.30 所示。

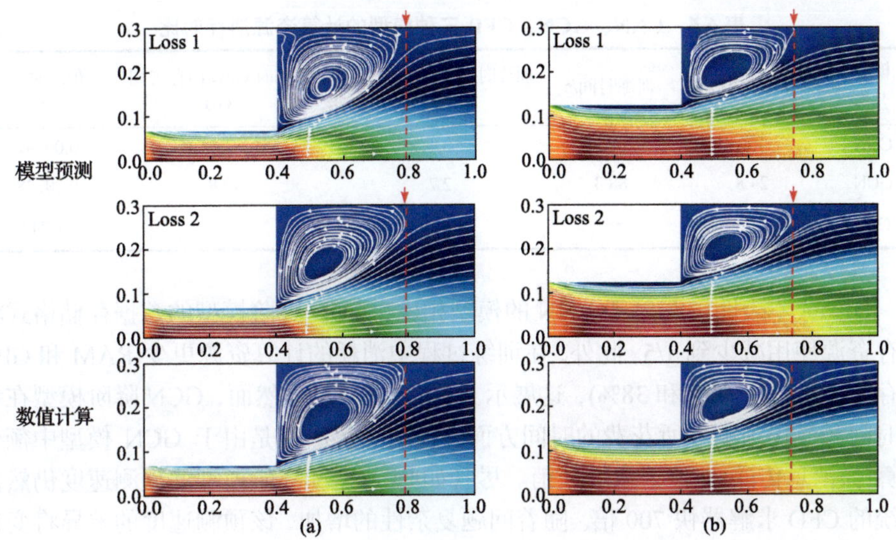

图 6.30　采用不同损失函数训练的模型和数值计算预测的流线比较

可以看出，在损失函数为 Loss 2 时，流场中在回流区域的流线明显比 Loss 1 模型的预测结果更加平滑。添加权重损失后，GCN 模型更准确地描述了回流区域流线的形状。该结果证实了可以通过修改损失函数来提高模型对非均匀分布数据的预测准确性。

关于上面提到的特征相关性和损失函数，有必要做出适当的总结，可将它们都视为神经网络模型的弱物理约束。值得注意的是，它们没有固定的设置规则，而是需要根据研究问题本身来进行合理的设置。特别是在流体动力学领域的应用中，流场涉及大量潜在的物理特性，而流场数据的维度高，信息量巨大。基于数据驱动的神经网络模型往往会在显式特征中“迷失”，从而忽视了隐式特征(例如，雷诺数信息、边界属性等)。因此，人为事先为网络模型构建弱物理约束是提高模型性能的有效方式。虽然在本节中仅研究了内部流动，但类似的约束可以扩展到外部绕流中。例如，对翼型空气动力学形状优化的研究，可以通过相关信息来增强翼型的形状，同时损失函数也可以修改以侧重于边界层中的流动。

最后对 GCN 模型的训练成本和预测时间进行考察。选取的研究对象为直通道内流算例，对比的对象为基于 CNN 的降阶预测模型，对比内容为模型各自生成的数据集需要占用计算机的存储空间、训练时间消耗和训练内存消耗。在比较过程中，两种模型的隐藏层数都设置为 6、训练迭代回合数(epochs)为 100、训练数据量为 100 个。同时在预测时间上与传统 CFD 求解器的时间成本进行了对比。

神经网络模型和数值求解分别在显卡型号为 NVIDIA GeForce-3070 的笔记本电脑和拥有 8 个内核的 Intel i7-9700 处理器上进行，结果如表 6.6 所示。

表 6.6　CNN、GCN、CFD 三种模型的计算资源消耗对比

模型名称	数据集大小/MB	训练时间/s	训练时 RAM 内存占用/GB	训练时 GPU 内存占用/GB	预测时间/s
CNN	150	60.2	3.4	1.3	0.00197
GCN	24.8	88.3	2.7	0.8	0.00228
CFD	—	—	—	—	1.74

计算成本表明，与基于 CNN 的模型相比，GCN 降阶模型的数据存储格式将内存资源使用减少到 1/5。此外，在训练过程中消耗的计算资源更少(RAM 和 GPU 内存分别减少了 20%和 38%)，这展示了 GCN 的优势。然而，GCN 降阶模型在训练时间和流场预测上所花费的时间方面并没有优势。这是由于 GCN 模型中额外计算(如消息传递)导致更多的开销。尽管如此，GCN 降阶模型的预测速度仍然比传统的 CFD 求解器快 700 倍。随着问题复杂性的增加，该预测速度的差异将变得更显著。

6.7　本 章 小 结

针对几何自适应的卷积降阶预测模型中存在的不足，本章提出了网格自适应的降阶预测模型。利用图神经网络对图数据进行特征学习的特性，将数值离散网格中节点的空间信息以及节点上的原有特征全部继承到图数据结构，从图数据中训练降阶模型的方式充分保留了原数据的精度，解决了卷积预测模型因像素化预处理造成的精度丢失问题。此外，图神经网络构建的降阶模型是从节点层面对特征进行学习，包括了节点的固有特性，以及节点与邻居节点之间的相互关系都被图神经网络纳入考虑。因此图神经网络能有效识别和区分网格的疏密性质，这对降阶模型应用在计算流体力学中最直观的提升是：可以提高模型对加密区域，或者说流动复杂区域的关注程度，进而提高模型在这些位置的预测准确度。

参 考 文 献

[1] 薄德瑜. 谱域图神经网络关键技术研究[D]. 北京：北京邮电大学, 2023.

[2] 张丽英, 孙海航, 孙玉发, 等. 基于图卷积神经网络的节点分类方法研究综述[J]. 计算机科学, 2024, 51(4): 95-105.

[3] 袁非牛, 章琳, 史劲亭, 等. 自编码神经网络理论及应用综述[J]. 计算机学报, 2019,42(1): 203-230.

[4] 张硕. 图数据库查询处理技术的研究[D]. 哈尔滨: 哈尔滨工业大学, 2010.

[5] 陈宇清, 顾汉洋, 沈秋平, 等. 竖直环管内的自然对流现象研究[C]//第十四届全国反应堆热工流体学术会议暨中核核反应堆热工水力技术重点实验室 2015 年度学术年会论文集, 2015: 7.

[6] Feng F, Li Y B, Chen Z H, et al. Graph convolution network-based surrogate model for natural convection in annuli[J]. Case Studies in Thermal Engineering, 2024, 57: 104330.

[7] Peng J Z, Wang Y Z, Chen S, et al. Grid adaptive reduced-order model of fluid flow based on graph convolutional neural network[J]. Physics of Fluids, 2022, 34(8): 087121.

[8] Nguyen M Q, Shadloo M S, Hadjadj A, et al. Perturbation threshold and hysteresis associated with the transition to turbulence in sudden expansion pipe flow[J]. International Journal of Heat and Fluid Flow, 2019, 76: 187-196.

第 7 章　物理嵌入方法对图卷积神经网络的学习和预测性能增强

7.1　引　言

前面几章中的降阶模型都是基于数据驱动的方式，它们的特点是从大量数据中学习潜在物理规律以重构流场或温度场。但在许多科学领域，获得大规模标注数据集的成本通常非常昂贵或难以实现。此外，数据驱动学习模型通常被称为“黑盒”模型，尽管它能从原始数据中学习复杂的特征表示，但模型所表示的特征往往是高阶形式，难以被人们直观地理解。将物理控制方程嵌入神经网络，可以在数据驱动模型基础上进一步提供额外的物理先验或专家知识，帮助模型更准确、更有效地进行预测和决策，甚至通过物理控制方程的约束模型能对无法直接测量的区域进行有效预测。这类模型被称为物理信息神经网络(PINN)[1]。在面对足够复杂的问题时，PINN 能够辅助模型更好地捕获到问题的本质规律，提高预测的精度和稳定性。尤其是在缺少大量标注数据情况下，PINN 能利用物理方程中的关系约束，降低模型的学习难度，增加模型的泛化能力。另外，通过将数据驱动学习与物理知识相结合，也有助于模型解释性的提高。物理控制方程的嵌入，使得模型预测和结果不再是完全的“黑盒”过程，从而有助于人们深入理解模型的工作原理。

本章通过研究 PINN 的基本原理，结合流体动力学关系式，搭建了基于 PINN 网络的流场降阶预测模型。根据前面章节的研究结论，本章探究了将 PINN 网络与图神经网络相耦合的方法，用于在非结构化网格上求解偏微分方程；提出了采用物理控制方程和标签数据双重约束的方式训练模型，改进了传统 PINN 网络无法自适应几何变化的缺陷；比较了由物理驱动的降阶模型与纯数据驱动的降阶模型在流场重构上的差异，以分析引入 PINN 网络给纯数据驱动降阶模型带来的优势。

7.2　基于物理嵌入耦合图卷积神经网络的传热流动预测模型构建方法

7.2.1　物理嵌入耦合图卷积神经网络的预测模型结构设计

构建物理神经网络的一般步骤为：①定义研究问题和物理方程；②构建神经

网络模型；③嵌入物理控制方程。第一步要确认所研究的科学或工程问题，并明确定义相关的物理方程。这些方程可以是偏微分方程、常微分方程或其他物理定律，目标是能通过它们描述问题的物理现象。第二步与传统纯数据驱动一致，即构建将输入数据映射到输出解的模型，本章使用的模型主体由图神经网络组成，另外同样设计了 CNN 和 FNN 模型作为对比研究。第三步将物理方程嵌入到神经网络中是 PINN 网络的关键步骤，采用的方法是在神经网络的损失函数中添加一个物理约束项，该约束项用于衡量模型(第二步搭建的模型)的输出与物理方程的一致性。这可以通过将物理方程代入损失函数并最小化损失来实现。实际上，第二步与第三步构建的分别是 PINN 网络的两个部分，即状态量求解部分和物理约束部分。图 7.1 中展示了本章所构建的 PINN 网络框架。

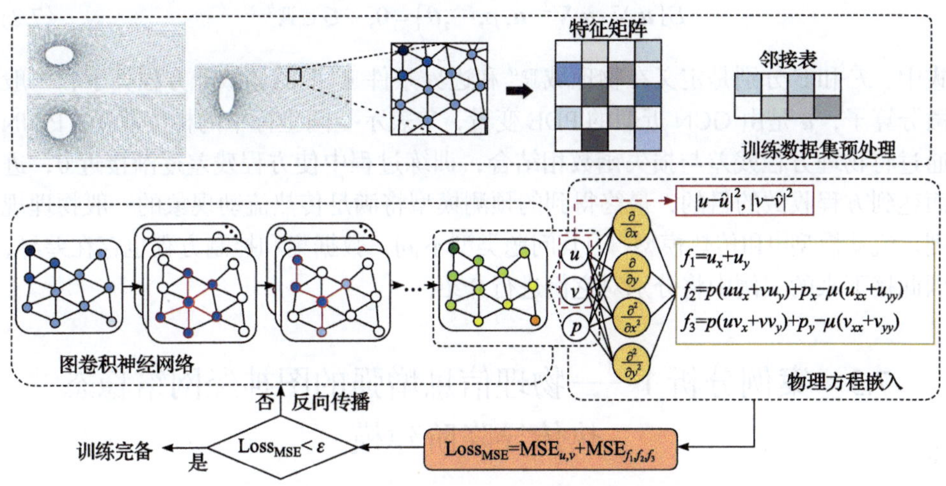

图 7.1　内嵌物理控制方程的降阶模型整体结构示意图

通俗来说，物理驱动模型是在原有数据驱动模型的基础上引入更复杂的损失函数约束，利用问题的物理先验知识来定义需要进行训练和优化的损失函数。在物理驱动模型中，网络输出层的状态量首先由自动微分器计算各个方向上的一阶或二阶导数，然后将这些结果代入预先设定的物理控制方程中计算残差。随着模型的反复训练，控制方程的残差逐渐收敛。当方程残差达到极小值或设定的阈值时，可以认为模型的预测结果符合物理控制方程的约束。

本章主要研究了流动算例和传热算例两种问题，旨在探讨物理驱动降阶模型在这两种问题中同时面临几何变化时的预测性能。然而，现有的 PINN 模型存在一些缺陷，其中最主要的是它们只能在固定几何条件下进行训练。当问题的几何形状发生变化时，必须重新训练 PINN 模型以适应新的几何条件并获得相应的控制方程解。为了解决这个问题，本章采用了混合数据驱动和物理驱动的方法[2]，在损失函数中引入模型输出与真实值之间的偏差项，以提高模型对几何变化的自适应性能。由于模型难以从控制方程中获得几何形状的结构信息，而通过偏差项模型能够更容易地捕捉不同几何形状之间的特征差异，从而提高模型训练的收敛效率。

7.2.2 物理信息神经网络

PINN 利用已知的物理原理来定义优化用的损失函数。本章通过以下通用方程来表示物理系统

$$\mathcal{F}\left(\boldsymbol{u},\nabla\cdot\boldsymbol{u},\nabla^2\cdot\boldsymbol{u},p,\cdots,\boldsymbol{\theta}\right)=0,\quad \mathcal{F}\in\mathbb{R}^d \tag{7.1}$$

$$\mathcal{B}\left(\boldsymbol{u},\nabla\cdot\boldsymbol{u},\nabla^2\cdot\boldsymbol{u},p,\cdots,\boldsymbol{\theta}\right)=0,\quad \mathcal{B}\in\mathbb{R}^b \tag{7.2}$$

式中，$\mathcal{F}$ 和 $\mathcal{B}$ 分别是定义在物理域 $\mathbb{R}^d$ 和边界条件 $\mathbb{R}^b$ 上的偏微分方程算子和一般微分算子，$\boldsymbol{u}$ 是由 GCN 近似的 PDE 变量，∇ 表示空间坐标中的梯度算子。PINN 通过将物理方程残差与损失函数相结合，训练过程中使方程残差逐渐接近 0，进而达到方程收敛的目的，最终得到的预测模型将满足传热流动现象的一般物理规则。流动模型[3]和传热模型[4]因其问题类型不同，数据集和控制方程也存在差异，因此接下来的案例中将分别对它们进行介绍。

7.3 案例分析 1——物理信息增强的图神经网络稳态热传导降阶建模

7.3.1 案例说明

对传热算例的研究主要包括热传导、强迫对流和自然对流等问题。不同问题的数据集设计以及物理控制方程上存在一些差异。

本节分析物理信息图神经网络的稳态热传导降阶模型[5]。热传导是热能传递的基本模式之一，在生活中无处不在，并广泛应用于工业换热器的设计与实施中。本节重点探讨了嵌入物理信息的图神经网络在几何位置变化下对温度场预测的自适应能力，并比较了纯数据驱动与物理信息嵌入两种方法下模型的表现。为了简化研究过程，选择了二维稳态热传导问题。模型主要由图卷积操作和基于热传导方程的损失函数构建。与经典的物理信息卷积网络相比，物理信息图神经网络无须使用像素化技术对数据进行预处理，而是直接从非结构化网格中学习流体动力系统的内在特征，从而保留了原始节点之间的空间结构属性。

7.3.2　训练数据与降阶模型构建

首先，在图 7.2 中描述了热传导问题的物理计算域和训练数据集的设计。

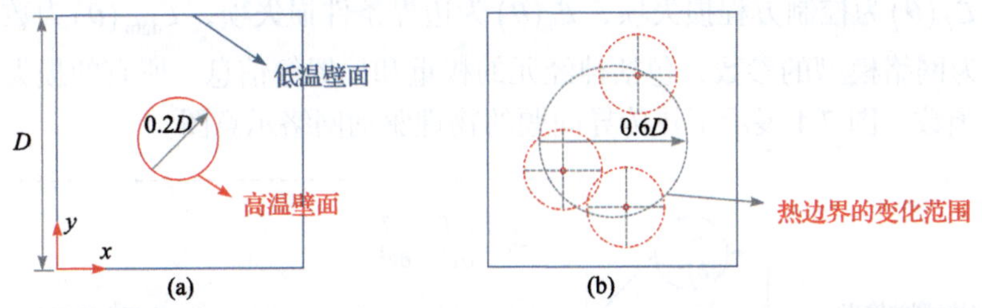

图 7.2　热传导计算域的边界条件设置和训练数据集的生成方法

热传导问题主要讨论在一个包含可移动圆形边界的有界方形计算域内二维稳态热传导情况。其中边界类型都为狄利克雷第一类边界条件，方形计算域的边界被设置为低温壁面，而计算域内的圆形边界被设置为高温壁面。为了简化控制方程，计算域内的可移动圆形边界不被视为移动热源，而是作为热边界处理。因此计算域内的热传导控制方程可以由一个二阶偏微分方程(拉普拉斯方程)来描述

$$\frac{\partial^2 T}{\partial x^2}+\frac{\partial^2 T}{\partial y^2}=0,\quad x\in[0,1],\quad y\in[0,1] \tag{7.3}$$

式中，$T(x,y)$为点(x,y)处的温度大小，边界条件定义如下

$$T(x,0)=T(x,1)=T(0,y)=T(1,y)=T_{\min},\quad T(x_i,y_i)=T_{\max},\quad x_i,y_i\in\phi_c \tag{7.4}$$

式中，ϕ_c 为计算域中的圆形热边界。

热传导图神经网络的运算过程主要包括两个部分：节点特征在节点之间的传递和节点特征在层之间的传递。其结构如图 7.3 所示。

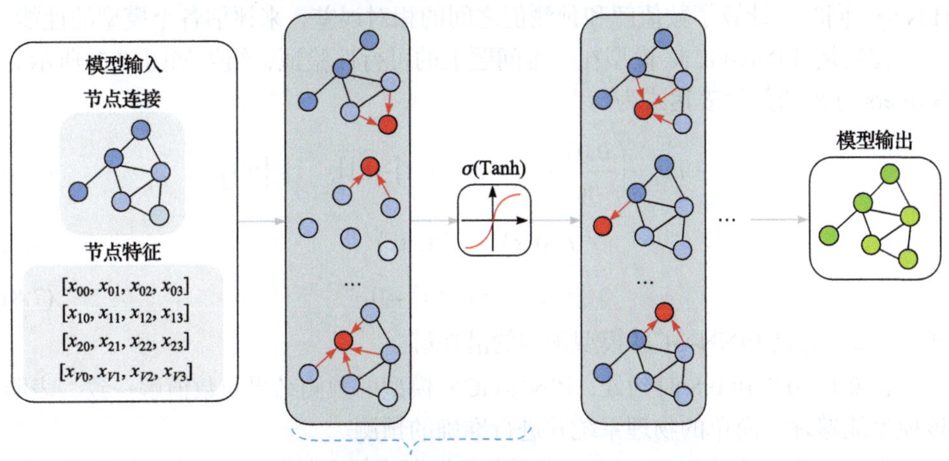

图 7.3　热传导图降阶模型结构

在当前问题中，采用混合方式训练降阶预测模型，相应的损失函数定义如下

$$\mathcal{L}(\boldsymbol{\theta})=\mathcal{L}_f(\boldsymbol{\theta})+\mathcal{L}_b(\boldsymbol{\theta})+\mathcal{L}_{\text{data}}(\boldsymbol{\theta}) \tag{7.5}$$

式中，$\mathcal{L}_f(\boldsymbol{\theta})$为控制方程损失项，$\mathcal{L}_b(\boldsymbol{\theta})$为边界条件损失项，$\mathcal{L}_{\text{data}}(\boldsymbol{\theta})$为数据损失项，$\boldsymbol{\theta}$为网络模型的参数，包括神经元的权重和偏置等信息，所有的损失项都是它们的函数。图 7.4 展示了热传导问题的物理驱动网络示意图。

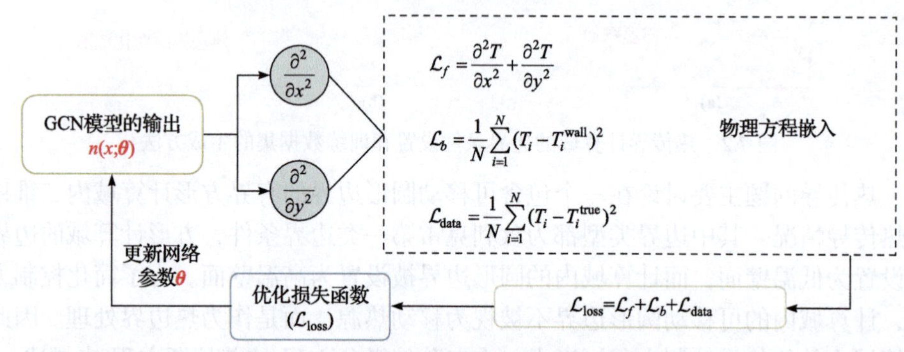

图 7.4　热传导问题的物理驱动网络示意图

7.3.3　预测结果与分析

本节主要讨论混合降阶模型在一维和二维传热问题上的预测能力，其中研究一维问题是对模型的可行性验证。使用公开的数据集，验证混合降阶模型在求解 Burgers 方程上的准确性。此外，在二维问题的测试中，还比较了四种不同网络结构的预测性能，它们分别是物理驱动的图神经网络(PINN-GCN)、物理驱动的全连接网络(PINN-FNN)、数据驱动的图神经网络(GCN)和数据驱动的全连接网络(FNN)。同时，计算了数值解和预测值之间的相对误差，来评估各个模型的性能。

首先是 PINN-GCN 模型在一维问题上的可行性验证，结果如图 7.5 所示。Burgers 方程的数学表达式为

$$u_t+uu_t-\left(\frac{0.01}{\pi}\right)u_{xx}=0,\quad x\in[-1,1],\quad t\in[0,1] \tag{7.6}$$

$$u(0,x)=-\sin(\pi x) \tag{7.7}$$

$$u(t,-1)=u(t,1)=0 \tag{7.8}$$

式中，$u(t,1)$是 PINN-GCN 模型预测的潜在解。

在 0.1、0.5 和 0.8 时刻处，PINN-GCN 模型的预测结果与数值解一致，表明该模型能够理解简单的物理系统并进行准确的预测。

本节更关注的是 PINN-GCN 模型在二维温度场上的预测准确性，以及模型本身的泛化性能。在接下来的测试中，使用了三个测试算例来验证 PINN-GCN 模型

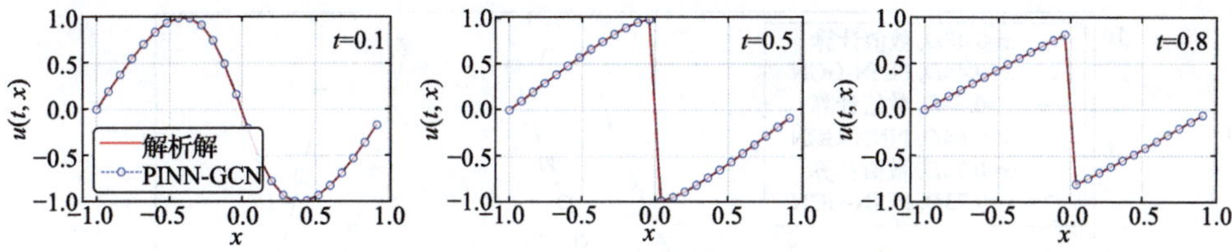

图 7.5　三个不同时刻下对比 PINN-GCN 模型预测和数值计算的结果

的性能，并将预测结果与数值计算进行了比较，结果如图 7.6 所示。模型经过迭代训练，其对计算域内温度场分布的预测上表现出了显著的准确性，所有的预测结果(云图分布、剖线采样)都与相应的数值解呈现出卓越的一致性。具体来说，温度大小的等值线图分布随着圆形热边界在计算域中移动，呈现出合理的形式，例如，热边界在接近壁面的位置处会表现出更大的温度梯度变化，说明模型准确捕获到了在几何位置变化影响下热物理量的传导原理。

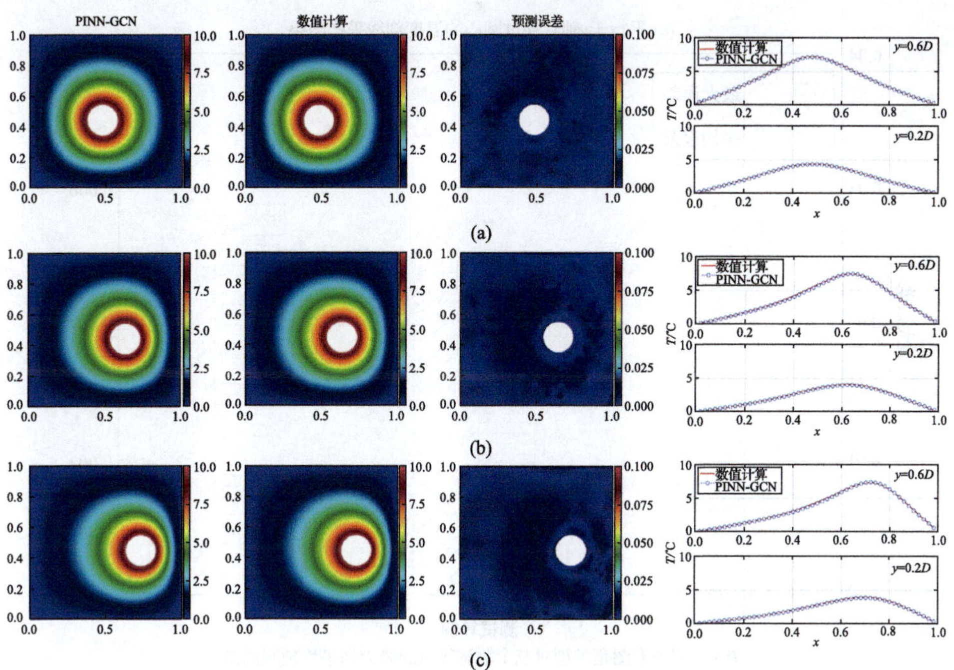

图 7.6　PINN-GCN 模型和数值计算方法的预测比较结果，以及温度场的剖线采样值

所展示的三个测试算例，每一个的热边界都分布在计算域中的不同位置，在固定纵坐标为 0.45D 的前提下，横坐标分别是 0.48D、0.64D 和 0.73D。为了进一步比较，结果中以经过圆心且平行于横轴的剖线(y=0.45D)为基准，对计算域中的温度值进行采样。在图 7.7(a)中不同颜色的线条分别代表三个不同的算例。每根线被分为左右两条，中间的间断是因为在热边界内部被假设为无热量分布。

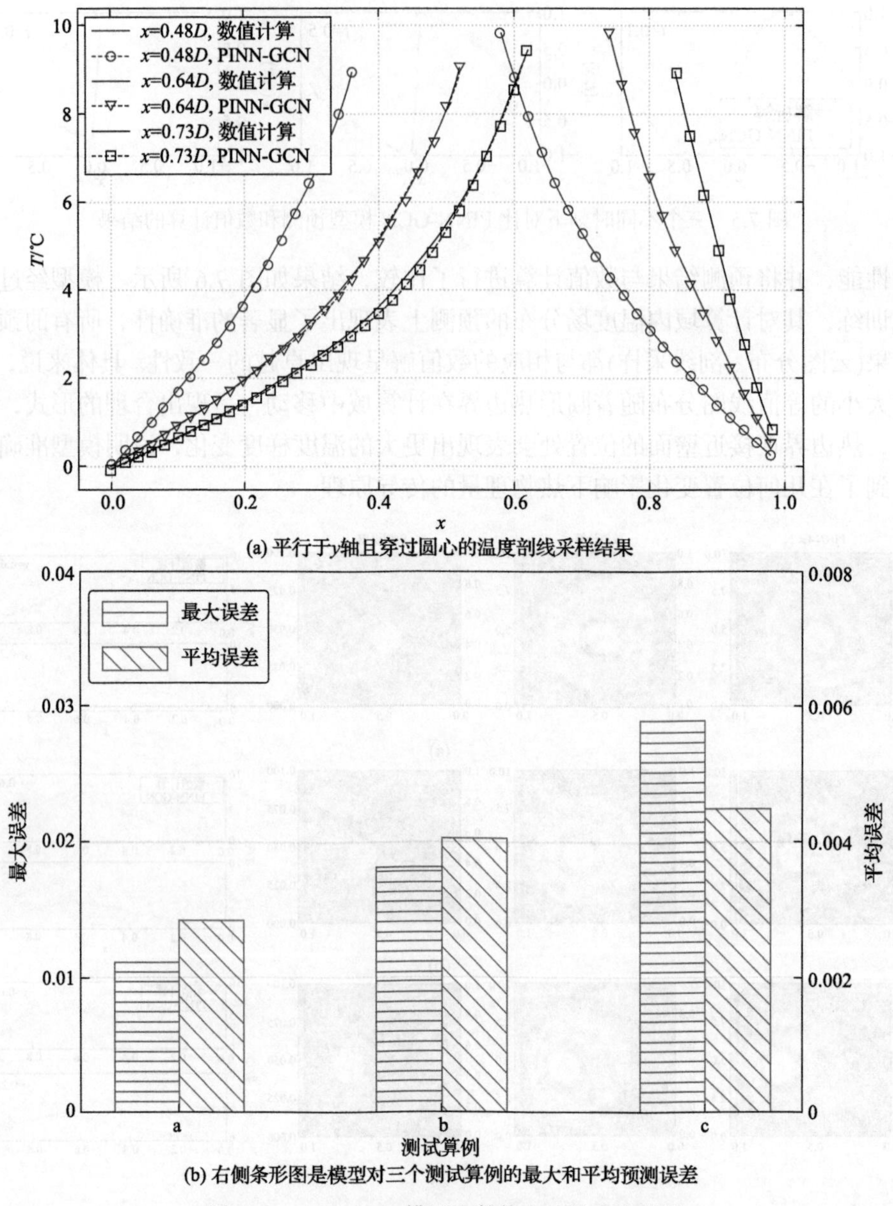

(a) 平行于y轴且穿过圆心的温度剖线采样结果

(b) 右侧条形图是模型对三个测试算例的最大和平均预测误差

图 7.7　PINN-GCN 模型和数值方法的实验结果

经过对结果的数值统计分析，每个算例预测结果的最大误差和平均误差值记录在图 7.7(b)中。可以明显发现，随着圆形热边界靠近冷壁面，模型预测的误差也在增大。尽管存在一些轻微偏差，但在所有三种算例下，最大的预测误差都低于 3%，平均误差也很小，低于 0.5%。这些结果表明 PINN-GCN 模型具有较高的预测准确性。

本节引入了基于图神经网络的物理驱动模型用于学习非欧氏计算域中的几何特征表示，同时让模型训练符合先验物理知识。为了证明这些模块引入的有效性，本节分别讨论了 PINN-GCN 模型相对于单一模块的优势，并对预测结果的精度进行了分析。在图 7.8 中展示了不同降阶模型以及数值计算的预测结果。

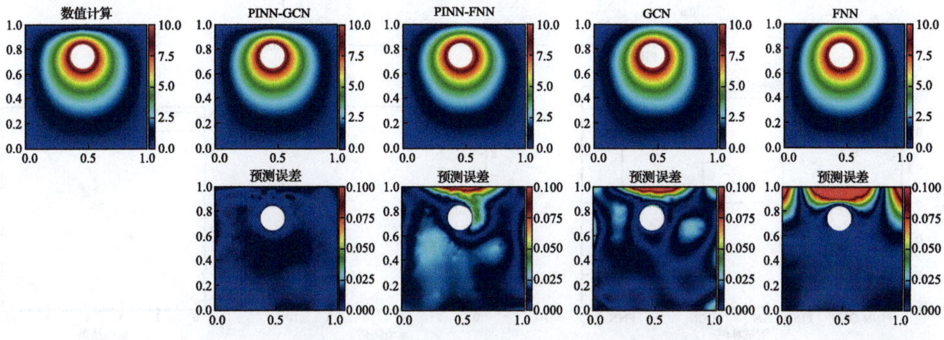

图 7.8　不同类型模型对同一工况的温度场预测结果比较

选取的测试算例是圆心坐标为(0.47D, 0.75D)的热边界，该算例中的热边界靠近计算域的上壁面，因此在接近冷壁面处有较为急促的温度变化。对比各个降阶模型给出的预测结果，只有 PINN-GCN 模型预测出了近似数值计算的结果。其他的降阶模型在接近冷壁面处并没有预测出合理的温度场，此外在物理驱动以及数据驱动的 GCN 模型和 FNN 模型对比中，GCN 表现都较 FNN 更好。因此，可以认为具有物理方程嵌入的模型或者图卷积神经网络的模型对边界处温度场的学习更高效。前者是因为在训练过程中将边界条件直接作为约束模型收敛的标准，后者是得益于图卷积网络的消息传递机制，相邻节点之间的特征传递更符合热传导机理，这使得它的性能优于全连接网络模型。值得注意的一点是，纯数据驱动的模型在训练数据充足的情况下，也能够捕获热传导的潜在机理。但本节设计的训练数据仅包含 20 个算例，在这种缺少训练数据情况下，具有物理方程嵌入的图卷积网络模型表现出了更佳的性能。更进一步地，本节针对误差结果进行了定量分析，以进一步诠释不同模块的引入对预测精度的影响，如图 7.9 所示。

柱状图显示，PINN-GCN 模型所预测的结果，不管是最大误差还是整体的平均误差，均小于另外三个模型。其中平均误差反映的是对整个计算域的预测效果，综合看来，不管是物理嵌入的全连接网络模型还是数据驱动的全连接网络模型，平均误差都相对较大。箱型图结果表明，PINN-GCN 预测温度场的相对偏差集中在 0 附近，而基于 FNN 网络的模型预测偏差大部分偏离了 0。最后使用 40 个测试算例评估各个模型的预测结果，以消除分析过程中的偶然误差，结果如图 7.10 所示。

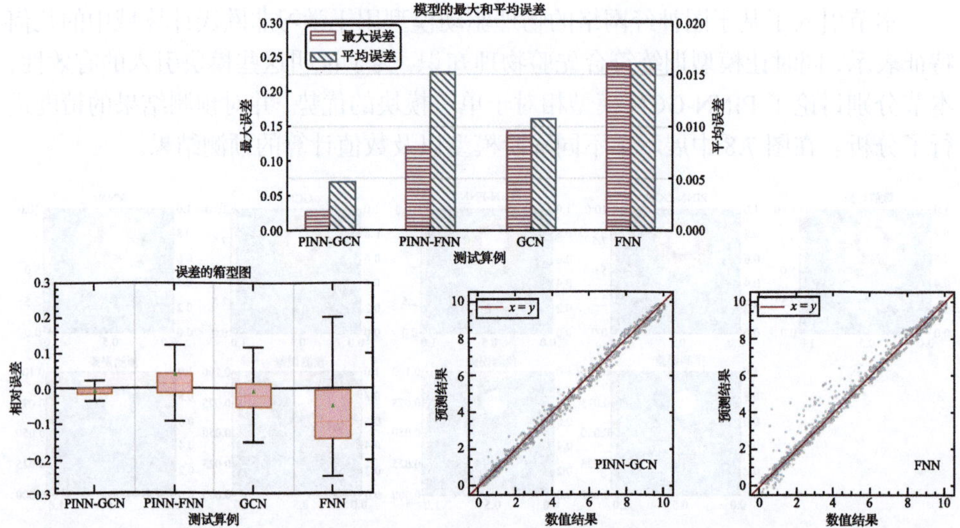

图 7.9 比较不同模型预测结果的最大和平均误差，以及相对误差的箱线图和散点分布图

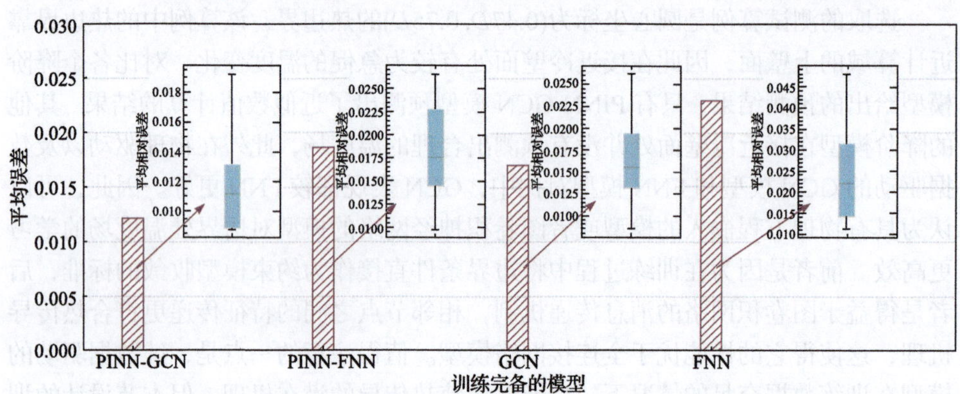

图 7.10 不同类型模型预测 40 个算例的温度场相对误差统计结果

图中统计了每个算例的预测相对误差，并将结果以箱型图的形式呈现，同时 40 个算例的相对误差平均值以柱状图形式呈现。总体来说，在预测二维热传导现象且训练数据量仅为 20 个算例的情况下，PINN-GCN 模型的平均误差最小，相比于物理驱动的全连接网络提升了 34.6%，比纯数据驱动的 GCN 提升了 28.1%，比纯数据驱动的 FNN 提升了 46.5%。这也进一步表明，全连接网络的学习方式在数据不足的前提下，由于缺乏对节点之间相互影响的考虑，预测结果整体出现较大的偏差。相比之下，具有图卷积网络的模型对整体温度场的预测偏差较小。由此也可以推断出，图卷积网络的引入使模型对二维温度场的热传导预测具有了更强的自适应性。

降阶预测模型最令人感兴趣的点是它有能力在同类别问题上进行高效鲁棒的

预测。例如，本节中用到的热边界位置不同的热传导算例。PINN-GCN 模型经过训练后对于给定计算域中任意位置的热边界，都能合理预测出温度场的分布。为进一步探究降阶模型的泛化能力，本节设计了椭圆形的热边界算例。对于仅使用圆形热边界训练的模型来说这是一个艰巨的预测任务，因为当前训练数据中并没有涉及椭圆的形状特征。仍旧采用对比不同模型预测结果的方式，对比结果如图 7.11 所示。

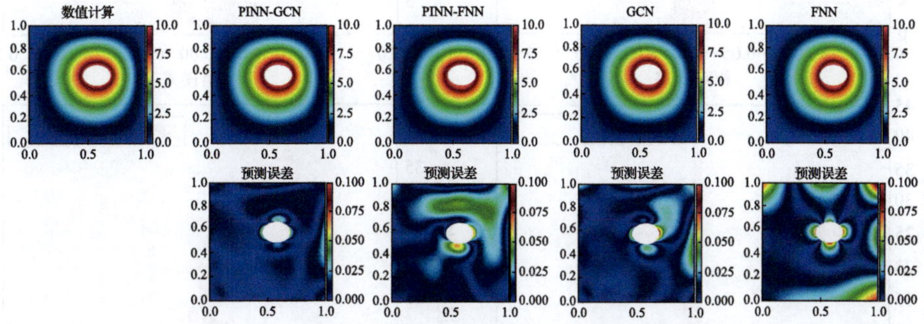

图 7.11　不同类型模型预测椭圆热边界温度场的结果比较

所选的测试算例是一个椭圆形热边界，其中心坐标为$(0.58D, 0.58D)$，长轴和短轴分别为 $0.24D$ 和 $0.18D$。由于椭圆形是从未在训练集中出现的几何形状，若能合理预测在椭圆热边界影响下的温度场，则能进一步证明模型的可扩展性能。结果表明，PINN-GCN 模型显示出相对较低的预测误差。由于热边界形状的显著变化，误差主要集中在边界上。此外，通过对比图神经网络和全连接神经网络的预测结果，不管是在物理驱动还是在数据驱动的框架中，GCN 模型都表现出比 FNN 模型更好的性能。可以推断，引入 GCN 使模型对几何变化更加敏感，增强了其对几何形状的自适应能力。为进一步分析，图 7.12 对各个测试算例进行了定量统计分析。

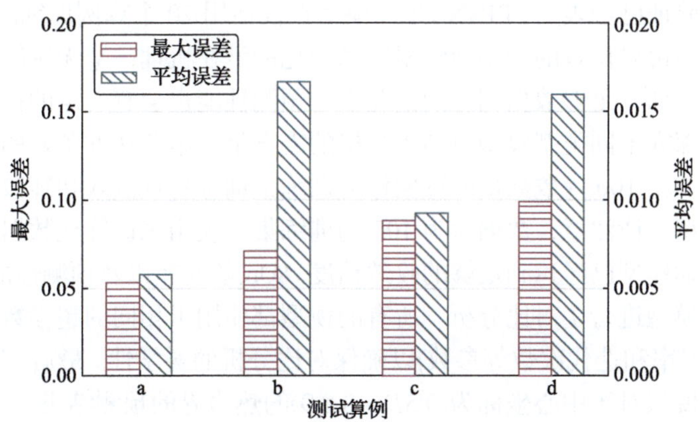

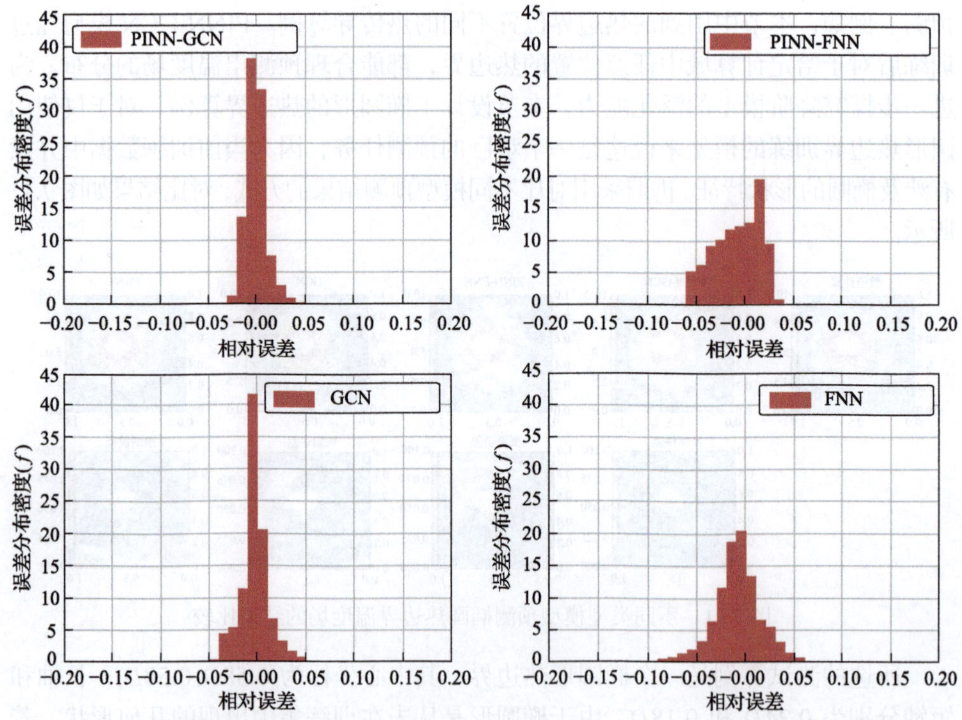

图 7.12　不同模型预测椭圆热边界温度场的最大和平均误差，以及相对误差频率分布比较

图中首先展示了每个算例的预测最大误差和平均误差，随后可视化了每个算例的误差分布密度。结果表明，PINN-GCN 模型对大多数节点的预测相对误差低于 5%。尽管纯数据驱动 GCN 的相对误差在±5%的范围内分布，但其最大误差较 PINN-GCN 模型更大。此外，可以明显从基于 FNN 网络的模型预测结果中发现，相对误差分布于 0 附近的数量要比基于 GCN 网络的模型少一半，说明 FNN 模型对整个计算域中温度分布的预测准确性较低。

前面的验证已经表明，PINN-GCN 模型在仅使用 20 个算例训练的情况下，能有效学习到热边界位置的变动导致温度场变化的潜在机理。毫无疑问地，纯数据驱动的框架在拥有足够数据训练的情况下，预测性能也会有一定的提升。因此，为了进一步探究不同类型模型对训练数据的需求量，本节从准备好的数据库中分别选取 20、50、100 等数据量的算例作为训练集训练物理嵌入和纯数据驱动的图卷积网络模型。请注意，数据量为 100 的训练集，仅用来训练纯数据驱动模型，因为物理驱动模型已经达到足够的收敛精度。从收敛残差以及预测性能两个方面，本节对各个模型进行了对比分析。所有的模型都使用了相同的超参数(包括层数、节点数、学习率和迭代次数等参数)以确保对比分析的科学性。最后，图 7.13 比较了这些训练模型对于中心坐标为$(0.5D，0.8D)$的热边界的预测结果。

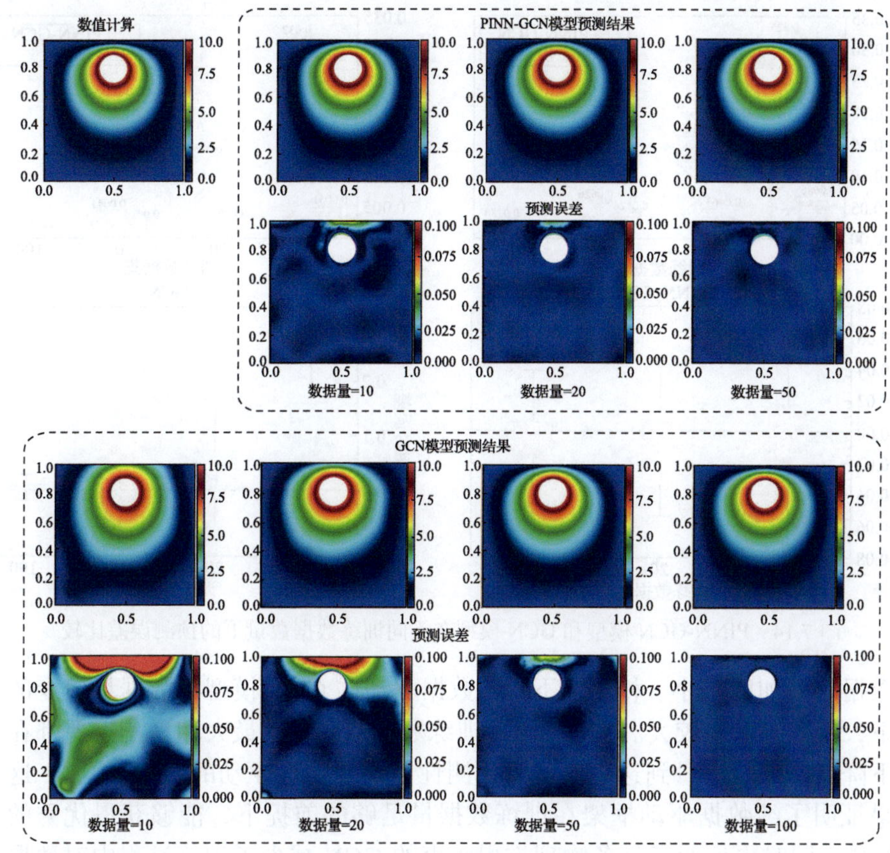

图 7.13　不同训练数据量下 PINN-GCN 和纯数据驱动的 GCN 的预测性能比较

由于已经证明了图卷积网络在当前工作中的优越性能，测试模型仅选取了基于图卷积网络的纯数据驱动框架和物理嵌入框架。结果表明，训练的数据量都会影响到这两种框架，训练数据量越多，模型预测性能越强。然而，纯数据驱动框架受到数据量的影响更大，从温度场的分布上看，训练数据量为 10 或 20 的训练模型在热源接近冷壁面处的温度预测结果偏差较大，其中数据量为 10 的训练模型甚至无法学习到冷壁面处合理的温度分布。当训练数据量超过 50 后，纯数据驱动框架才表现出较强的预测性能。不同的是，PINN-GCN 模型即使是在训练数据量为 10 的情况下，预测的温度场也能与数值计算结果相似。为进一步定量比较这些算例中的差异，在图 7.14 中记录了它们的统计分析结果。

PINN-GCN 模型仅使用不到 50 的数据量进行训练，因此图中 100 数据量没有相应的统计结果。这是因为当训练数据量超过 20 时，PINN-GCN 模型所预测温度场的最大和平均预测误差没有显著改善。在预测温度场的相对误差分析中，可以看到 PINN-GCN 模型的预测误差都分布在 0 附近，并且最大的相对误差随着训

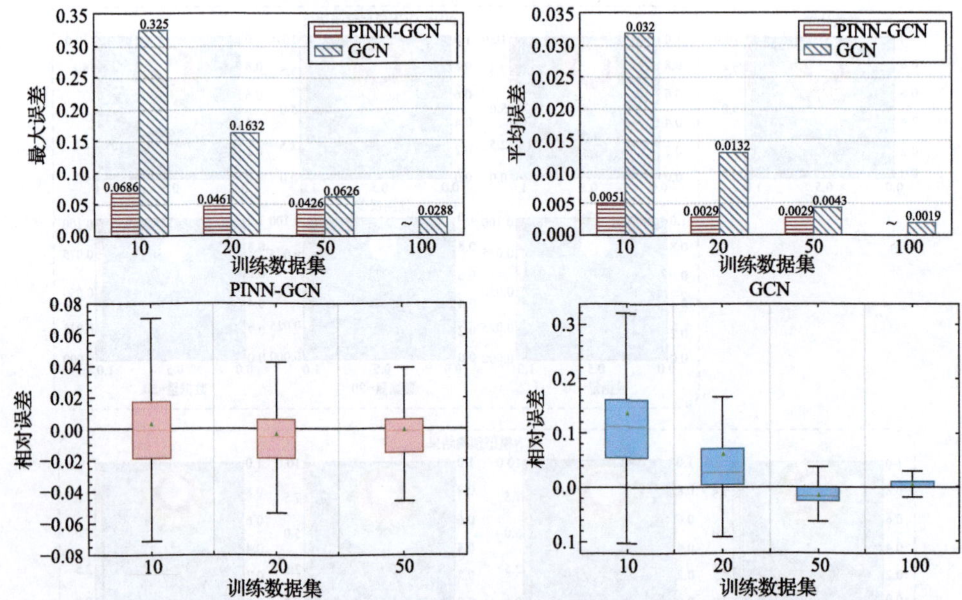

图 7.14　PINN-GCN 模型和 GCN 模型在不同训练数据数量下的预测误差比较

练数据的增加而减小。相比之下，纯数据驱动的 GCN 模型在数据量较少的情况下，预测的偏差较大。然而，随着训练数据量增多，最大和平均误差都在急剧下降，并在数据量到达 100 之后预测性能反超物理驱动的 GCN 模型。这一结果证明了纯数据驱动框架在训练数据量足够的前提下，能够获得优秀的泛用性能；同时也证明了具备物理方程约束的 GCN 减少了训练过程中对数据量的依赖。

最后，结合图神经网络计算原理和热传导物理规律，本节进一步讨论 PINN-GCN 模型用于热现象预测的合理性，这也是为后续研究提供完整的理论支撑。众所周知，在没有外界干预的情况下，热量从温度高传播到温度低的地方并且不可逆。根据牛顿冷却定律的描述，热量传递的速度正比于温度梯度，直观上就是计算域中的某节点 A 温度高，另外一个节点 B 温度低，当这两个地方接触时，温度高的地方的热量会以正比于它们温度差的速度从 A 流向 B。

下面以一维热传导模型为例展开讨论，假设一个均匀的一维链条物体，链条上每一个单元拥有不一致的温度，温度在相邻的不同单元之间传播。对于第 i 个节点，它只与 i-1 与 i+1 两个节点相邻，接受它们传来的热量，设第 i 个节点的温度为 T_i，那么在时刻 t 就有

$$\frac{\mathrm{d}T_i}{\mathrm{d}t}=k\left(T_{i+1}-T_i\right)-k\left(T_i-T_{i-1}\right) \tag{7.9}$$

公式的右侧是二阶差分，将离散空间中相邻位置的差分推广到连续空间就是

导数，那么二阶差分就是二阶导数，也就得到一维空间的热传导方程

$$\frac{\mathrm{d}T}{\mathrm{d}t}-k\frac{\partial^2 T}{\partial x^2}=0 \tag{7.10}$$

在高维的欧氏空间中，一阶导数推广到梯度，二阶导数就是拉普拉斯算子

$$\frac{\mathrm{d}T}{\mathrm{d}t}-k\Delta T=0 \tag{7.11}$$

式中，Δ 是对各个坐标二阶导数的累加和。

同样是一维的热传导模型，现在用图论对模型进行解析，即将热传导推广到拓扑空间进行分析。此时图的每个节点只与其相邻(有边连接的)的节点之间产生热交换。假设热量流动的速度依然满足牛顿冷却定律，研究任一节点 i，它的温度在时刻 t 的变化可以用下式来描述

$$\frac{\mathrm{d}T_i}{\mathrm{d}t}=k\sum\nolimits_j A_{ij}\left(T_i-T_j\right) \tag{7.12}$$

式中，$\boldsymbol{A}$ 是邻接矩阵。值得强调的是，对这个矩阵中的每一个元素 A_{ij}，如果节点 i 和 j 相邻，那么 $A_{ij}=1$，否则 $A_{ij}=0$。那么该公式正好表示了只有相邻的边才能与节点 i 产生热交换且热量输入正比于温度差。若对公式做进一步推导

$$\frac{\mathrm{d}T_i}{\mathrm{d}t}=k\left[T_i\sum\nolimits_j A_{ij}-\sum\nolimits_j A_{ij}T_j\right]=k\left[\deg(i)T_i-\sum\nolimits_j A_{ij}T_j\right] \tag{7.13}$$

式中，deg 代表对节点求度，一个节点的度被定义为这个节点有多少条边连接；$\sum\nolimits_j A_{ij}T_j$ 可以认为是邻接矩阵的第 i 行对所有节点的温度组成的向量做了一个内积。当考虑全部的节点，用 $\boldsymbol{D}$ 表示所有节点构成的度矩阵，定义向量 $\boldsymbol{T}=\left[T_1,T_2,\cdots,T_n\right]$，则有

$$\frac{\mathrm{d}\boldsymbol{T}}{\mathrm{d}t}=k\boldsymbol{D}\boldsymbol{T}-k\boldsymbol{A}\boldsymbol{T}=k\left(\boldsymbol{D}-\boldsymbol{A}\right)\boldsymbol{T} \tag{7.14}$$

式中，$\tilde{\boldsymbol{A}}=\boldsymbol{D}-\boldsymbol{A}$ 是拉普拉斯矩阵，将其代入上述公式后，对比在连续欧氏空间中的微分方程，可以发现两者满足相同形式的微分方程。不同点在于，图论将问题从欧氏空间的连续分布转换到拓扑空间上的有限节点。若将图中各个节点流动的热量看成特征，那问题就可以推广到图卷积网络。因为图卷积网络的实质就是描述在一幅图中的特征和消息的传播和流动规律。在本节的研究中，将问题转换成图的拓扑结构后，最大的优势是图数据直接继承了网格的结构特征，保留了固有的网格特征，包括原始网格的细化和稀疏区域。因此，原始数据的准确性得以保持，使得图数据比像素化矩阵数据具有更优越的性能。

7.4　案例分析 2——物理信息增强的图神经网络强迫对流降阶建模

7.4.1　案例说明

本节分析物理信息嵌入图神经网络的稳态热对流降阶模型，重点探讨嵌入物理信息的图神经网络在几何位置变化以及强迫流动影响下对温度场预测的自适应能力。框架中图神经网络用来辨识流场中的几何信息，而物理信息神经网络使模型训练过程中受到控制方程的约束，相比于纯数据驱动模型，它可以用更少的训练数据使预测模型表现出较好的性能，增强了模型的物理可解释性[6]。

7.4.2　训练数据与降阶模型构建

图 7.15 对强迫对流问题的物理计算域以及训练数据集的设计进行了展示。

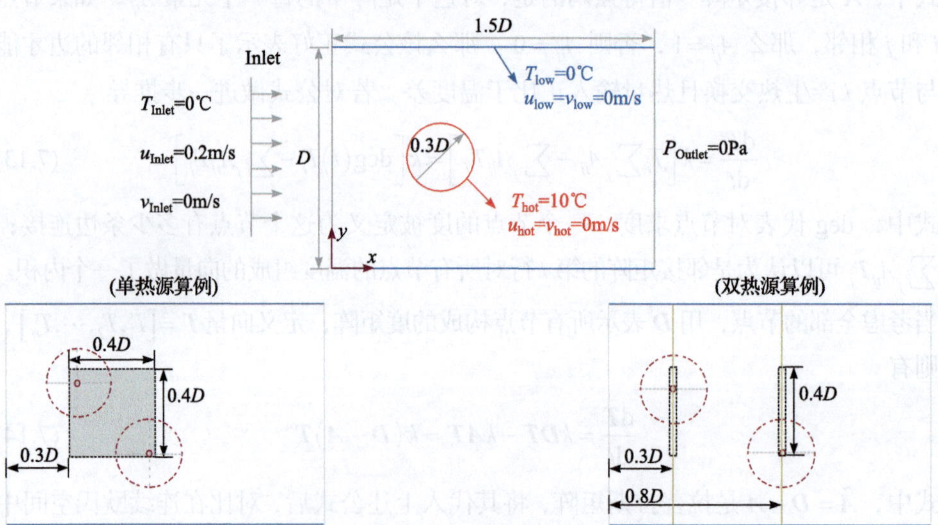

图 7.15　强迫对流计算域的边界条件设置和训练数据集的生成方法

热对流问题所选取的算例同样是二维稳态流动中的热传导。与热传导不同之处是计算域设置有入口边界，此处有固定的来流速度大小。上下壁面依旧是狄利克雷第一类边界条件，在图中由蓝色线条表示，同时还表示此处为低温壁面。相对应地，图中红色线条表示高温边界。为了确保混合降阶模型对热边界在计算域中的任意分布都具有鲁棒性，训练集中准备了足够数量的样本。热边界中心的可移动范围用灰色区域表示。计算域内的热对流现象可以通过以下控制方程表示

$$\frac{\partial u}{\partial x}+\frac{\partial v}{\partial y}=0 \tag{7.15}$$

$$\rho\left(u\frac{\partial u}{\partial x}+v\frac{\partial u}{\partial y}\right)+\frac{\partial p}{\partial x}-\mu\left(\frac{\partial^2 u}{\partial x^2}+\frac{\partial^2 u}{\partial y^2}\right)=0 \tag{7.16}$$

$$\rho\left(u\frac{\partial v}{\partial x}+v\frac{\partial v}{\partial y}\right)+\frac{\partial p}{\partial y}-\mu\left(\frac{\partial^2 v}{\partial x^2}+\frac{\partial^2 v}{\partial y^2}\right)=0 \tag{7.17}$$

$$u\frac{\partial T}{\partial x}+v\frac{\partial T}{\partial y}-\alpha\left(\frac{\partial^2 T}{\partial x^2}+\frac{\partial^2 T}{\partial y^2}\right)=0 \tag{7.18}$$

式中，ρ 是流体的密度，μ 是动态黏度，α 是热扩散率。

强迫对流图神经网络降阶模型的结构如图 7.16 所示。

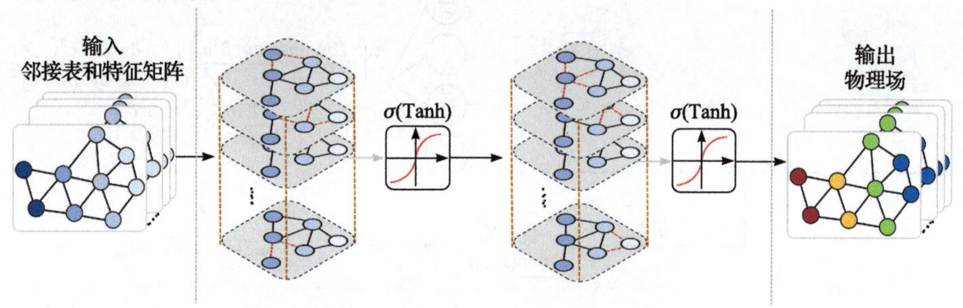

图 7.16　强迫对流图降阶模型结构

同样地，在强迫对流问题中采用混合方式训练降阶模型，损失函数同样由控制方程项、边界条件项和数据损失项构成。图 7.17 为热对流问题的物理驱动网络示意图。

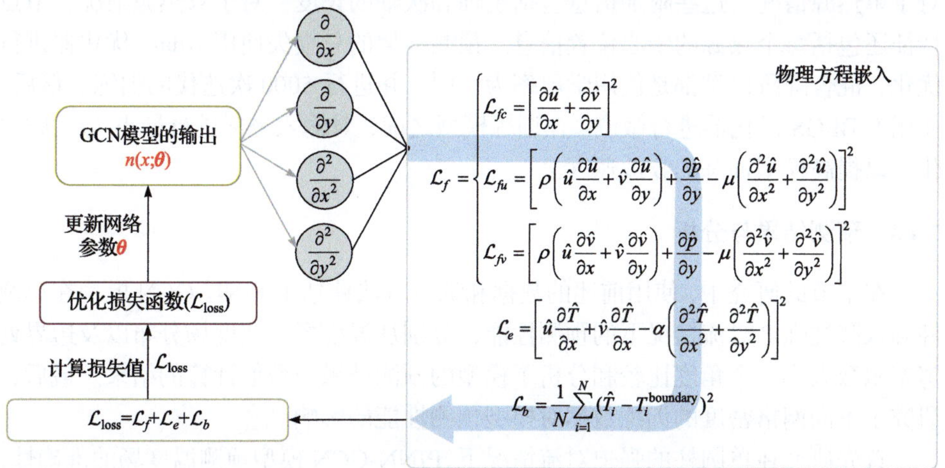

图 7.17　热对流问题的物理驱动网络示意图

以上问题所考虑的过程都是稳态，所以在损失函数中不考虑时间项和流动的初始条件。在混合降阶模型的训练中，除了训练物理信息神经网络之外，还训练了一个纯数据驱动的神经网络用于对比。这两个网络的训练流程如图 7.18 所示。

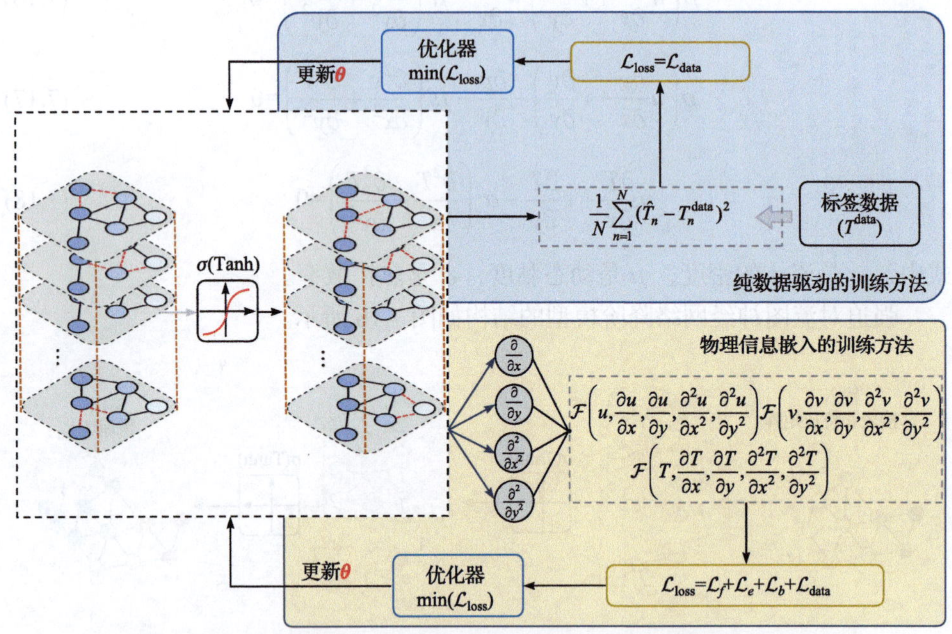

图 7.18　基于图神经网络的纯数据驱动预测模型和采用物理驱动的预测模型

为了使混合降阶模型能够在训练过程中有效区分不同的几何特征，每个图数据节点上的特征不仅包括坐标信息，还包括与不同构型相关的附加信息。例如，对于单热源情况，这些附加信息包括主轴和次轴的长度。对于双热源情况，节点特征还包括每个热源的中心位置信息。预测框架的总损失使用 Adam 优化器进行优化，混合降阶模型都是使用学习率为 10^{-4}，并进行 5000 次迭代的训练。最后，使用 L-BFGS 优化器进行微调。在训练模型之前，对输入坐标进行最小-最大归一化，以提高模型训练的收敛速度。

7.4.3　预测结果与分析

在本节的研究中，使用前述的数据和训练方法评估了 PINN-GCN 模型在单圆柱和双圆柱强迫对流情况下的预测性能，分别从温度场、速度场分布以及边界处努塞尔数大小三个角度比较和分析了模型的预测结果与数值计算的结果。最后，研究了不同网格密度的训练数据对模型预测性能的影响。

首先研究在单圆柱的强迫对流情况下，PINN-GCN 模型预测温度场的准确性，结果如图 7.19 所示。所使用到的三个测试算例中，圆形热边界的中心坐标分别为

[0.55, 0.65]*D*、[0.39, 0.48]*D* 和[0.36, 0.37]*D*。

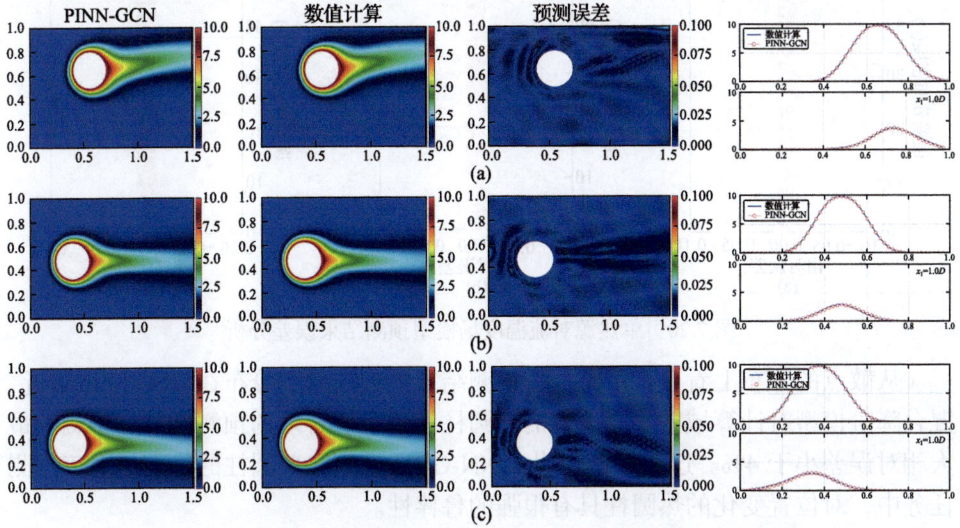

图 7.19　单热源的对流温度场模型预测与数值计算结果对比

下面将 PINN-GCN 模型的预测结果与数值计算结果进行了定量比较。通过观察温度场的云图分布，所有模型的预测结果都与数值计算结果非常接近。此外，由于上下壁面均为狄利克雷边界条件，当加热的圆柱靠近上部或下部的壁面时，尾流受到冷边界影响并向其扩散，这一现象也被 PINN-GCN 模型准确学习到。这是因为在模型训练阶段，损失函数受到了控制方程和边界条件的约束。当训练结束时，所有损失值降低并收敛在较低水平，表明模型逼近了标签数据且预测的解满足物理方程和边界条件。图 7.19 最右侧更直观地比较了预测结果与数值计算结果的差异。以两条垂直于横轴的剖线 x_1=1.0*D* 和靠近圆柱右端的剖线 x_2 为基准，对计算域中的温度值进行采样。剖线上温度分布基本与数值计算结果贴合，进一步说明了模型预测的准确性。随后，对误差的定量分析结果展示在图 7.20 中。

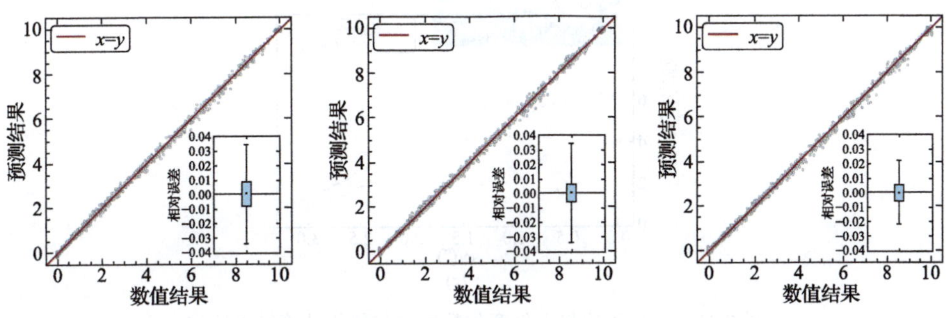

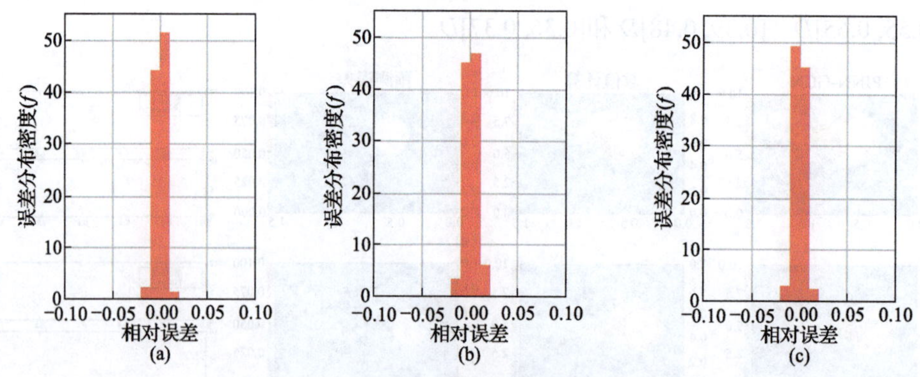

图 7.20　单热源对流温度场模型预测结果误差分析

从散点的分布上看，三个算例的预测结果绝大部分都分布在 CFD 结果附近，混合降阶模型对计算域中不同位置的热圆柱都给予了合理的预测，并且预测的最大相对误差小于 4%。这些结果表明 PINN-GCN 模型在单圆柱的稳态热对流预测任务中，对位置变化的热圆柱具有很强的鲁棒性。

随后本节对预测温度场的努塞尔数进行了比较。在图 7.21 中，分析了局部努

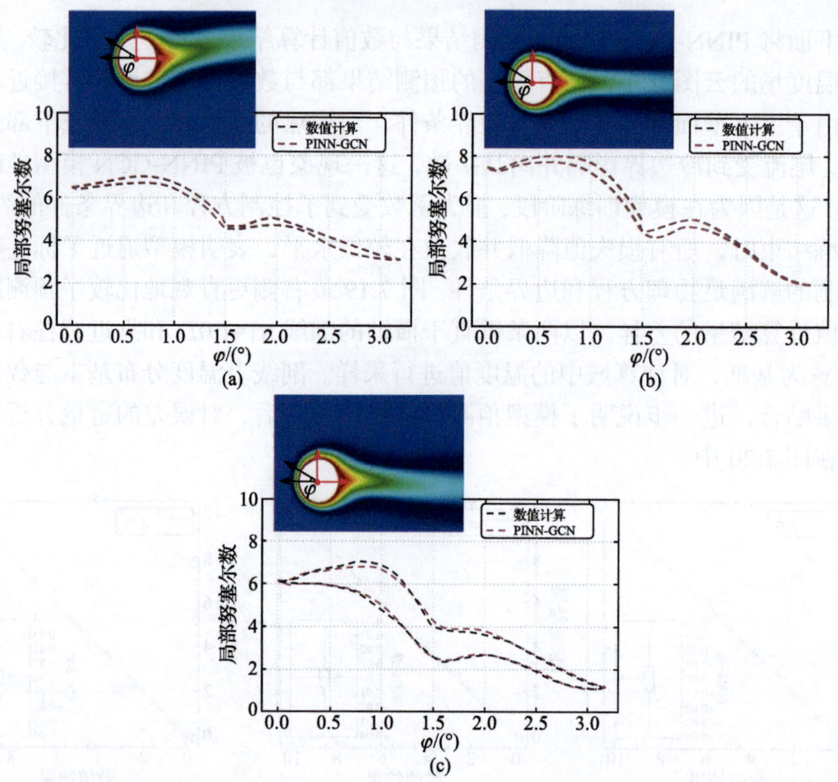

图 7.21　单热源边界上努塞尔数预测与数值计算结果比较

塞尔数沿热圆柱表面法线方向的分布。黑色曲线表示数值计算的努塞尔数，红色曲线表示模型预测的努塞尔数。

比较三条曲线可以看出，模型预测与数值计算的努塞尔数吻合良好。努塞尔数与温度分布的梯度成正比，且峰值出现在热圆柱的前部。经过计算，三个算例预测误差相比于数值计算结果分别是 1.09%、2.67%和 1.49%。这些结果表明 PINN-GCN 模型对边界处的温度预测具有较高的准确性，同时也表明了在损失函数中添加边界项有利于降阶模型在边界处的预测收敛。

除此之外，为了验证 PINN-GCN 模型对流动控制方程和能量方程的全面耦合，在图 7.22 中将 PINN-GCN 模型预测的速度场与数值结果进行了比较。其中，模型对流场局部区域速度大小的预测性能也通过流线分布进行了展示，所选取的测试算例与温度场中使用的算例一致。

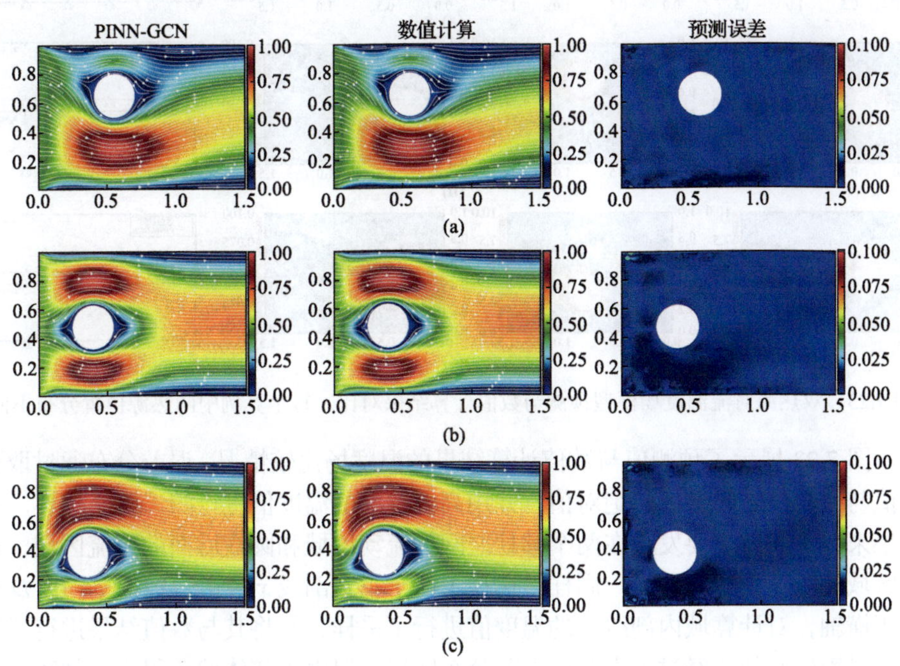

图 7.22　单热源速度场模型预测与数值计算结果对比

从预测速度场的分布和流线的轮廓可以看出，PINN-GCN 模型在整体流场和局部区域的预测都与数值计算结果一致。换句话说，PINN-GCN 模型预测的所有速度轨迹都满足控制方程的解。这是因为在模型训练过程中强制执行了流动控制方程。通过比较两者之间的数值差异，整个流场的平均预测误差小于 1%。此外，PINN-GCN 模型表现出很高的稳定性，因为它在圆柱不同位置的预测结果中都实现了高精度。这些结果表明 PINN-GCN 模型具有捕捉和预测流动特性的强大能力。此外，这种一致性意味着 PINN 在训练过程中有效地耦合了所有控制方程，使降阶模型能够在较短的时间内提供可靠的速度场估计。

为了更进一步验证所提出的模型在几何自适应上的性能，本节额外在训练数据中设计了包含两个热圆柱的算例。考虑到圆柱之间的相互作用，这种情况的复杂性高于单个圆柱的情况，有助于进一步验证模型的性能。所使用的测试案例如图 7.23 所示，每个案例都包含位于不同位置的热圆柱。可以观察到，由于圆柱的不同相对位置，温度场的分布存在显著差异。

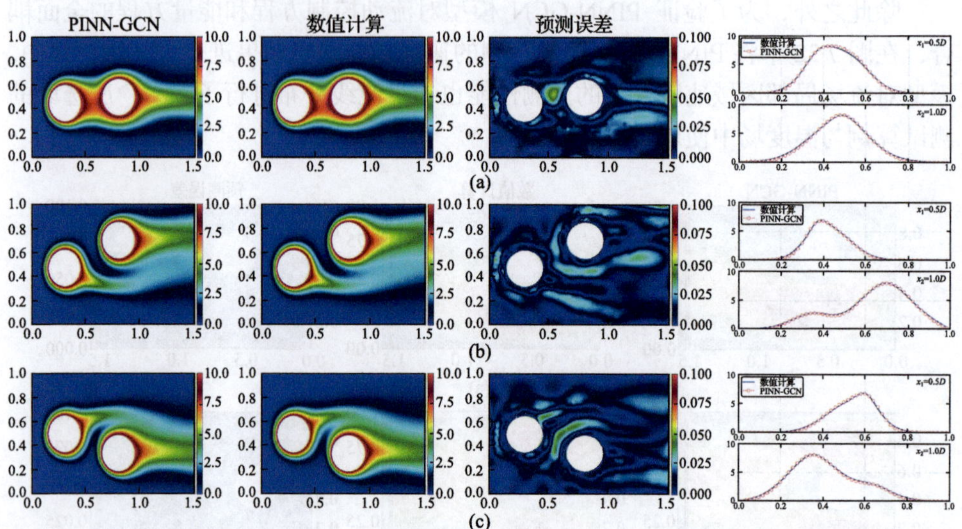

图 7.23　双热源对流温度场模型预测与数值计算结果对比，每个算例中两热源位置分布不同

图 7.23 展示了预测值与数值计算结果的温度场比较情况。误差分布通过取预测值与模拟值之间差值的绝对值，并用高温壁面的温度值进行归一化来构建。从结果来看，误差主要发生在两个圆柱之间的流动区域和圆柱后面的尾流区域，这些区域的温度梯度特别高。同样，选择了两个垂直剖线 $x_1 = 0.5\,D$ 和 $x_2 = 1.0\,D$ 垂直于横轴，对计算域内剖线上的温度值进行了采样，并将其与数值结果进行了比较。尽管这些剖线经过了主要的误差分布区域，但由于整体偏差很小，剖线上采样的预测结果与计算结果基本一致，表明模型预测的高准确性。

在误差的定量分析中，三个测试算例的最大误差和平均误差，以及相对误差的频率分布密度图的结果如图 7.24 所示。

这三个算例的最大误差和平均误差都相对较小，小于 6.3%和 1%。此外，相对误差表明大量的预测结果分布在接近 0 的附近。然而，在算例 a 中预测结果接近 0 的分布密度相对较小。基于对算例 a 中两个圆柱分布的分析，在两个圆柱之间发生了从高到低再到高的温度迅速变化，这种典型的温度场分布导致了模型的

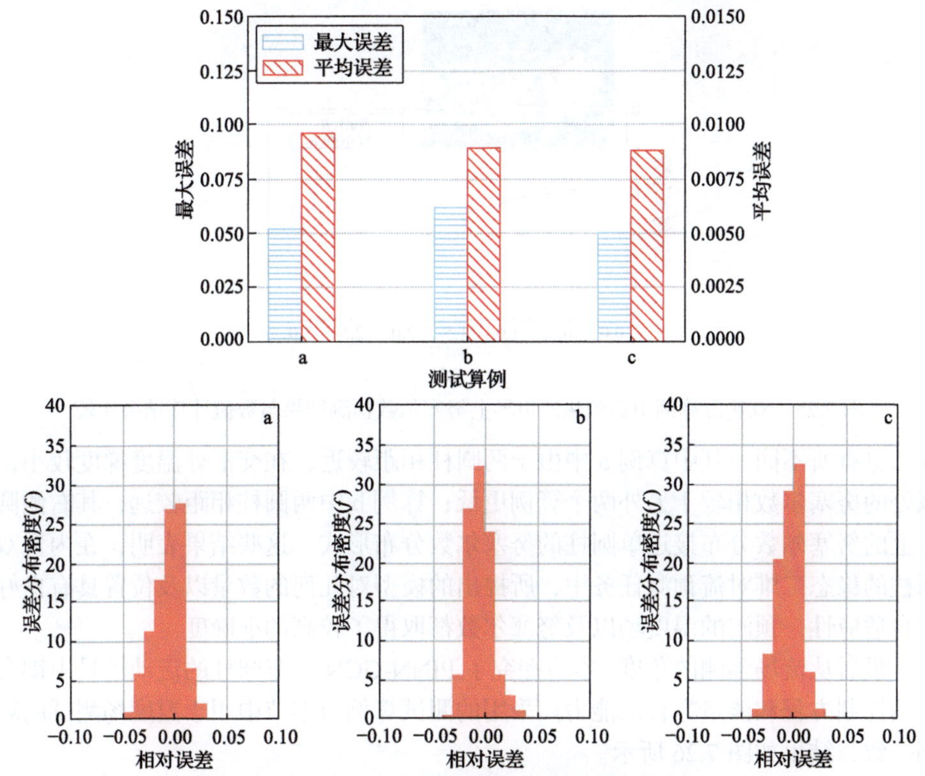

图 7.24　双热源对流温度场模型预测结果误差分析

预测误差增加。尽管如此，考虑到仅使用了 20 个数据训练模型的情况下，引入物理方程约束的图神经网络，在几何的自适应预测任务中表现出优异的性能。

同样地，本节对双圆柱周围的努塞尔数进行了分析。仍然选择沿热圆柱体表面法线方向的局部努塞尔数分布，但仅限于右侧的圆柱体，结果如图 7.25 所示。

三个测试算例的努塞尔数的预测误差分别为 5.16%、1.88%和 2.48%。努塞尔数的峰值分布反映了计算域中温度梯度的变化，受到双圆柱的影响，努塞尔数的

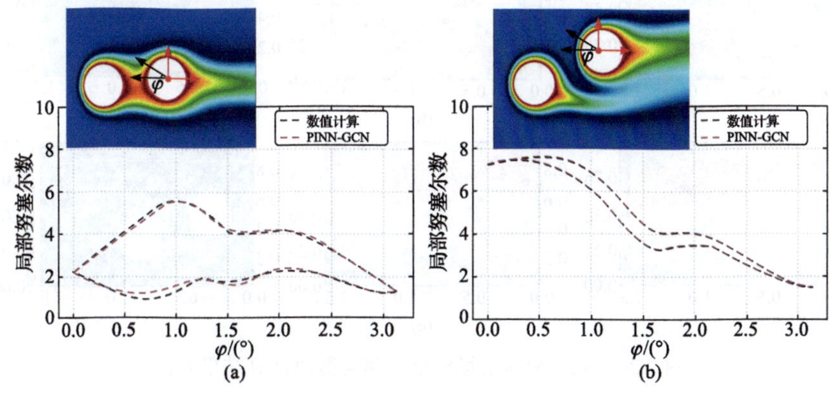

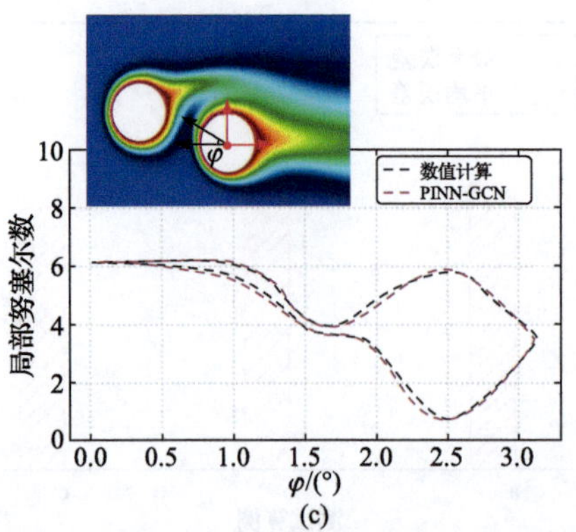

图 7.25　双热源算例中右侧热源边界上努塞尔数预测结果与数值计算结果比较

分布也有所不同。其中算例 a 中由于两圆柱相距较近，在交汇处温度梯度较小，该处的努塞尔数相较于另外两个算例更低；算例 b 中两圆柱相距较远，其右侧圆柱上的努塞尔数分布接近单圆柱的努塞尔数分布形式。这些结果表明，在内置双圆柱的稳态二维对流预测任务中，所提出的模型对几何的数量以及位置具有良好的自适应性，预测的温度场以及努塞尔数都取得了较高的准确度。

最后从流场预测的角度，本节探究了 PINN-GCN 在双圆柱的流动场景中耦合流动控制方程和能量方程的能力。采用的测试算例与本节中用于温度场测试的算例一致，结果如图 7.26 所示。

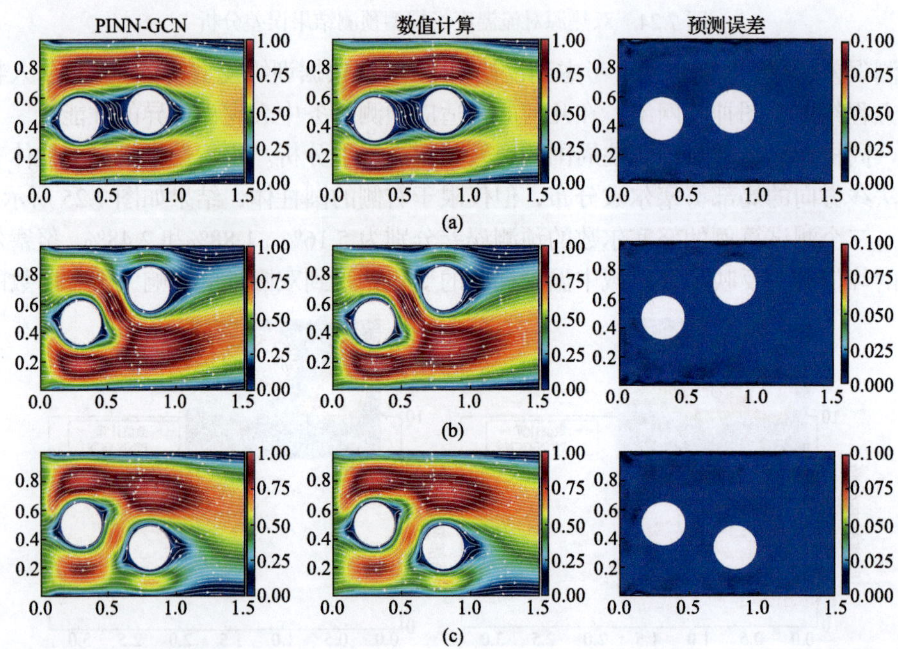

图 7.26　双热源速度场模型预测与数值计算结果对比

结果表明，PINN-GCN 模型在更复杂的双热圆柱预测任务中依旧保持了优异的性能，整个预测流场的平均误差小于 1.3%。该模型在不同热圆柱位置的测试算例中表现出很强的鲁棒性。值得强调的是，即使仅使用 20 个训练数据进行训练，PINN-GCN 模型也表现出较高的泛化性能。一般来说，训练数据集较小，模型更容易出现过拟合。然而，由于损失函数中的控制方程(与标签约束不同)施加的物理正则化，这种因缺乏数据导致模型过拟合的问题在 PINN 框架内得到了缓解。通过结合物理方程的约束，模型可以再现计算域内未知区域的状态并逼近控制方程的解，从而提高模型的泛化性能。

上面提到训练完备的模型可以对未知区域的流场进行预测，鉴于这一结论，本节提出单个训练样本中节点数量能影响模型预测性能的假设。该假设具有一定的实际意义，因为在工程应用中，流场中布置大量的传感器会增加成本和消耗。如果降阶模型能够用较少的检测信息重建整个流场的信息，那么它将具有巨大的应用价值。这里准备了三种不同节点数量的训练数据，所有数据都是从双圆柱体的稳态热对流场中采样获得。如图 7.27(a)所示，计算域中只有 70 个节点，且主要分布在圆柱体附近，此时散点图不能直观地反映温度分布。图 7.27(b)展示的是节点数量为 800 个的算例，靠近圆柱体的采样点数量较多，流场内的采样数量也有所增加。此时，从散点图中可以看出热流场的大致轮廓。图 7.27(c)设置了足够数量的节点(2800)作为比较。

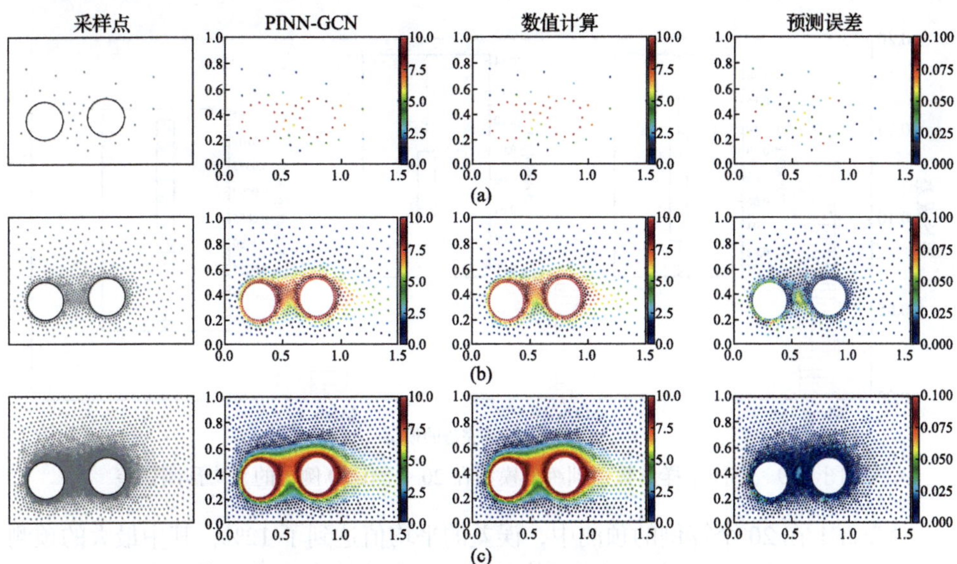

图 7.27　不同采样点数量训练的模型预测双热源对流温度场的性能

在对预测结果的分析中，首先比较了不同节点数下的训练模型相对于数值计算结果的分布，随后分别统计了三种算例下预测的相对误差，如图 7.28 所示。

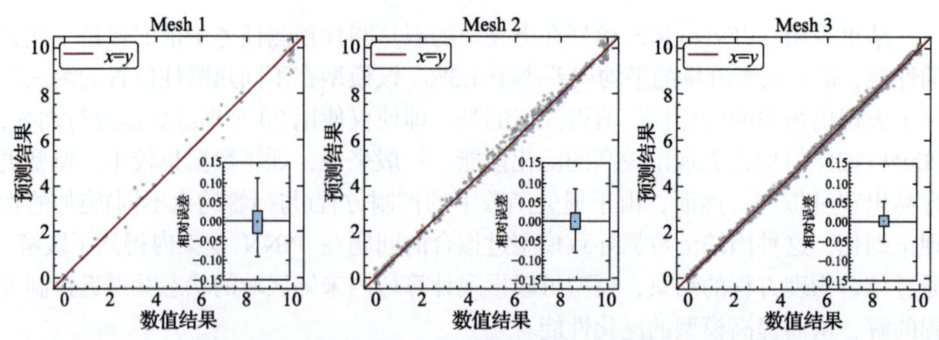

图 7.28　不同采样点数量训练的模型预测结果相对于数值计算结果的误差分布

这些结果表明，当数据的节点不足时，模型无法获得良好的预测温度场。具体来说，Mesh 1 的预测结果与数值结果偏差最大，最大预测误差超过 10%。随着节点数量的增加，Mesh 2 的预测结果呈现出明显的提升。虽然存在少数偏差较大的点，但大部分误差都在 3%以内。遵循这一趋势，当数据的节点(Mesh 3)越多时，模型将表现出越强的预测性能。

考虑到选取的单个测试算例存在偶然性，在随后的测试中选取了 20 个测试算例，依次绘制了不同节点数下训练模型的预测误差分析图，并统计了模型在每个算例上预测结果的相对误差，分析了这些数据的平均值，以及它们的分布规律，结果如图 7.29 所示。

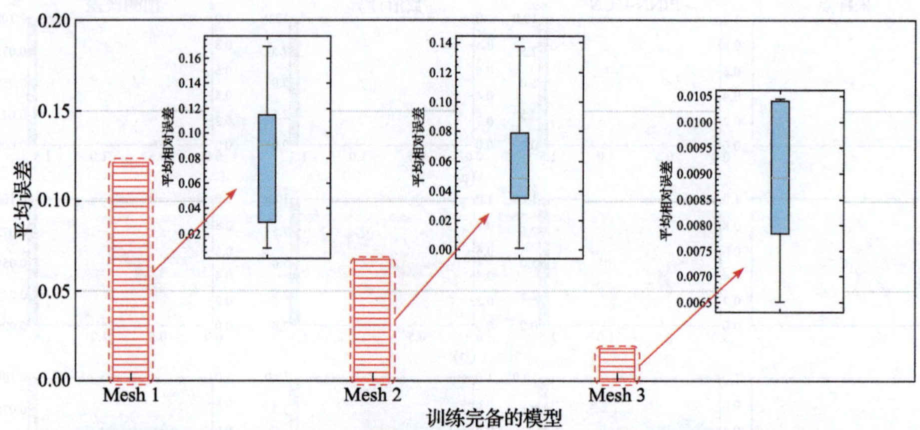

图 7.29　不同采样点数量训练的模型在 20 个测试算例中的平均预测误差

Mesh 1 在 20 个算例的预测中，误差的平均值达到了 12%，其中最大的预测相对误差超过了 16%，并且误差整体的范围分布比较大，模型表现出一定程度上的不稳定性。相比之下，Mesh 2 预测结果中，误差的平均值在 7%之下。虽然存在个别算例的最大相对误差在 14%，但大部分的误差处在 4%～8%之间。表现最好的是 Mesh 3，各项指标都为最低，证明增加流场中采样点的数量将有助于提高模型的预测精度以及鲁棒性。

然而，并不能任意增加数据中节点的数量，因为这意味着需要更多的计算资源以及训练时间来完成模型的训练。针对这个问题，对本节中使用到的三个模型的训练时间进行了对比，同时还展示了训练好的模型预测单个温度场的时间(该时间由模型预测 20 个算例的时间消耗的平均值所表示)，并与数值计算的时间做了比较，如表 7.1 所示。

表 7.1　PINN-GCN 模型与数值计算在不同网格上计算的资源消耗

模型名称	Mesh 1		Mesh 2		Mesh 3	
	训练	预测	训练	预测	训练	预测
PINN-GCN	31.5min	0.0059s	62.3min	0.0096s	114.1min	0.016s
CFD	—	0.07s	—	0.63s	—	5.1s

结果显示，随着节点数增加(训练数据量提升)，模型训练的时间显著提升。预测单个结果的时间也略微提升，但预测时间都比数值计算的时间消耗少，最好情况下减少了两个数量级别的时间成本。值得一提的是，尽管神经网络模型需要大量时间的训练与学习，考虑到训练完备的模型所具备的鲁棒性和准确性，以及数据预处理过程中不需要大量人工的干预，基于神经网络的预测模型在特定任务中相比于传统模型将具有巨大的优势。

最后，本节同样将物理驱动的降阶模型与纯数据驱动的降阶模型进行了对比，以验证物理方程的引入对改善模型在强迫对流问题中预测精度的作用。两种模型在结构以及训练超参数的选择上都保持了一致以确保对比分析的科学性。选取 20 个测试数据，并且依次在不同节点数量的训练数据下训练模型，随后统计了模型预测结果的速度场和温度场的相对误差，结果如图 7.30 所示。

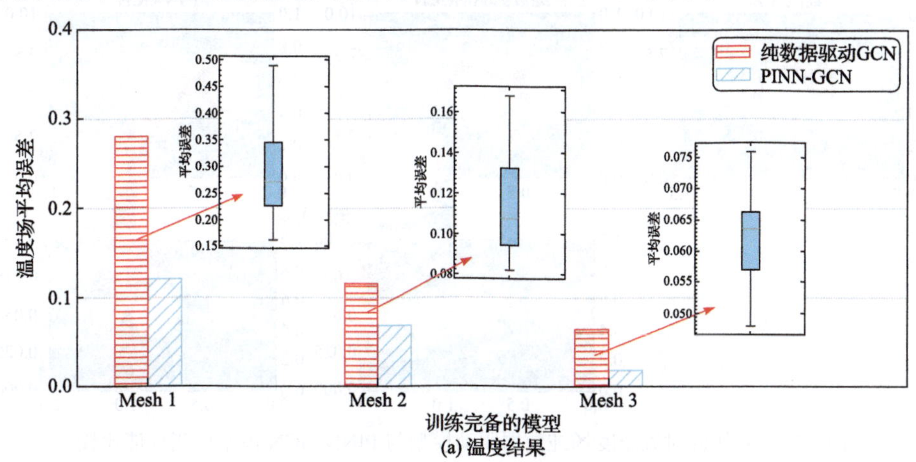

(a) 温度结果

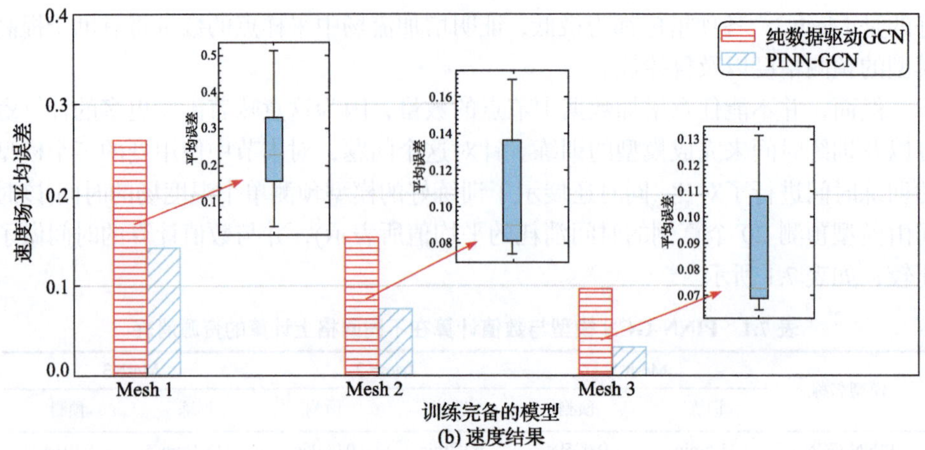

图 7.30　纯数据驱动模型和 PINN-GCN 模型预测结果的误差分析

柱状图表明，PINN-GCN 模型所预测的结果在不同节点数的算例测试中，平均相对误差都低于纯数据驱动的模型。尤其在节点数量仅为 70 个时，纯数据驱动模型缺乏对计算域中大量区域的学习，导致模型的鲁棒性较差，甚至存在算例预测的平均相对误差接近 50%。当使用 Mesh 3 作为节点数时，PINN-GCN 模型在 20 个测试算例中速度场预测的平均误差为 2%，温度场预测的平均误差为 1%。相比之下，纯数据驱动模型的速度场和温度场误差分别为 9.4%和 6.4%。同时可以观察到，随着单个数据中节点数量的上升，纯数据驱动模型的性能得到显著提升，其涨幅相比于物理嵌入的模型更高，表明纯数据驱动模型对训练数据中的节点数量更加敏感。

此外，基于 Mesh 3 中节点的数量，本节对比了纯数据驱动的图神经网络模型与物理方程嵌入的图神经网络的预测结果，结果如图 7.31 所示。

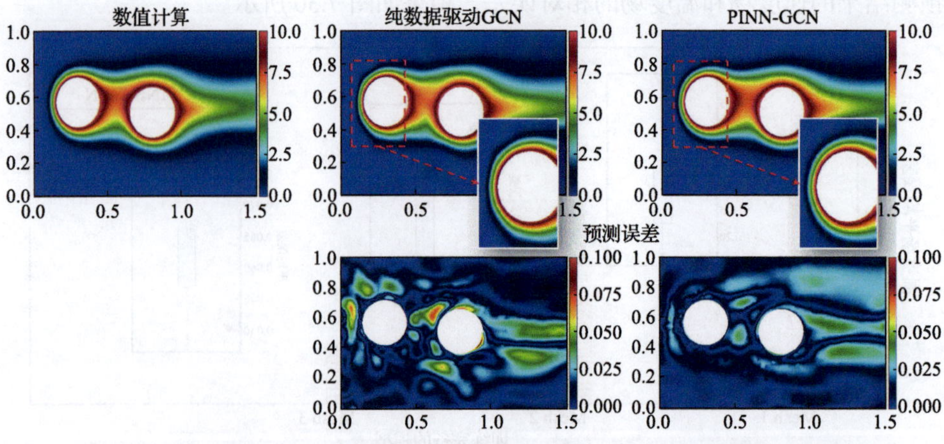

图 7.31　双热源对流温度场纯数据驱动模型与 PINN-GCN 模型预测性能比较

可以明显发现，纯数据驱动模型对计算域中对流温度场的预测准确度低于物理驱动的图神经网络模型。另外，从局部放大图中观察到，纯数据驱动模型预测的温度场在热圆柱边界上出现不光滑现象。因此，在图 7.32 中展示了纯数据驱动和物理驱动模型在圆柱表面上的努塞尔数分布，以比较两种模型在边界处的预测精度。选取的依旧是计算域中右侧的圆柱。

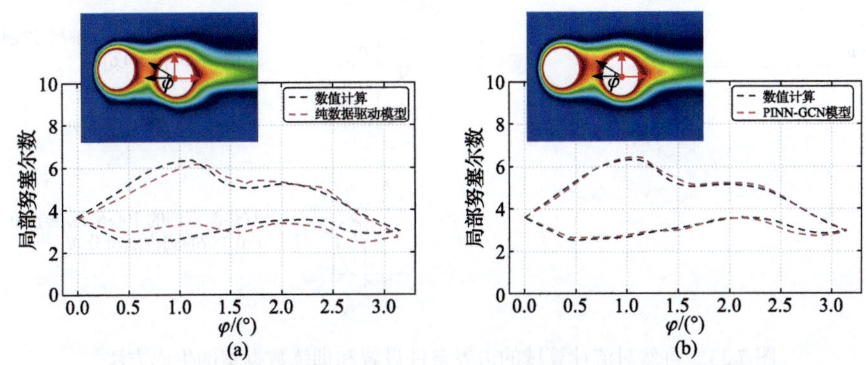

图 7.32 纯数据驱动模型与 PINN-GCN 模型预测的努塞尔数结果比较

从结果可以看出，没有物理方程约束训练的模型，在圆柱边界处的温度预测准确度不高。经过计算，纯数据驱动模型预测的努塞尔数误差达到了 23.6%，而 PINN-GCN 模型预测的努塞尔数误差仅为 6.73%。这是由于数据驱动模型训练缺乏物理约束和足够的训练数据，所以其预测效果不及 PINN-GCN 模型。以上结果都足以证明，物理方程的引入对模型的训练具有积极的影响。在本节的稳态二维热对流任务中，其能够在少量训练数据的情况下，提升模型对温度场分布的预测性能。

7.5 案例分析 3——物理信息增强的图神经网络自然对流降阶建模

7.5.1 案例说明

本节基于图卷积神经网络和物理嵌入神经网络搭建几何自适应的自然对流预测模型[7]。自然对流是一种在自然界和工程领域广泛存在的热传输现象，其研究对于优化能源利用、改善工程设计以及解决环境问题具有重要意义。

7.5.2 训练数据与降阶模型构建

本章对训练数据的样本进行了修改，如图 7.33 所示。

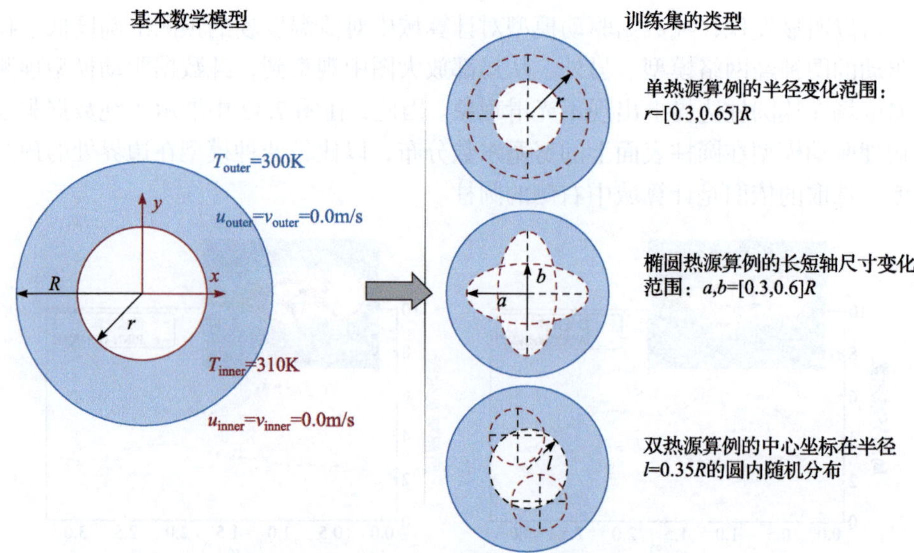

图 7.33　自然对流计算域的边界条件设置和训练数据集的生成方法

训练数据中设计了不同半径大小的圆热源、不同长短轴的椭圆形热源以及双圆形热源的算例类型。经过这些算例的训练，混合降阶模型对这些构型的自然对流现象具有较高的预测准确性。

自然对流图神经网络降阶模型的结构如图 7.34 所示。

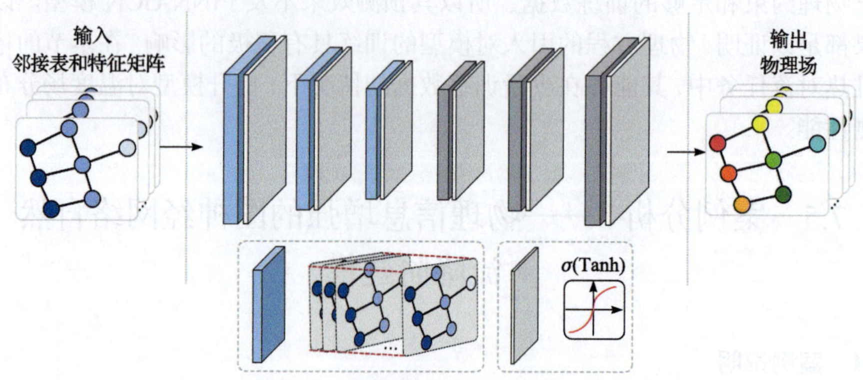

图 7.34　自然对流图神经网络降阶模型结构

根据自然对流的控制方程，设计的物理驱动网络如图 7.35 所示。

7.5.3　预测结果与分析

本节研究了混合降阶模型(PINN-GCN)在自然对流问题中，当热源大小、形状和数量变化的情况下，模型对几何的自适应预测性能。所关注的物理场包括计算

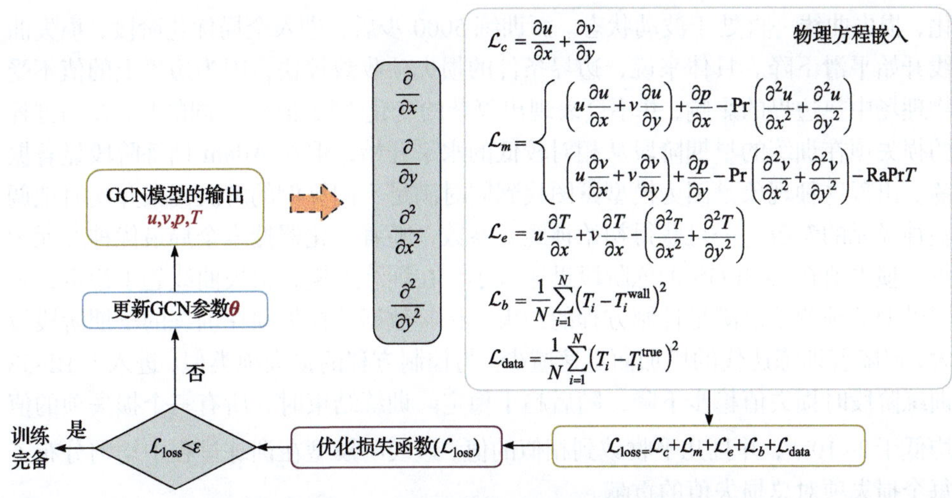

图 7.35　自然对流问题的物理驱动网络示意图

域内的温度分布和外圆边界上的努塞尔数，并对混合降阶模型的预测结果与数值计算结果进行了比较分析。同样，探索了节点空间分辨率的大小与模型预测准确性之间的关系。

在讨论模型的预测结果前，首先介绍模型训练过程中损失值的收敛过程。图 7.36 展示了双热源几何形状算例下损失值的收敛过程。与其他算例相比，双热源算例的几何结构相对复杂，其训练的收敛曲线具有一定代表性。值得注意的是，损失值的收敛曲线在所有算例下都基本保持一致。

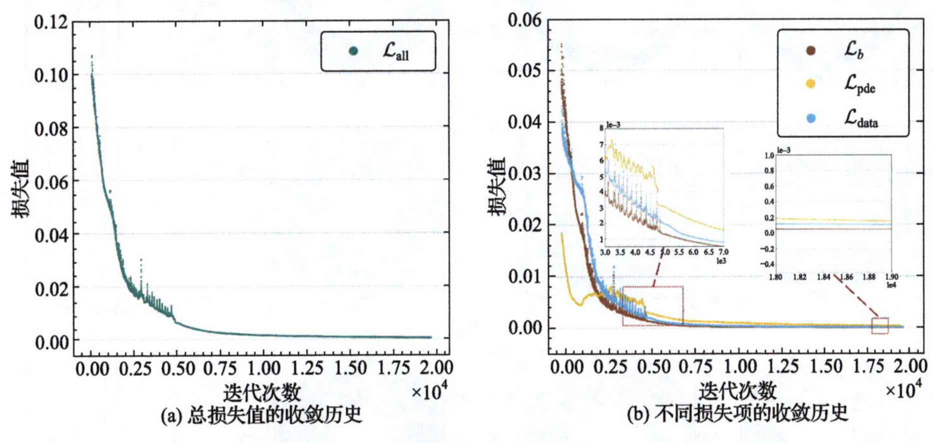

图 7.36　PINN-GCN 模型的训练收敛过程

在模型的训练过程中，先使用 Adam 优化器执行到 5000 步，然后使用 L-BFGS 优化器进行全局微调。从图中可以看出，训练在 5000 步之前，由于热源位置的变化，损失曲线一直处于波动状态。而训练 5000 步后，进入全局优化阶段，损失曲线开始平滑下降。具体来说，边界条件的损失项收敛较快，因为边界上的值不受物理场中热边界的影响，并不会表现出复杂的变化(固定值)。不同的是，控制方程的损失项在训练的早期阶段从相对较低的水平开始，但在 Adam 训练阶段显著振荡。出现这种现象是因为模型试图找到同时满足不同算例的解决方案并实时地调整神经元的参数。一旦获得初始神经元参数，随着优化器搜索全局最优神经元参数，损失值在 L-BFGS 训练阶段迅速减小。在训练后期，损失曲线趋于稳定，表明模型的预测结果满足控制方程的约束。标签数据的损失项在训练的早期阶段较大，但随着训练迭代的增加而迅速减少。与控制方程的损失项类似，进入 L-BFGS 训练阶段时损失值稳步下降，随后趋于稳定。训练结束时，所有三个损失项的值均低于2×10^{-4}，并且几乎收敛到相似的值。这表明模型在训练过程中均匀分布了每个损失项对总损失值的贡献。

下面研究 PINN-GCN 模型在预测单热源自然对流问题上的性能。自然对流的物理场中瑞利数(Ra)为 7000 且普朗特数(Pr)为 0.707。单热源算例中 PINN-GCN 模型的训练时长约为 1 小时 30 分钟。用于评估模型预测准确性的三个测试算例中热源的大小分别为[0.59，0.4，0.33]D。模型的预测结果与数值结果的比较如图 7.37 所示。

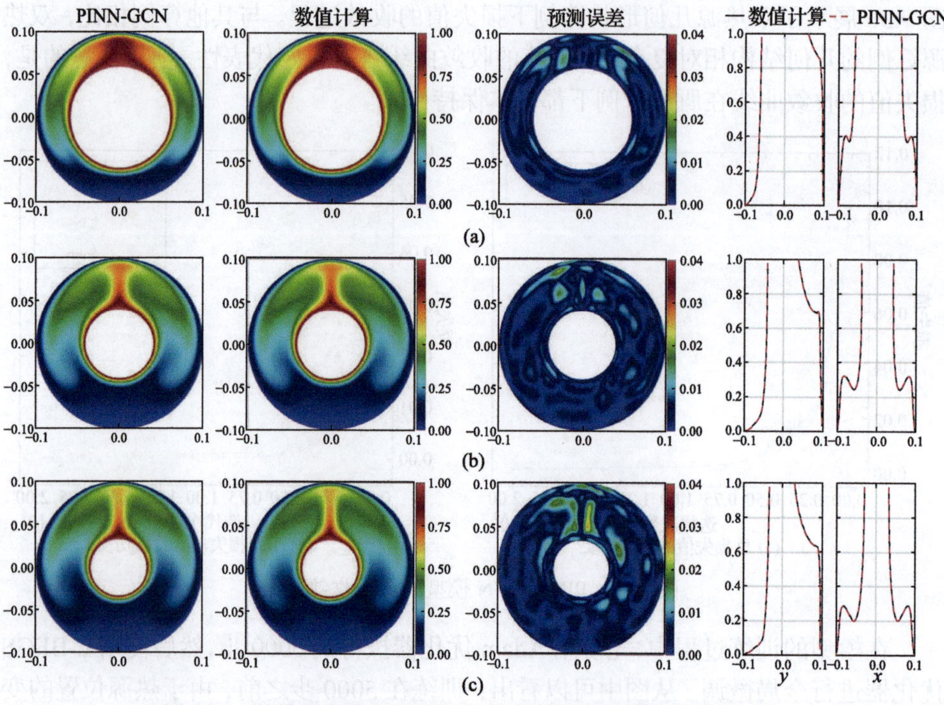

图 7.37　单热源自然对流温度场模型预测与数值计算结果对比

图中模型的预测结果与数值计算结果的一致性说明 PINN-GCN 模型可以精确地预测计算域内的自然对流温度分布。具体来说，降阶模型准确捕捉了以下现象：随着热源大小的变化，温度场呈现完全不同的分布结果；受外圆环的狄利克雷边界条件影响，温度场在外壁面附近表现出显著的梯度变化。为了方便比较，在计算域的两个位置对温度场的值进行了采样：在 $x = 0$ 处的垂直切线和在 $y = 0$ 处的垂直切线。采样结果与相应的数值计算结果进行了比较。在图 7.37 的最后一列中展示了比较结果。沿着剖线上温度采样结果来看，从下方接近热源过程中温度先缓慢升高后急剧上升，从上方远离热源过程中温度先缓慢下降随后在接近冷壁面后急剧下降。同理，在垂直于纵轴的剖线上，温度呈左右对称的形式分布。并且剖线上温度分布基本与数值结果贴合，这些进一步证明了模型预测的准确性。

随后进一步定量分析了上述预测温度场的误差大小，依旧计算了每个节点上的预测相对误差。图 7.38 分别对预测温度场相对于数值计算的分布、温度场的相对误差以及预测温度场误差的最大值和平均值进行了展示。

从流场中随机选取了 200 个预测点作为考察的节点集合。图中最左侧一列是它们相对于数值计算结果的分布，其中直线代表数值计算结果，空心圆代表模型预测结果，不同的算例采用不同的颜色进行区分。整体看来，三个算例的预测结

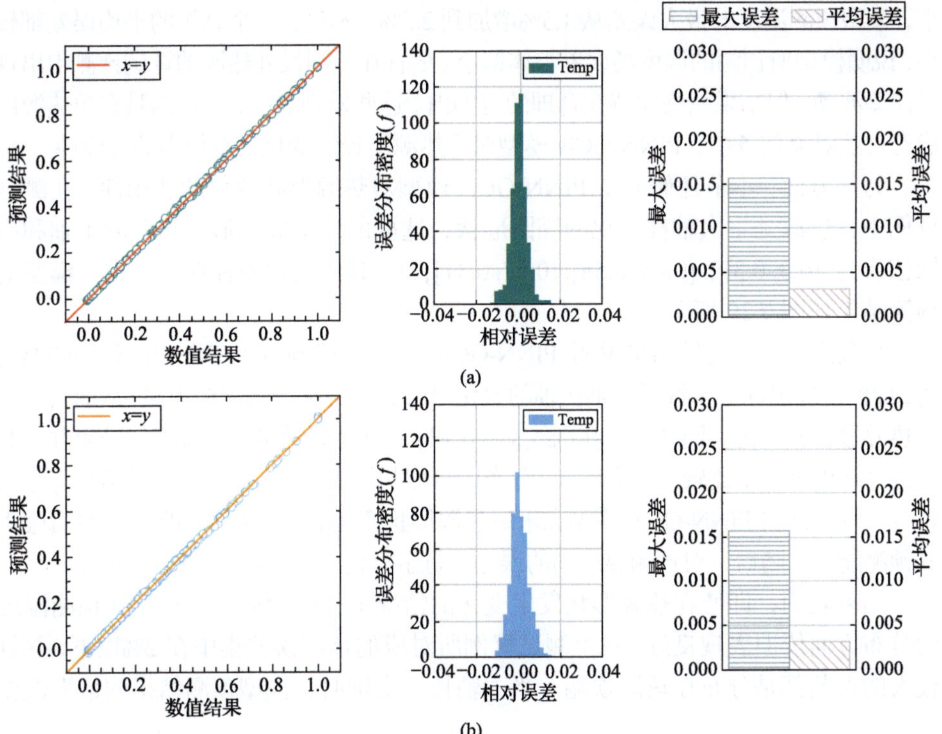

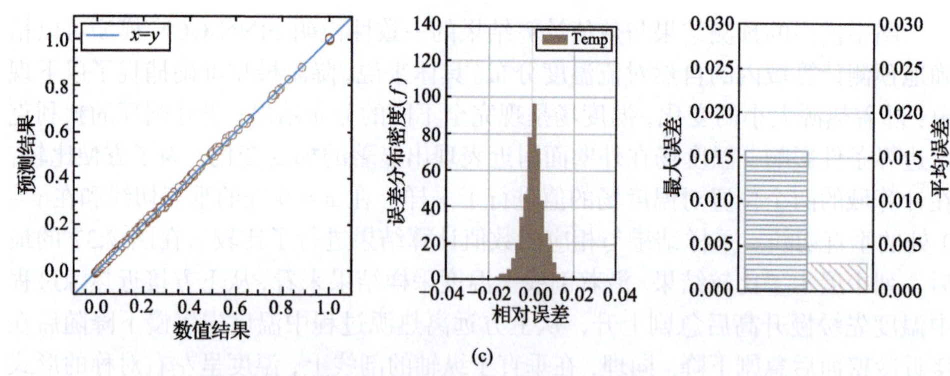

(c)

图 7.38 单热源自然对流温度场模型预测结果误差分析

果都分布在数值结果附近，没有明显的波动，说明模型合理地对计算域中不同位置上的温度值进行了预测。图中间的一列是温度预测结果的相对误差频值分布图，模型对三个算例的温度场的预测误差大量分布在 0 附近。不过随着热源半径的减小，模型对温度预测的性能相对变差，导致其在 0 值附近的频值降低。同时结合图 7.37(温度云图)中展示的圆环顶部温度场预测误差较大的现象，得出结论是热源减小后使得温度变化更加集中，即圆环顶部出现温度在小尺度上的快速变动，从而增加了模型的预测难度。这一点从图中最右侧的最大误差和平均误差也可以看出，随着热源半径减小，模型预测温度的最大误差从 1.5%增加到 2.5%。不过，三个算例的平均误差都较小，说明模型所预测的温度场误差整体偏小。尽管在不同尺寸热源的算例预测中出现了误差波动，但结果始终保持在合理的范围内。这些发现表明，在预测具有单热源的稳态自然对流任务中，PINN-GCN 模型对于热源半径的变化具有很强的鲁棒性。

另一方面，本节还研究了 PINN-GCN 模型对热源形状变化的适用性。在测试算例中，热源是主次轴都变化的椭圆形状，选取的三个椭圆形状热源的主轴和次轴依次为$\{[0.3, 0.39], [0.45, 0.58], [0.57, 0.31]\}D$，其他物理条件保持一致。模型的预测结果如图 7.39 所示。

与数值计算的比较结果说明 PINN-GCN 模型准确预测了三个测试算例的温度场，即模型经过训练掌握了主轴次轴的变化对自然对流影响的潜在规律，从而自适应了热源形状的变化。同样地，在剖线 $x = 0$ 和 $y = 0$ 位置处采样了温度场结果并与数值计算结果进行了比较。剖线上温度分布的规律与圆形热源一致，且与数值计算结果贴合一致，证明 PINN-GCN 模型在求解热源形状变化的自然对流问题中也具有强大的预测能力。随后，对预测温度场的误差进行了分析，相关结果如图 7.40 所示。

结果表明，即使在热源形状发生变化的情况下，PINN-GCN 模型在预测温度的分布方面依旧表现良好。三个测试算例所对应的预测误差集中在 2%以下，并且较大的误差都是分布在热源顶端。当主轴长于次轴时，模型预测结果的最大误差

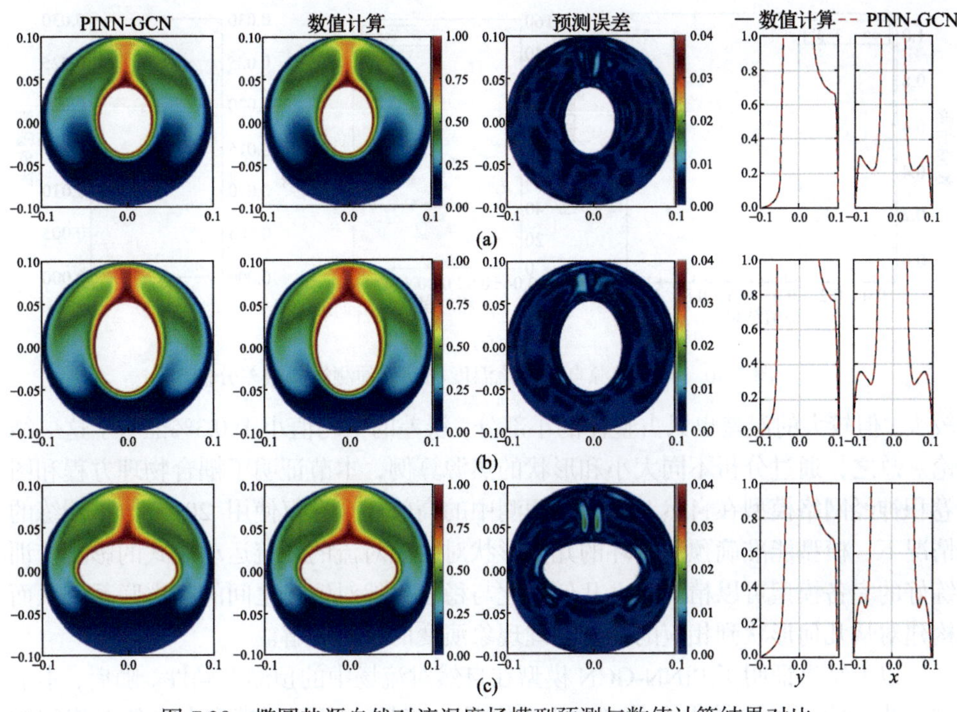

图 7.39　椭圆热源自然对流温度场模型预测与数值计算结果对比

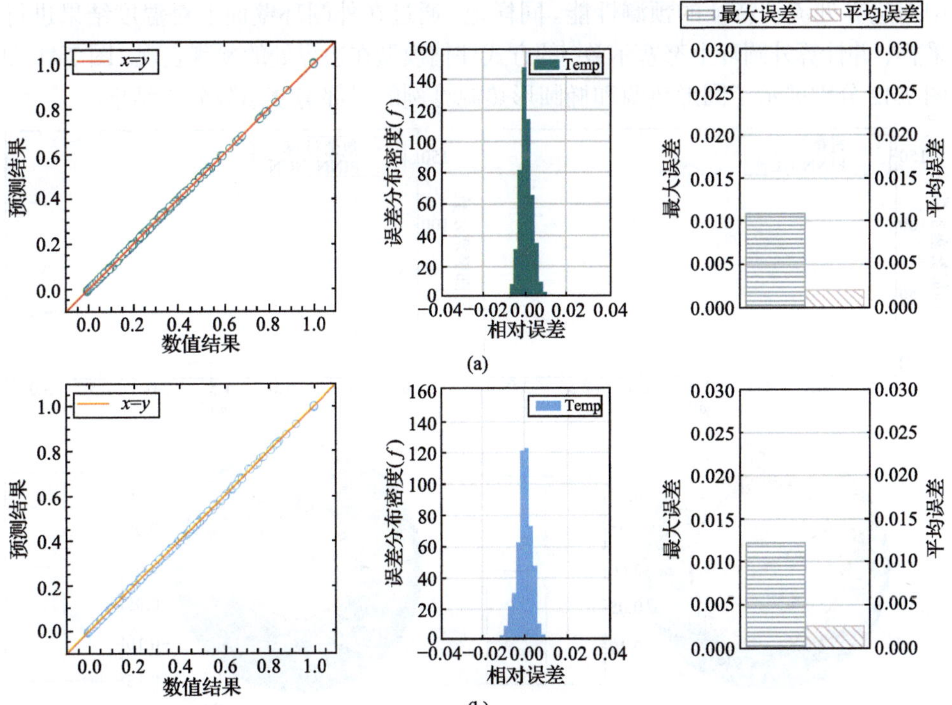

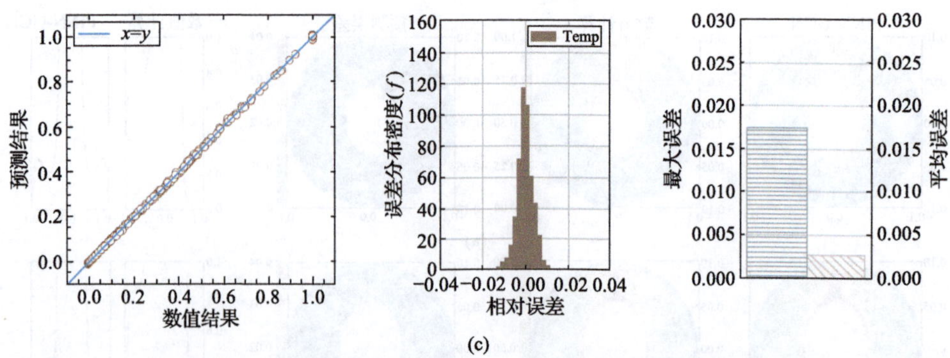

图 7.40　椭圆热源自然对流温度场模型预测结果误差分析

较大，但较大的误差也只占整体的小部分，误差的平均值小于 0.3%证明了这一结论。总之，通过分析不同大小和形状的热源算例，本节证明了耦合物理方程和图卷积神经网络模型在自然对流问题预测中的高效性。在仅使用 20 个数据训练的情况下，模型能准确预测圆环的几何形状对自然对流的环流运动模式的影响。训练好的完备模型可以精确建立几何变化与稳态自然对流场之间的基本联系，从而构建对从几何形状到相应的稳态物理现象演变的全面理解。

以上结果证明了 PINN-GCN 模型在自然对流场中的预测准确性。随后，本节进一步考察了预测结果在外圆环上的预测准确性，以证明模型在自然对流问题中对边界处流动特征的预测性能。同样地，通过在外圆环壁面上对温度结果进行采样，并计算外圆环上努塞尔数[8]的方式评估模型在边界处的预测表现。图 7.41 和图 7.42 分别展示了圆形热源和椭圆形热源算例的局部努塞尔数分布结果。

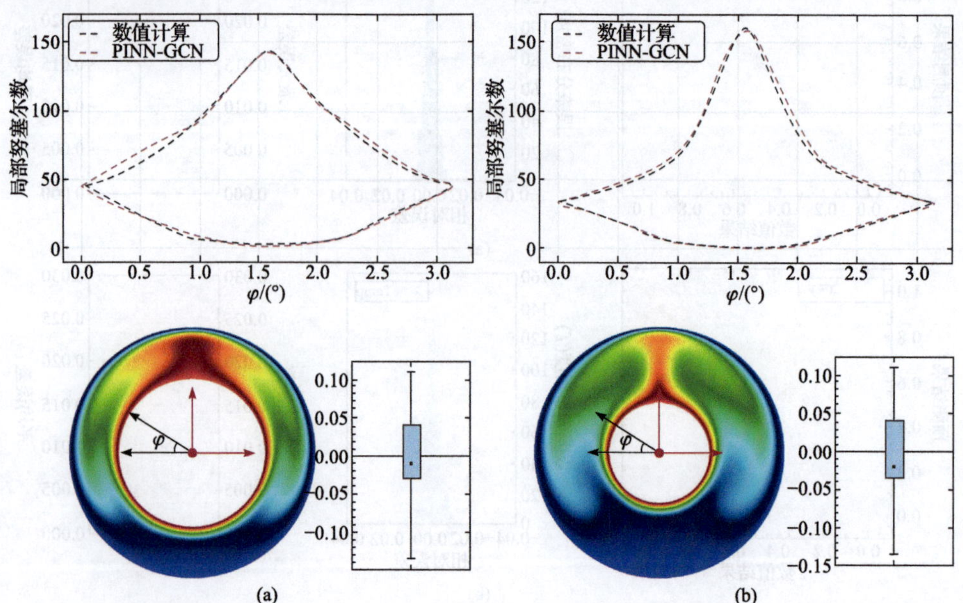

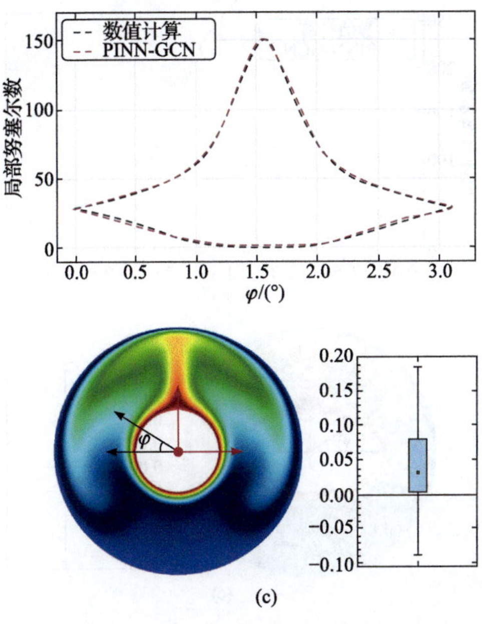

图 7.41　单热源自然对流努塞尔数预测与数值计算结果比较

实线曲线表示模拟的局部努塞尔数,虚线红线表示模型预测的局部努塞尔数。通过比较三组曲线，可以看到预测和模拟的局部努塞尔数非常接近。对三个圆形算例的预测结果进行统计分析，与数值计算结果相比，最大的预测误差分别为3.27%、5.39%和 5.17%。对三个椭圆算例的预测结果分析，最大的预测误差分别

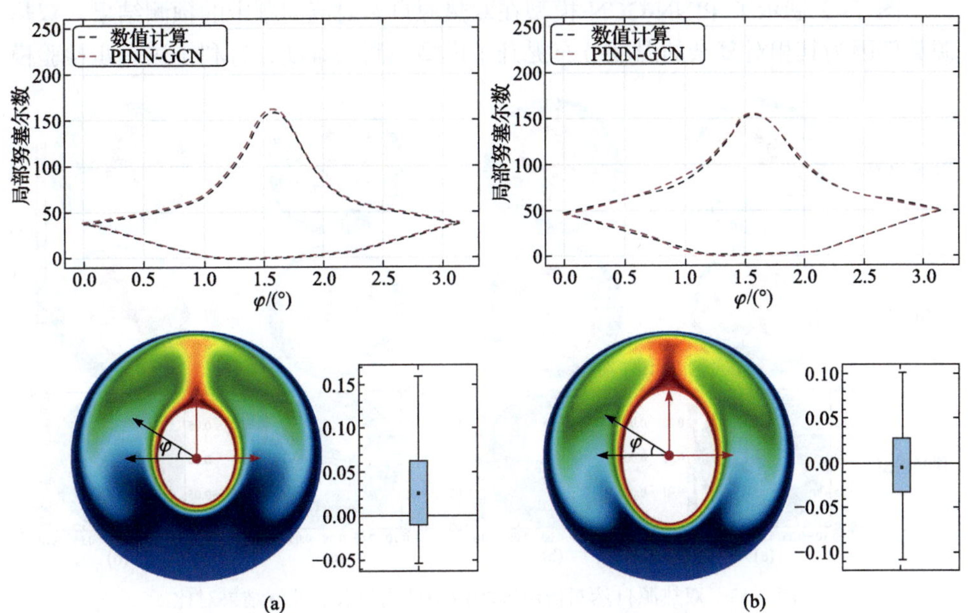

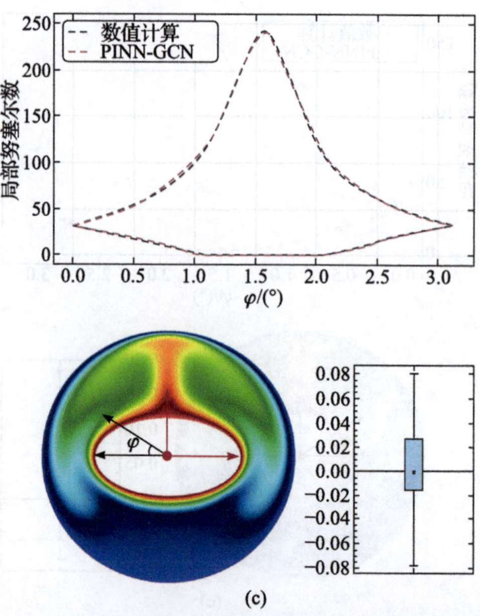

图 7.42　椭圆热源自然对流努塞尔数预测与数值计算结果比较

为 3.5%、3.61%和 3.08%。所有算例的局部努塞尔数峰值都出现在热源的顶部，且峰值的大小受热源形状的影响，通常是与温度分布的梯度成正比。这些结果证实了 PINN-GCN 模型在自然对流场边界处的高精度预测表现，得益于模型利用图卷积网络从原始数据中直接学习特征，从而保持了数据的精确性。

图 7.43 展示了 PINN-GCN 模型在双热源自然对流问题中的预测结果。双热源算例因为其相对复杂的温度分布提升了模型预测的难度，有利于进一步检验模

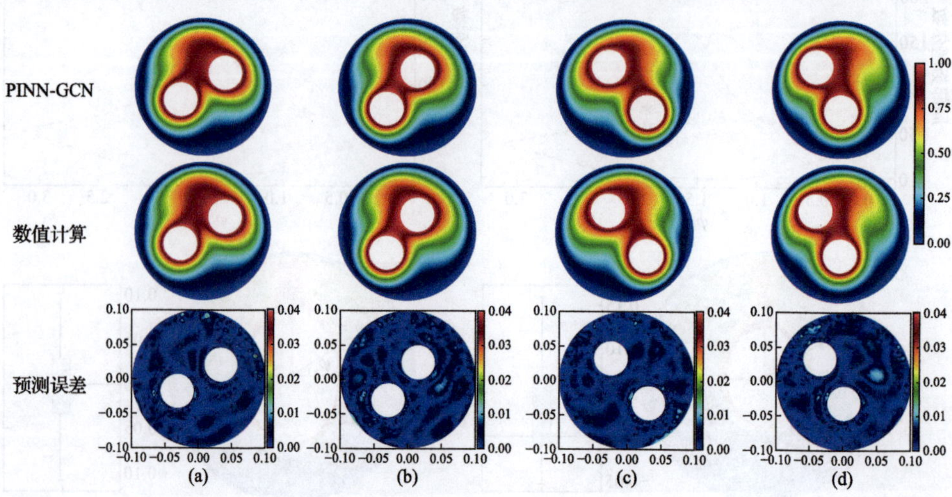

图 7.43　双热源自然对流温度场模型预测与数值计算结果对比

型性能。此外，为了使双热源的自然对流达到稳态，物理场的工况为 Ra = 7000、Pr = 7.07。

四个测试算例中各自包含有不同位置的热圆柱。因热源之间的相对位置不同，温度场的分布具有显著的差异。同样，本节对 PINN-GCN 模型在预测温度场方面的性能进行了全面评估，并将其与数值计算结果进行了比较。其中温度的等值线表明，当两个热源彼此靠近时，等高线的交会现象出现得更早；而当相对距离较远时，温度等高线的交会出现在了下一个梯度。该现象证明了模型具有解决双热源稳态自然对流问题的能力。此外，由于双热源算例的普朗特数相较于单热源算例小，热量扩散较为缓慢，即温度的梯度变化较小，这使得模型预测性能提升。从温度的误差结果看，最大值没有超过 2%，不过误差的分布没有观察到一般规律。最后，使用相同的方式对误差进行了定量分析。图 7.44 依次展示了这四个测试算例预测误差的最大值和平均值，以及相对误差的频率分布密度。

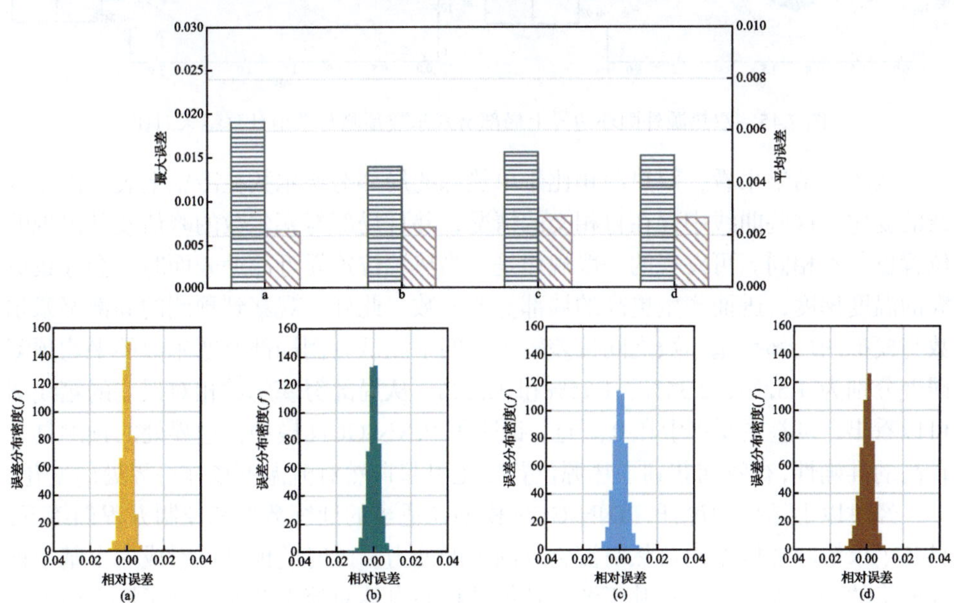

图 7.44　双热源自然对流温度场模型预测结果误差分析

四个算例的最大误差和平均误差都较小，分别小于 2%和 0.3%。此外，预测结果的最大相对误差也小于±2%，大多数节点的相对误差都分布在 0 附近。具体来看，四个测试算例中，算例 c 的预测结果在 0 附近的分布密度相对较少。根据算例 c 中两圆柱的分布位置分析，得出结论是两圆柱之间的温度经历了从高到低再到高的快速变化，这类典型温度场分布导致模型预测误差的上升。尽管如此，考虑到仅使用了 20 个数据训练模型的情况下，PINN-GCN 模型在自然对流问题中对热源数量的自适应预测表现出优异的性能。随后在图 7.45 中分析了双热源自然对流场的局部努塞尔数，仍然选择沿外圆冷壁面的法向方向上局部努塞尔数作为评估对象。

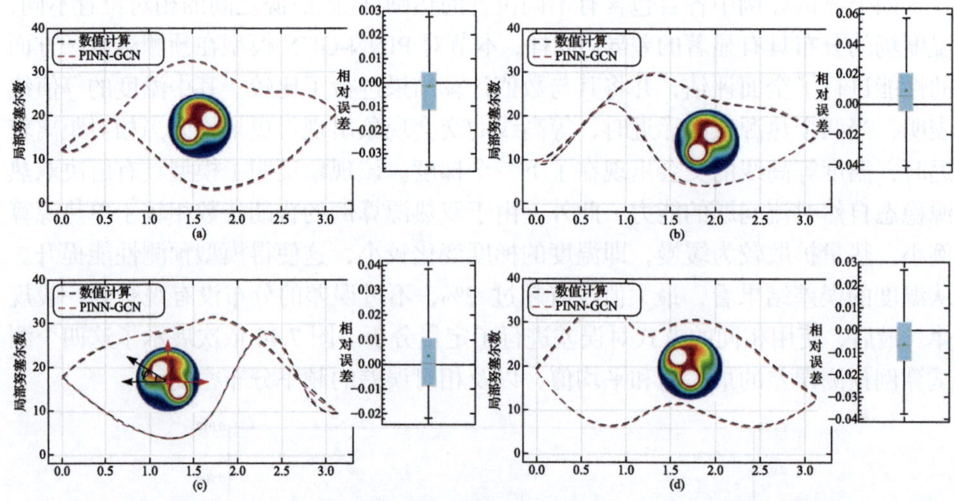

图 7.45　双热源外圆环边界上局部努塞尔数预测与数值计算结果对比

从图中结果来看，双热源相比于单热源的局部努塞尔数在冷壁上表现出更复杂的变化。这些曲线中存在自相交的情况，并且局部努塞尔数的峰值及其出现的位置也各不相同。可发现的一般规律是，当热源位置靠近冷壁表面时，会导致更大的温度梯度，进而产生更高的局部努塞尔数。此外，观察到预测的局部努塞尔数与模拟的局部努塞尔数之间偏差较小，四个测试算例局部努塞尔数的平均预测误差分别为 1.52%、2.34%、1.75%和 1.55%。从局部努塞尔数相对误差的箱线图可以看出，误差主要集中在 0 附近，证明了 PINN-GCN 模型在边界处的预测具有较高的准确性,有效捕获到了热源位置变化引起自然对流温度场在边界处的变化。

经过以上结果的论证,PINN-GCN 模型在适当的训练数据和控制方程训练下，具备了求解圆环构型内自然对流物理问题的能力。此时的模型可看成一个基于神经网络的全新求解器——基于节点特征的稳态自然对流求解器。为了探究该求解器的特点，在研究中使用了不同分辨率的网格节点作为模型(已经训练完备)的输入。四种不同分辨率的网格节点测试算例分别为 80、360、760 和 1520。相应分辨率的数值计算结果都是从计算收敛的流场中采样获得，数值计算所使用的网格节点分辨率为 14160。相应的结果如图 7.46 所示。

图中的第一行展示的是不同分辨率下网格节点的分布情况，从左到右分辨率依次增加。在第二行中展示了模型对不同节点数量算例的预测结果。由于散点图不能直观反映出重构温度的分布，在第三行中用插值的方式基于各自分辨率重构了温度场的分布。图中最后一行给出了相应节点数量的数值计算结果作为对比，

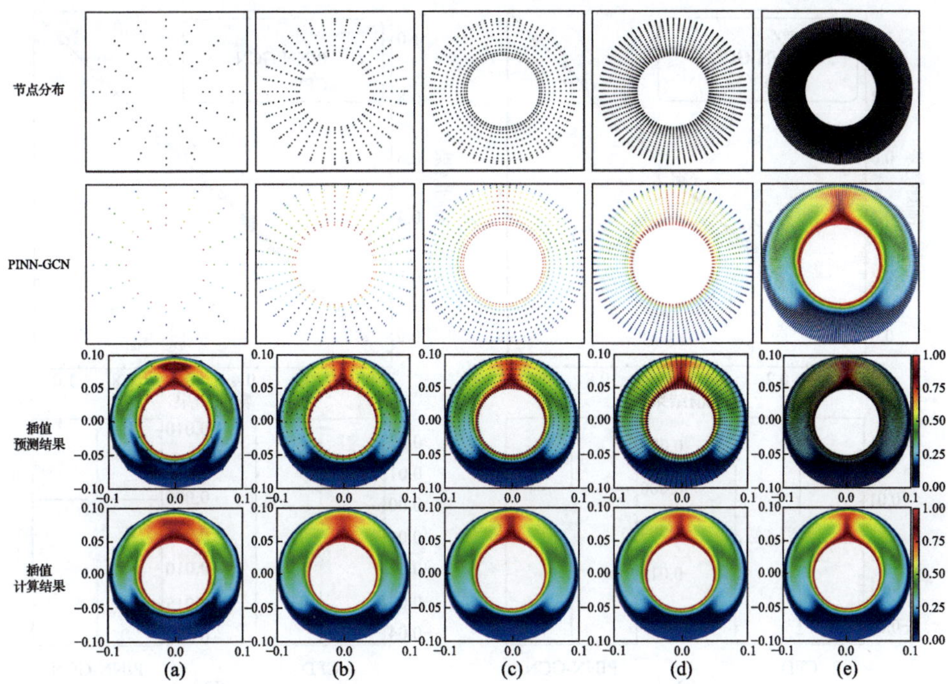

图 7.46　不同网格节点数的单热源自然对流温度场模型预测与数值计算结果对比

也采用相同的插值方式重构了温度场的分布。

考虑到在网格点数量较少的情况下，数值计算不准确的问题，在结果的比较中统一使用了网格点数较多并且计算已经收敛的数值结果作为比较标准(如图 7.46 中的算例 e)。初步看来，当网格节点的分辨率为 80 时模型无法正确预测，而分辨率为 360 时便足够获得可行的预测结果。这个结果似乎说明当输入模型的节点数量不够时，模型无法准确推断温度场的分布。然而，在进一步验证中，以绘制散点图的方式分析了所有的预测结果，如图 7.47 所示。具体来说，选取算例 a、b 和 c 作为分析对象。对于每种情况，分别从数值收敛的结果中获得相应位置的温度值，作为与预测结果进行比较的参考。

图中的第一行是预测结果以及数值结果各自相对于计算收敛结果的散点图分布，第二行是这些散点相对计算收敛结果的误差分布。可以发现，数值计算模型在网格节点数较少时偏差较大，且从相对误差的箱型图可看到此时数值结果的波动较大。当节点数增加到 760 后，计算偏差开始降低且整体波动减小(传统数值计算的网格数量影响计算的收敛)。然而有趣的是，模型的预测结果不随网格节点数量变化而变化，三个算例的散点图中蓝色散点一直分布在计算收敛结果的附近，其相对误差的箱型图也始终保持相似的分布。综上，训练完备的模型从节点级别上自适应了网格的变化，其预测精度不再受节点数量变化的影响。

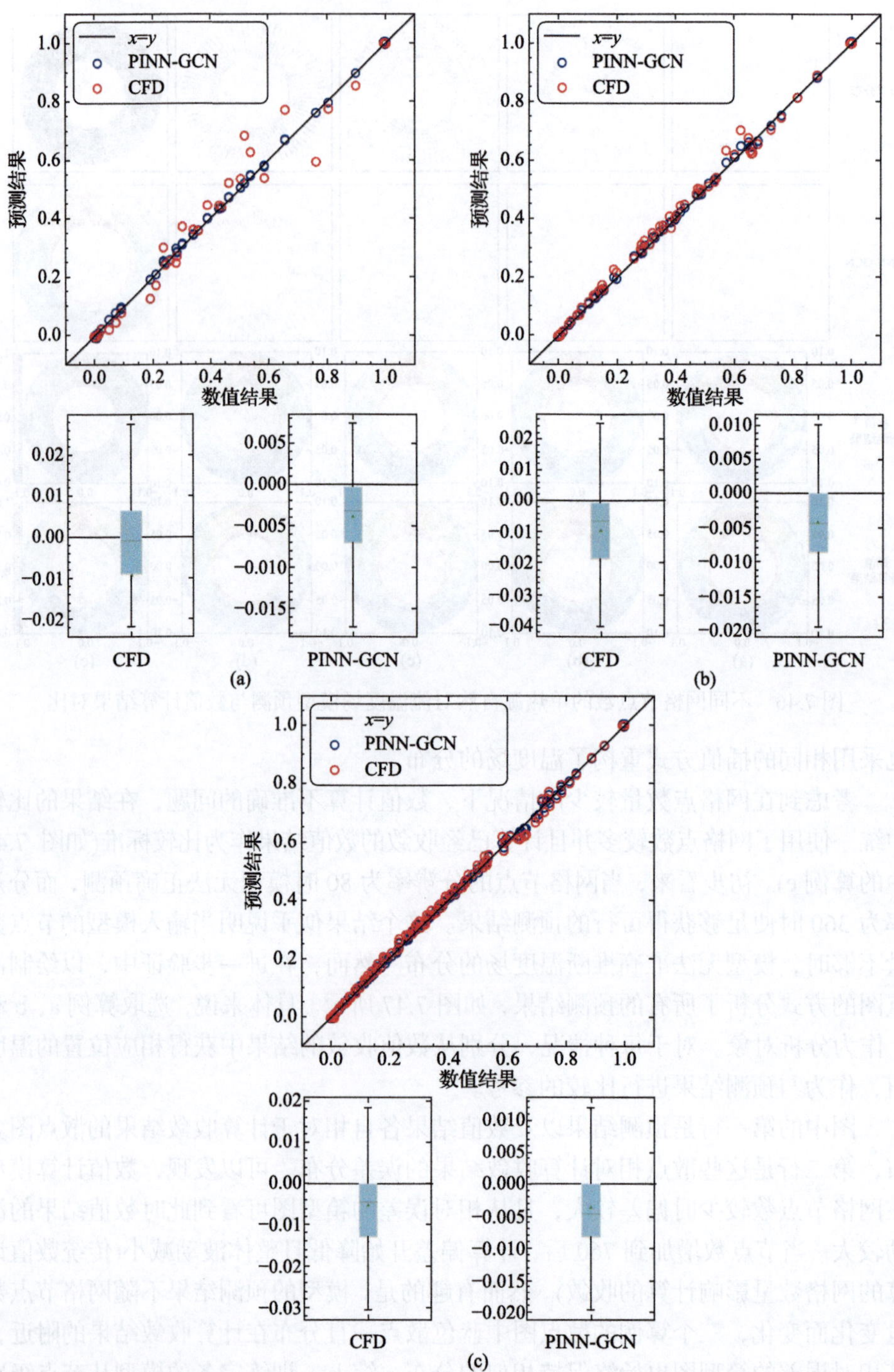

图 7.47　以不同数量的网格节点作为输入，模型预测和数值计算相对于收敛结果的误差分布

7.5.4 对比纯数据驱动降阶模型

图神经网络主要让模型学习非欧氏计算域中几何特征的表示，而物理神经网络的嵌入使模型在训练中受到控制方程的约束，提高模型的预测精度。本节的目的是探究控制方程的引入对模型性能的提升，为此对比分析了物理驱动模型和纯数据驱动模型的预测结果。两个模型在结构、训练数据以及训练超参数的选择上都保持了一致，以确保对比分析的科学性。选取的训练数据为单热源条件下的稳态自然对流，使用三个单热源半径变化的算例对训练模型进行了测试，结果如图 7.48 所示。

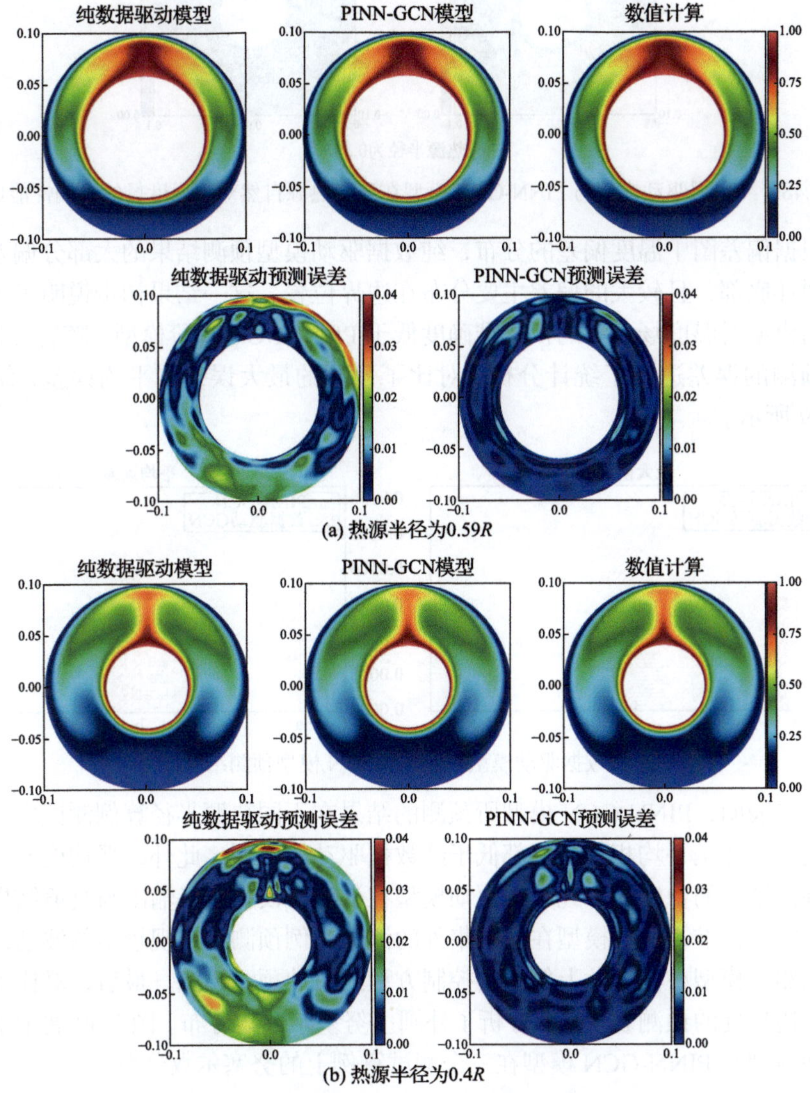

(a) 热源半径为0.59*R*

(b) 热源半径为0.4*R*

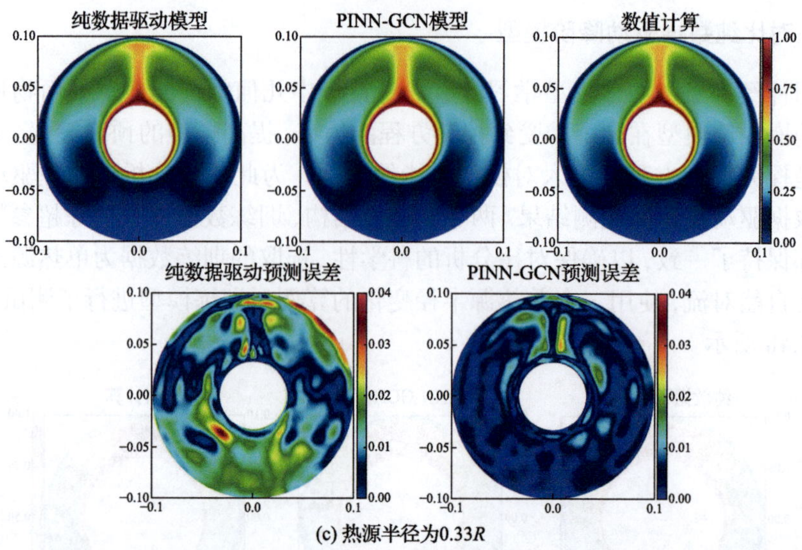

图 7.48　纯数据驱动模型与 PINN-GCN 模型在环形热源自然对流温度场的预测性能比较

根据偏差图中温度偏差的分布，纯数据驱动模型预测结果的大部分偏差出现在双圆环底部，且较大的偏差主要分布在边界位置。这一结果初步说明了纯数据驱动的模型对温度场分布的预测准确度低于 PINN-GCN 降阶模型。随后，对两种模型预测的误差进行了统计分析，对比了预测的最大误差和平均误差，结果如图 7.49 所示。

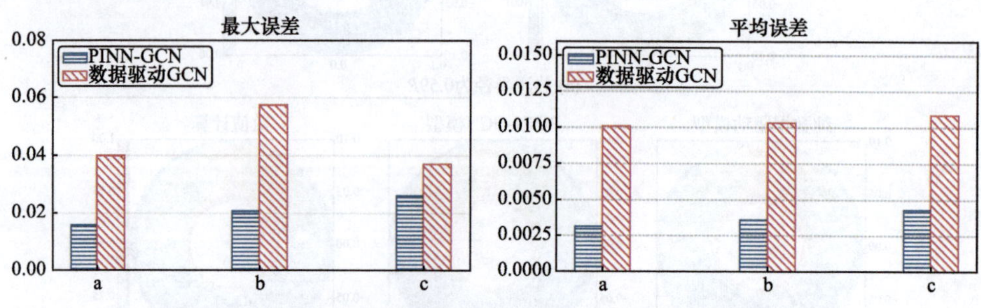

图 7.49　纯数据驱动模型与 PINN-GCN 模型预测结果误差分析

结果表明，PINN-GCN 模型所预测的结果在不同热源半径算例测试中，不管是最大误差还是平均相对误差都低于纯数据驱动的模型。此外，平均误差反映了模型预测结果的稳定性，纯数据驱动模型在训练中仅将网络输出与真值结果的偏差作为收敛标准，使得模型在训练集外的测试算例预测上出现较多的波动，说明纯数据驱动模型在泛用性上低于由控制方程约束的预测模型。最后，对比了两种模型在边界处的预测表现，即分析了外圆上努塞尔数的分布。图 7.50 展示了纯数据驱动模型和 PINN-GCN 模型在三个测试算例上的努塞尔数分布。

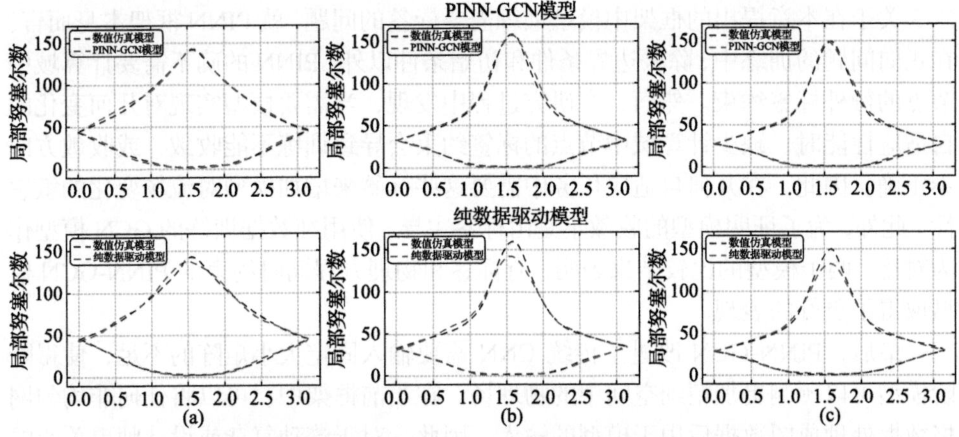

图 7.50　纯数据驱动模型与 PINN-GCN 模型预测的局部努塞尔数结果比较

从结果可以看出，纯数据训练的模型在圆环顶部的局部努塞尔数预测准确度不高，与数值计算结果相比出现了较大的偏差。三个算例局部努塞尔数的最大预测误差依次是 9.8%、16.5%和 17.18%，偏差显著大于物理驱动模型，推测这是由于纯数据驱动模型训练缺乏物理约束和足够的训练数据，其预测效果不及 PINN-GCN 模型。以上结果都足以证明，物理信息的引入对模型的训练具有积极的影响，有效增强了模型预测的鲁棒性。在本节的稳态二维自然对流任务中，其能够在少量训练数据的情况下，提升模型对温度场分布的预测性能。

7.6　本 章 小 结

本章主要探讨了嵌入物理方程后的图神经网络对构建流场降阶预测模型的改进。选取的研究对象包含二维稳态传热问题以及二维稳态流动问题，探究了物理方程嵌入的图神经网络(PINN-GCN)在几何变化条件下，对温度场或流场预测的自适应能力。在测试过程中，由 PINN-GCN 模型预测的结果都分别与纯数据驱动的 GCN 模型及数值计算的结果进行了比较。结果表明，PINN-GCN 模型在几何自适应上具有可行性和鲁棒性，克服了传统 PINN 框架无法自适应几何变换的问题。PINN-GCN 降阶模型的最显著优势在于它保留了网格的精细和稀疏区域。受益于图数据结构直接继承了原始网格的结构特征，不需要将原始数据像素化，从而保留了原始数据的准确性。同时，与纯数据驱动的 GCN 模型相比，PINN-GCN 对训练数据需求较低。由于 PINN-GCN 受到物理控制方程的约束，即使在有限的数据中训练，它也能获得较高的预测性能。这意味着数据集生成和预处理的时间成本将大大降低。

关于在本章提出的框架中模型训练需要标签的问题。就 PINN 框架本身而言，在正向问题的训练中，除去边界条件和初始条件以外，PINN 的确不需要计算域中节点的额外标签约束。然而，在研究过程中发现，当需要模型实现对几何变化的自适应性能时，缺少计算域中节点的标签约束会导致训练不能收敛，或收敛方向不正确。因此，在几何自适应任务中需要这些标签来增加模型对流场变化的敏感性。此外，为了证明模型的收敛不是由标签主导，使用纯数据训练的 GCN 模型作为对比。两个模型的比较结果表明，有标签和物理方程同时约束的 PINN-GCN 模型取得了更好的表现。

最后，PINN-GCN 改进了传统 CNN 需要输入固定大小矩阵的不足，使得降阶模型可以预测更加精细空间中的物理场。在当前框架中，可以将任何非均匀网格数据处理成图数据后用于模型的输入。因此，对于流动复杂或设计师更关心的区域，可以进行密集采样，以提高模型在该区域解的准确性，而这个特性对于设计任务的相关优化有积极影响。

参考文献

[1] Raissi M, Perdikaris P, Karniadakis G E. Physics-informed neural networks: a deep learning framework for solving forward and inverse problems involving nonlinear partial differential equations[J]. Journal of Computational Physics, 2019, 378: 686-707.

[2] Kadambi A, de Melo C, Hsieh C J, et al. Incorporating physics into data-driven computer vision[J]. Nature Machine Intelligence, 2023, 5(6): 572-580.

[3] Cai S, Mao Z, Wang Z, et al. Physics-informed neural networks (PINNs) for fluid mechanics: a review[J]. Acta Mechanica Sinica, 2021, 37(12): 1727-1738.

[4] Cai S, Wang Z, Wang S, et al. Physics-informed neural networks for heat transfer problems[J]. Journal of Heat Transfer, 2021, 143(6): 060801.

[5] Peng J Z, Aubry N, Li Y B, et al. HCP-PIGN: efficient heat conduction prediction by physics-informed graph convolutional neural network[J]. International Journal of Heat and Fluid Flow, 2024, 109: 109552.

[6] Peng J Z, Hua Y, Li Y B, et al. Physics-informed graph convolutional neural network for modeling fluid flow and heat convection[J]. Physics of Fluids, 2023, 35(8): 087117.

[7] Peng J Z, Aubry N, Li Y B, et al. Physics-informed graph convolutional neural network for modeling geometry-adaptive steady-state natural convection[J]. International Journal of Heat and Mass Transfer, 2023, 216: 124593.

[8] Paroncini M, Corvaro F. Natural convection in a square enclosure with a hot source[J]. International Journal of Thermal Sciences, 2009, 48(9): 1683-1695.

第 8 章　循环神经网络耦合图卷积神经网络的瞬态流动预测模型

8.1　引　　言

近年来，深度学习方法，特别是神经网络的应用，为流体动力学问题提供了新的解决途径。与传统的数值计算方法不同，基于神经网络的模型通过学习数据中的特征来进行预测[1]，不需要直接求解大量的偏微分方程，因此在计算速度和资源占用方面具有明显优势。CNN 作为其中的重要模型之一，已经被广泛应用于热传导和流体流动等问题的预测[2]。然而，CNN 的局限性在于其只能处理规则的欧氏结构数据，而对于非欧氏空间中的数据(如不规则网格和复杂几何结构)，CNN 的应用受到极大限制。为了应对这一挑战，传统的做法是将非欧氏数据像素化处理，使其适配 CNN 模型。但这种方法往往会导致信息丢失和精度下降，尤其是在高维非均匀网格数据处理中，像素化后的网格数据无法完整反映流场的局部细节，影响预测结果的精度。

为了解决上述问题，本章提出了一种新型的时序图卷积神经网络模型，将 GCN 与 RNN 相结合，专门用于非欧氏结构下的瞬态流场预测。时序图卷积神经网络模型中的 GCN 被用于提取物理场中的几何和局部信息，并通过其消息传递机制捕捉流场网格节点间的特性。而 RNN，尤其是其改进版本 GRU，则用于捕捉流场随时间变化的动态演化过程。通过结合这两种模型，时序图卷积神经网络模型不仅能够处理复杂的非欧氏数据，还能够有效预测流场的时间序列变化，实现对瞬态流场的高效预测。

提出这一技术的初衷在于，传统的数值计算方法在复杂流场和非规则网格问题上的计算效率较低，而现有的深度学习方法又难以处理非欧氏结构的数据。因此，时序图卷积神经网络模型的设计旨在克服 CNN 对数据结构的限制，通过 GCN 与 RNN 的结合，提升流场预测的效率和精度。GCN 的引入避免了数据像素化过程中的信息损失，同时 RNN 能够捕捉复杂流场中的时间演化特性。该模型不仅减少了计算时间，还能在复杂几何结构下保持较高的预测精度，解决了传统方法在大规模瞬态流场预测中的计算瓶颈问题。总之，时序图卷积神经网络模型的提出为流体动力学中的复杂流场预测任务提供了一种新的解决方案，能够在不规则网格和复杂几何条件下实现高效的瞬态流场预测。

8.2 常见循环神经网络及应用

8.2.1 RNN 的基本原理

RNN 是传统前馈神经网络的扩展，能够处理可变长度的序列输入，它通过内部的循环隐变量学习可变长度输入序列的隐表示，隐变量每一时刻的激活函数输出都依赖于前一时刻循环隐变量激活函数输出。给定一个输入序列 $\boldsymbol{x}=\left(x_1,x_2,\cdots,x_T\right)$，RNN 隐变量的循环更新过程如下

$$\boldsymbol{h}_t=\sigma\left(\boldsymbol{W}\boldsymbol{x}_t+U\boldsymbol{h}_{t-1}\right) \tag{8.1}$$

式中，σ 为一个激活函数，$\boldsymbol{W}$ 为输入到这一时刻隐变量的权重矩阵，$\boldsymbol{U}$ 为上一时刻隐变量到这一时刻隐变量的权重矩阵。在给定当前隐藏状态 $\boldsymbol{h}_t$ 的情况下，RNN 可以用来表示输入序列上的联合概率分布，即用生成式模型的观点解释 RNN 的更新时程。每一个时刻的更新公式生成一个条件概率分布，由所有时刻条件概率分布的乘积得到联合概率分布。RNN 引入特殊的终止符号来探知可变长度序列的结束位置，它可以很自然地表示可变长度序列上的概率分布。

根据网络结构，RNN[3]可以分为三大类：衍生 RNN，基于基本 RNN 模型的结构变体，修改了 RNN 的内部结构；组合 RNN，将其他经典网络模型或结构与衍生 RNN 结合，以获得更好的模型效果；混合 RNN，结合了不同网络模型地组合，并在 RNN 内部结构上进行修改。

(1) 衍生 RNN。

以 RNN 为基础衍生出的结构变体，包括双向 RNN、长短期记忆网络、微分 RNN、高速公路网、多维 RNN 和嵌套堆叠 RNN。

双向 RNN 由两个单独的隐藏层处理两个方向上的数据，充分利用了未来的语境，并且将这些隐藏层输出馈送到同一输出层以实现分类。它解决了 RNN 只能利用先前的上下文信息，无法根据未来语境开展识别工作的不足，提高了语音识别的准确率。

RNN 在实践中很难得到较好的训练，主要原因是梯度消失和梯度爆炸问题。梯度爆炸问题是指训练期间由于长期分量的爆炸引起梯度范数大幅增加，这些分量的增长速度是短期分量的指数倍。梯度消失问题指的是相反过程，当以指数形式增长的长期分量范数快速趋近于 0 时，模型无法学习大范围事件之间的依赖关系。针对这些问题，研究人员提出了 LSTM。在 LSTM 中，第 $j-\text{th}$ 单元在时刻 t 的记忆单元为 c_t^j，那么 LSTM 单元的隐藏状态输出 $\boldsymbol{h}_t^j$ 表示为

$$\boldsymbol{h}_t^j = \boldsymbol{o}_t^j \tanh\left(\boldsymbol{c}_t^j\right) \tag{8.2}$$

式中，$\boldsymbol{o}_t^j$ 为输出门，用来调节记忆单元输出内容的数量。输出门计算过程如下

$$\boldsymbol{o}_t^j = \sigma\left(\boldsymbol{W}_o \boldsymbol{x}_t + \boldsymbol{U}_o \boldsymbol{h}_{t-1} + \boldsymbol{V}_o \boldsymbol{c}_t\right)^j \tag{8.3}$$

式中，$\boldsymbol{V}_o$ 为一个对角矩阵。记忆单元不仅要生成隐藏状态，还要进行循环更新以便计算下一时刻的隐藏状态，于是通过部分遗忘现存的记忆同时增加一个新的中间记忆单元 $\tilde{\boldsymbol{c}}_t^j$ 来更新记忆单元 $\boldsymbol{c}_t^j$

$$\boldsymbol{c}_t^j = \boldsymbol{f}_t^j \boldsymbol{c}_{t-1}^j + \boldsymbol{i}_t^j \tilde{\boldsymbol{c}}_t^j \tag{8.4}$$

中间记忆单元 $\tilde{\boldsymbol{c}}_t^j$ 为

$$\tilde{\boldsymbol{c}}_t^j = \tanh\left(\boldsymbol{W}_c \boldsymbol{x}_t + \boldsymbol{U}_c \boldsymbol{h}_{t-1}\right)^j \tag{8.5}$$

遗忘门 $\boldsymbol{f}_t^j$ 的作用是调节现存记忆的遗忘程度，输入门 $\boldsymbol{i}_t^j$ 的作用是调节增加内容到新记忆单元的程度。遗忘门和输入门计算公式为

$$\boldsymbol{f}_t^j = \sigma\left(\boldsymbol{W}_f \boldsymbol{x}_t + \boldsymbol{U}_f \boldsymbol{h}_{t-1} + \boldsymbol{V}_f \boldsymbol{c}_{t-1}\right)^j \tag{8.6}$$

$$\boldsymbol{i}_t^j = \sigma\left(\boldsymbol{W}_i \boldsymbol{x}_t + \boldsymbol{U}_i \boldsymbol{h}_{t-1} + \boldsymbol{V}_i \boldsymbol{c}_{t-1}\right)^j \tag{8.7}$$

式中，$\boldsymbol{V}_f$ 和 $\boldsymbol{V}_i$ 均为对角矩阵。与在每个时刻覆盖以前时刻状态的传统循环单元不同，LSTM 单元通过引入门来决定是否保持现有记忆。直观地说，如果 LSTM 单元能够在早期阶段从输入序列中检测到重要特征，则 LSTM 可在长时间内保留该特征信息，从而捕获潜在的大范围序列依赖关系。

微分 RNN(Derivative RNN，DRNN)是为解决标准 RNN 在处理动态序列数据时的局限性而提出的变体。该模型通过引入状态导数(Derivative of States，DoS)来量化每个时间步的信息变化。这使得模型能够更灵敏地捕捉到序列中显著的动态变化。例如，在动作识别任务中，DRNN 能够识别出动作状态的突然变化，并通过 DoS 来调整信息流入或流出记忆单元的量。具体而言，当状态变化(DoS)较大时，表示输入序列中存在显著的动态变化，此时模型允许更多的信息进入记忆单元，以更新其内部状态。相反，当 DoS 值较小时，输入信息会被限制进入记忆单元，以保持内部状态的稳定性。通过这种机制，DRNN 能够更有效地学习复杂的动态模式。此外，微分循环 RNN 可以结合不同阶数的 DoS，以逐层堆叠的方式提升模型的复杂度。例如，d2RNN 是基于 LSTM 的深度微分 RNN，它通过在不同层次引入不同阶数的 DoS 来堆叠 LSTM 单元，每一层能够学习不同层次的动态变化，从而更好地捕捉复杂的时间序列特性。

高速公路网络是一种深层神经网络架构，旨在解决深度网络训练中常见的梯度消失和梯度爆炸问题。它在网络的各层之间引入“高速公路”式的门控单元，

使得信息能够直接跨层传播，从而有效缓解了深层网络的训练难题。高速公路网络的核心是两个门控单元：转换门和进位门。这些门类似于 LSTM 中的输入门和遗忘门，通过学习输入的非线性变换，控制信息在不同网络层之间的流动。特别是进位门，允许信息直接从低层流动到高层而不经过非线性变换，这种跳跃连接类似于 LSTM 的循环自连接。循环高速公路网络(Recurrent Highway Network，RHN)在循环神经网络的基础上加入了多个高速公路层，增强了循环网络的深度。通过这种方式，RHN 不仅保留了 LSTM 的易训练特性，还能够利用循环变换增加网络深度，从而更有效地解决序列学习任务中的梯度消失问题。总之，高速公路网络通过门控机制和跨层连接，大大提升了深层神经网络的训练能力和效率，成为深度学习中的重要技术之一。

多维 RNN 是一种为处理多维数据而设计的循环神经网络变体，它能够在多个维度上进行信息的依赖建模，扩展了传统 RNN 仅处理一维时间序列的能力。多维 RNN 通过在每个时间步使用与数据空间维数相同的连接来替换 RNN 中的单个循环连接。这种多维连接允许网络能够灵活地学习输入数据的空间特征，使得多维 RNN 在处理多维度的输入时表现出色，特别是在图像处理和复杂流体动力学的建模中。它能够捕捉到空间中周围环境的内部表示，并且对局部失真具有很强的鲁棒性。多维 RNN 的每个隐藏层会扫描一维区间中的输入，并将激活函数的输出存储在缓冲区中。每个点的隐藏状态输出与当前点的输入一起传递给下一个时刻，通过这种方式，多维 RNN 能够在每个维度上同时捕捉局部和全局的依赖关系。多维 RNN 相较于传统 RNN 的优势在于，它能够同时处理多维数据中的依赖关系，不局限于时间序列。然而，随着维度的增加，模型的计算复杂度和内存需求也会显著上升，因此在实际应用中需要平衡性能和计算资源的消耗。

嵌套堆叠 RNN 是一种通过将多个 LSTM 或 RNN 层进行嵌套而构建的深度学习模型。这种结构的特点是在每一层中，较低层的记忆单元会为更高层提供输入，从而形成递归式的层次化记忆单元嵌套。嵌套堆叠 RNN 的基本思想是通过多个层次的 LSTM 单元嵌套，使得网络能够捕获序列数据中不同时间尺度的依赖关系。每一层 LSTM 单元不仅处理自己的输入，还接收来自其他层的输出，并且各层的连接是递归的。这种设计允许模型捕捉到更深层次的时序依赖关系。具体而言，嵌套 LSTM 单元通过外层记忆单元的输出作为内层的输入和隐藏状态，这种层层嵌套的设计使得网络能够灵活应对长短期记忆问题。此外，通过将不同时间步的信息传递到更深的网络结构中，嵌套堆叠 RNN 能够更好地建模复杂的时间序列数据。与传统的单层 RNN 或 LSTM 相比，嵌套堆叠 RNN 具有以下几个优势：增强的时间层次结构，嵌套结构能够通过多层记忆单元创建更复杂的时间层次结构，从而更好地捕捉不同时间尺度上的依赖关系；信息流的高效传播，多层嵌套的设计允许信息在网络的多个层次间流动，使得模型能够灵活应对不同复杂度的数据特征；长序列学习能力，通过层次化的嵌套结构，嵌套堆叠 RNN 能够更好地处理长时间依赖，解决传统 RNN 因梯度消失问题而无法有效建模长序列的不足。

(2) 组合 RNN。

组合 RNN 是其他经典网络结构与 RNN 或其结构变体相结合形成，包括卷积 RNN、网格 RNN、图 RNN、暂态 RNN、格子 RNN、分层 RNN 和记忆 RNN。

卷积 RNN 是将 CNN 与 RNN 相结合的一类混合模型，旨在同时处理空间信息和时间信息。卷积 RNN 通过利用 CNN 的强大特征提取能力与 RNN 的时序建模能力，在处理视频、语音以及其他序列数据方面表现出色。卷积 RNN 通过使用 CNN 来提取输入数据的空间特征，并将这些特征作为序列输入到 RNN 中，以处理数据中的时序依赖关系。CNN 负责提取局部的空间特征(如图像或视频帧中的视觉信息)，而 RNN 负责捕捉数据中的时间依赖性，如序列帧之间的关系。在卷积 RNN 的运算过程中，首先使用 CNN 对输入数据(如图像或视频帧)进行卷积操作，提取局部特征。卷积层可以捕捉空间结构中的重要信息，如边缘、纹理和形状。随后，将提取到的特征序列作为 RNN 的输入，处理时间相关性。RNN 在捕捉序列依赖性方面非常强大，能够从多帧视频或时间序列中提取长期依赖信息。经过循环层处理后，输出层通常为全连接层或分类器，用于预测或生成序列数据的结果。卷积 RNN 的主要优势在于其能够同时处理空间和时间信息。通过 CNN 提取空间特征，再结合 RNN 对时间维度上的依赖性进行建模，卷积 RNN 可以在视觉、语音、时间序列预测等多种任务中展现出强大的表现力。此外，卷积 RNN 通过卷积操作减少了序列输入的维度，从而有效降低了模型的计算复杂度和训练时间。

网格 RNN 是一种通过将 RNN 单元扩展至多维网格结构的神经网络变体，旨在处理多维度的序列数据。与传统的单一时间维度 RNN 不同，网格 RNN 允许多个维度的信息同时进行学习，尤其适合用于多维时间序列和空间依赖数据的建模。网格 RNN 的基本思想是将多个 LSTM 单元构成一个多维网格结构，在该网格中，每个单元都可以从多个维度接收信息，进而进行时间步或空间位置上的依赖性建模。这种结构的设计不仅考虑了时间维度，还可以同时处理其他维度的信息，比如空间维度或特征维度。每个网格中的单元可以与相邻单元进行信息交换，从而更好地捕捉不同维度之间的关系。网格 RNN 的优势在于它能够同时处理多维度的序列数据，而不仅仅局限于时间维度。这使其在处理复杂的多维时空数据时表现出色。然而，网格 RNN 的计算复杂度较高，尤其是在处理大规模数据时，计算资源的消耗和训练时间会显著增加。因此，在实际应用中，如何平衡计算效率和模型性能仍然是一个挑战。

图 RNN 是一种结合图结构和 RNN 的模型，旨在从图结构数据中学习时空关系。这类网络能够处理动态的时空图结构数据，尤其适用于涉及图结构和时变数据的任务，如视频分析和动态网络建模。典型的图 RNN 架构中，图卷积神经网络用于提取节点之间的局部空间特征，RNN(如 LSTM 或 GRU)用于捕捉时间序列中的动态依赖性。在这种结构中，输入数据通常表示为时序图，节点表示时变系统中的观测值，边表示这些观测值之间的关系。图卷积部分对图结构进行特征提取，而循环神经网络负责在时间维度上建模节点特征的动态变化。通过这种方式，图 RNN 可以捕获时空关系并实现动态图数据的建模。图 RNN 结合了图卷积和循环神经网络的优势，能够处理动态图数据的时空特性。与传统的 RNN 相比，图 RNN 可以更好地处理图结构中的复杂关系，尤其在图形数据存在非欧氏结构时表现优异。然而，随着网络深度和图的复杂度增加，图 RNN 的计算开销也会显著增加。

暂态 RNN 是一种专门用于处理输入序列与标签之间对应关系未知的时序分类任务的模型。这类网络在诸如语音识别、手写识别等应用中表现突出，能够在没有明确的输入与输出对齐方式的情况下，有效预测序列标签。暂态 RNN 常与 CTC (Connectionist Temporal Classification)相结合，它是一种为解决输入序列与目标标签没有明确对应关系的时序分类问题而提出的算法。CTC 允许模型在没有手动对齐输入与输出的情况下进行训练，通过前向-后向算法为所有可能的对齐方式计算归一化概率，进而预测序列标签。这种机制特别适用于语音识别和手写体识别等任务。暂态 RNN 的主要优势在于它能够处理那些输入与目标标签对应关系未知的复杂时序数据。此外，CTC 机制使得这种模型不需要明确标记每个时间步的数据标签，大大降低了对数据标注的要求。然而，这类模型的计算复杂度较高，尤其在处理长序列时，可能会出现训练时间过长的问题。

格子 RNN 是一种能够有效处理复杂结构数据的神经网络模型，尤其适合于自然语言处理和语言建模任务。格子 RNN 在网络单元之间引入格子结构的连接，使信息能够更加高效地在单元之间流动，减少了传统 RNN 中信息传递的瓶颈。格子 RNN 是一种基于 RNN 的变体，它通过在网络的时间步和深度维度上引入格子结构，将时间序列中的信息更有效地传播到其他单元中。不同于传统 RNN，格子 RNN 引入了多个信息流，利用不同维度的投影状态来处理输入信息，这种设计使得网络能够更好地捕捉多维数据中的特征。格子循环单元(Lattice Recurrent Unit, LRU)是格子 RNN 的核心组件，LRU 在时间和深度维度上同时存在信息流，允许信息在各维度之间高效地传播。这使得 LRU 能够在语言建模和自然语言处理中表现出色，尤其是在处理字符和单词级别信息时。格子 RNN 的优势在于其能够同时处理多个维度的信息流，使得模型在处理复杂序列数据时表现更加优异。尤其是在自然语言处理任务中，它可以显著减少字符和单词之间的分割错误。然而，随着网络结构的复杂性增加，格子 RNN 的计算成本和内存需求也会相应提高，因此在实际应用中需要进行计算效率与模型性能的权衡。

分层 RNN 是为了解决复杂时序和层次化任务而设计的模型。与传统 RNN 相比，分层 RNN 引入多个层次结构来捕捉序列数据中的多层次信息，使其能够处理长时间依赖和多尺度特征。分层 RNN 在不同层级上操作序列数据，从而能够同时捕捉短期和长期的依赖关系。每一层 RNN 可以处理不同时间分辨率的数据，低层 RNN 可以处理细粒度的短期依赖关系，而高层 RNN 可以捕捉较大时间尺度上的长时依赖。例如，分层 RNN 模型由多个 LSTM 层和前馈(Feed-Forward，FF)层组成，这些层形成层次化结构，使每一层以不同的时间分辨率工作。通过这种层次结构，分层 RNN 能够有效地捕捉时间序列中的多尺度信息。分层 RNN 的优势在于其能够通过引入层次化结构来捕捉不同时间尺度上的依赖关系，特别是在处理复杂长序列任务时表现出色。

记忆 RNN 是一种结合了记忆结构和 RNN 的模型，专门用于处理需要长时间依赖关系的数据。记忆 RNN 通过增加记忆模块或使用外部存储来存储和检索历史信息，能够更好地捕捉复杂时序数据中的长时依赖性。传统的 RNN 虽然可以在理论上捕获长时依赖关系，但由于梯度消失或爆炸问题，模型在实践中很难长期保存重要信息。为了改善这一情况，记忆 RNN 通过加入记忆模块(如记忆块或键值记忆网络)，在神经网络训练时决定哪些信息需要保留。记忆 RNN 能够长时间保留重要信息，适合处理具有复杂结构的序列数据，尤其在语言数据处理方面表现出色。然而，其复杂的记忆模块增加了模型的计算复杂度，如何高效地设计和优化这些记忆结构是未来研究的重点。

(3) 混合 RNN。

混合 RNN 模型既有不同网络模型的组合，又在 RNN 内部结构上进行了修改。混合 RNN 的核心理念是利用不同网络架构的优势，使得模型能够更好地捕捉时空关系及非线性特征。混合 RNN 通常通过结合其他类型的网络模型进行构建，既包括基于卷积操作的结构，也包括图结构、扩散卷积等不同的数据处理方式。其中，扩散卷积循环神经网络通过扩散卷积代替传统 GRU 中的矩阵运算，更加适合处理交通预测等时空依赖任务。混合 RNN 结合了多个网络模型的优势，能够处理多种复杂数据类型，包括时空数据和图结构数据，解决了许多复杂数据处理任务，尤其在交通、图像、语音和视频处理领域中展现了其独特优势。

8.2.2　RNN 的基本应用

RNN 在多个领域中展现了强大的应用潜力，尤其在自然语言处理、语音识别、时间序列预测、视频分析和医学信号处理等领域表现突出。

在自然语言处理方面，RNN 被广泛用于机器翻译、文本生成和情感分析等任务[4]。通过处理句子的顺序信息，RNN 能够有效捕捉上下文关系，在机器翻译中将源语言转换为目标语言，或用于自动生成文本和分析文本中的情感倾向。

在语音识别方面，RNN 主要用于语音识别和语音合成。它们能够处理连续的语音信号，将语音转录为文本或生成自然的语音。这种时序依赖性使得 RNN 在语音处理方面十分有效。对于时间序列预测，RNN 广泛应用于金融数据分析和天气预报，能够通过历史数据预测未来的趋势，这使得 RNN 在股票市场、外汇交易以及气象预测等领域发挥了重要作用。

在视频分析方面，RNN 通过分析视频帧之间的时序关系，应用于动作识别和视频生成任务。它们可以识别视频中的人物动作或预测后续视频帧，这些技术在安全监控和视频补全中非常有用。医学信号处理也是 RNN 的重要应用领域，它们被用于心电图分析和脑电图解码，帮助检测心脏疾病或开发脑机接口系统。

此外，RNN 还广泛应用于动态系统建模，如交通流量预测[5]和物理场建模[6]。它们能够预测交通流量、优化城市规划，并用于复杂系统中物理场状态的模拟与预测。总体而言，RNN 凭借其处理有序数据的能力，已经成为解决多领域复杂序列问题的重要工具，随着其变体的发展，应用范围将进一步拓展。

8.3 案例分析 1——循环神经网络耦合图卷积网络的圆柱绕流瞬态流动降阶建模

8.3.1 案例说明

本节提出了一种新型的降阶模型——时序图卷积神经网络(Sequential Graph Convolutional Neural Network，SGCNN)，其将 GCN 与 RNN 结合，用于非欧氏结构下的瞬态流场预测[7]，主要开展对瞬态圆柱绕流的流体动力学特征的降阶分析。这类流动问题涉及的物理现象复杂多变，特别是当多个圆柱体存在时，涡流的生成与脱落增加了流场的复杂性。因此，案例以单圆柱和双圆柱流动为研究对象。在单圆柱流动案例中，使用特定雷诺数(Re = 200)流动条件下，让模型预测未来连续时间步的速度场和压力场。接着，通过双圆柱流动问题测试模型在复杂几何下的表现，进一步验证 SGCNN 在处理复杂瞬态流场问题时的鲁棒性。

8.3.2 训练数据集的生成和预处理

本节使用圆柱绕流问题对 SGCNN 模型的预测性能进行验证。假设流体为不可压缩牛顿流体，流动运动由 Navier-Stokes 方程描述

$$\nabla \cdot \boldsymbol{u} = 0 \tag{8.8}$$

$$\frac{\partial \boldsymbol{u}}{\partial t} + \nabla \cdot \boldsymbol{u}\boldsymbol{u} = -\frac{1}{\rho}\nabla p + \frac{\mu}{\rho}\nabla^2 \boldsymbol{u} \tag{8.9}$$

式中，$\boldsymbol{u}(\boldsymbol{x},t)$ 为流场中不同位置以及时刻的速度，t 为时间，$p(\boldsymbol{x},t)$ 为不同位置以及时刻的压力，ρ 和 μ 分别为流体介质密度和动力黏度。

根据上述描述，本节设计的物理流场如图 8.1 所示。一个圆柱体被放置在两个平行板之间的无限宽度流场中。来流与圆柱体和板相互作用，导致流场的变化。流场的三维几何结构如图 8.1(a)所示。本节专注于观察和分析流场中央截面平面内的流动变化，同时忽略前后墙壁对分布的影响。因此，假设 z 方向的速度可以忽略不计。这一简化能够将三维流动模型转化为二维表示，如图 8.1(b)和图 8.1(c)所示。通过将流动模型简化为二维，可以在不牺牲关键流动行为的前提下优化计算效率。

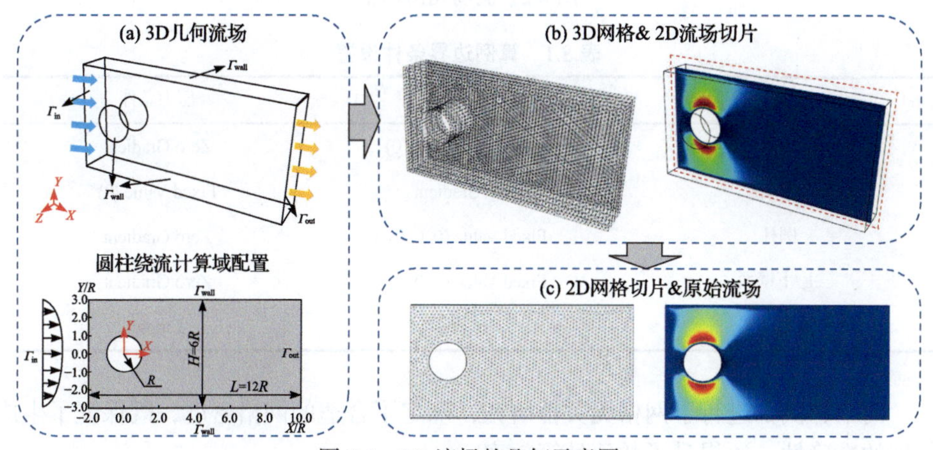

图 8.1　3D 流场的几何示意图

基于上述假设，雷诺数计算为 $\mathrm{Re} = \rho u_0 D / \mu$，其中 u_0 为流体的来流速度。因此，方程可以表示为

$$\frac{\partial \boldsymbol{u}}{\partial t} + \boldsymbol{u}\nabla \cdot \boldsymbol{u} = -\frac{1}{\rho}\nabla p + \frac{1}{\mathrm{Re}}\nabla^2 \boldsymbol{u} \tag{8.10}$$

采用以下方式对控制方程中的原始变量进行无量纲化处理

$$\boldsymbol{u}^* = \frac{\boldsymbol{u}}{u_0}, \quad p^* = \frac{p}{p_0}, \quad x^* = \frac{x}{R}, \quad y^* = \frac{y}{R} \tag{8.11}$$

式中，无量纲化的速度、压力和位置通过来流速度 u_0、参考压力 p_0 和特征长度的一半 R 进行缩放。流场的网格由 Gmsh 工具在 Python 中生成，使用棱柱形非结构化线性单元。数值计算在开源工具 OpenFOAM 中进行，采用 PimpleFoam 求解器计算瞬态流场。

基于以上设定，本节建立了单圆柱绕流和双圆柱绕流两个算例。这些算例的二维切片几何形状如图 8.2 所示。图 8.2(a)显示了单个圆柱体位于流场中，而图 8.2(b)则展示了两个圆柱体平行放置于流场中的布置。边界条件的详细信息如表 8.1 所示。

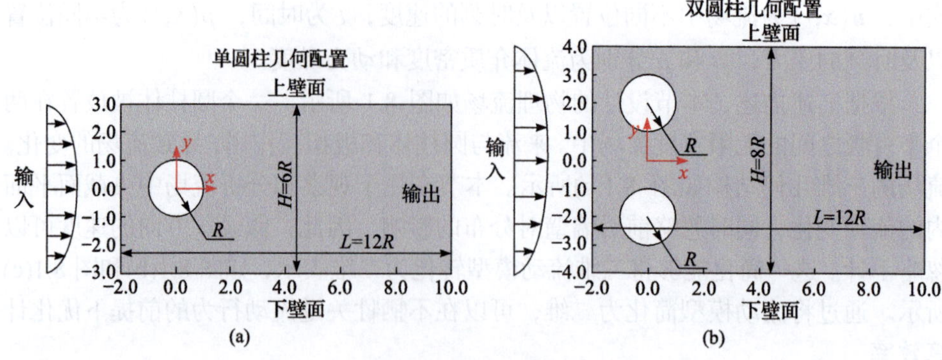

图 8.2　流场几何构型

表 8.1　算例边界条件设置

边界类型	速度条件	压力条件
输入	Fixed Value (u_0, 0, 0)	Zero Gradient
输出	Zero Gradient	Fixed Value (0)
圆柱	Fixed Value (0, 0, 0)	Zero Gradient
上/下壁面	Fixed Value (0, 0, 0)	Zero Gradient
前/后壁面	Empty	Empty

两个算例都进行了网格无关性研究，确定了合适的网格密度，既保证了生成数据的准确性，还提升了数值计算效率。

完成数据集的获取后，需要对数据进行预处理，使其可被神经网络模型识别和学习。为了提取非欧氏空间流场中的信息，即具有离散复杂几何结构的非结构化网格和具有局部细化特征的不均匀网格，本节使用图来表示非结构化的连接网格点。网格节点被视为图的顶点，边用于连接相邻的节点。因此，能够构建一个表示非结构化网格的图，该图在围绕任意物体时可以具有不同程度的复杂性或不同数量的节点。在计算域中，顶点集 $\boldsymbol{V}$ 用于描述网格节点，边集 $\boldsymbol{E}$ 用于表示网格的连接性。流场数据定义在网格节点上，形成一个特征矩阵 $\boldsymbol{X} \in \mathbb{R}^{n \times m}$，其中包含每个图节点的 m 个输入特征。使用邻接矩阵 $\boldsymbol{A} \in \mathbb{R}^{n \times n}$ 来编码边的连接关系，它表示任意给定顶点对是否相连。图 8.3 展示了无向图 G 的数据生成示例。

将网格节点的坐标等固定特征与速度和压力等动态特征设为节点的属性特征。接着，在相同网格内构建节点之间的连接，生成图数据中的边连接属性。节点的坐标和边的连接信息可以从 Gmsh 的网格文件中获取，动态场通过数值计算得到。随后，将时间步长的特征矩阵作为真实值，用于引导网络训练。为了改善

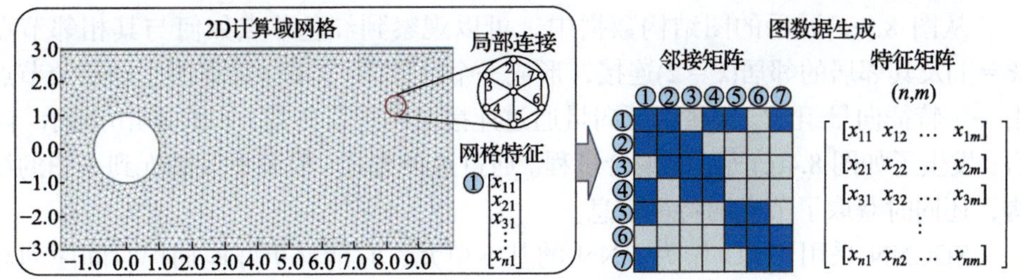

图 8.3　从二维流场网格生成图形数据的示例

输入特征，除了输入坐标信息外，还可以添加雷诺数和边界条件等属性作为输入特征，增强模型对不同流场的适应性。

8.3.3　降阶模型的构建

SGCNN 采用 GraphSAGE 作为 GCN 框架，其核心思想是从节点的局部邻域中进行特征信息的采样和聚合，如图 8.4 所示。在每次迭代中，每个节点会采样并聚合其相邻节点的特征。随着迭代过程的加深，节点逐渐从图的更远区域获得越来越多的信息。

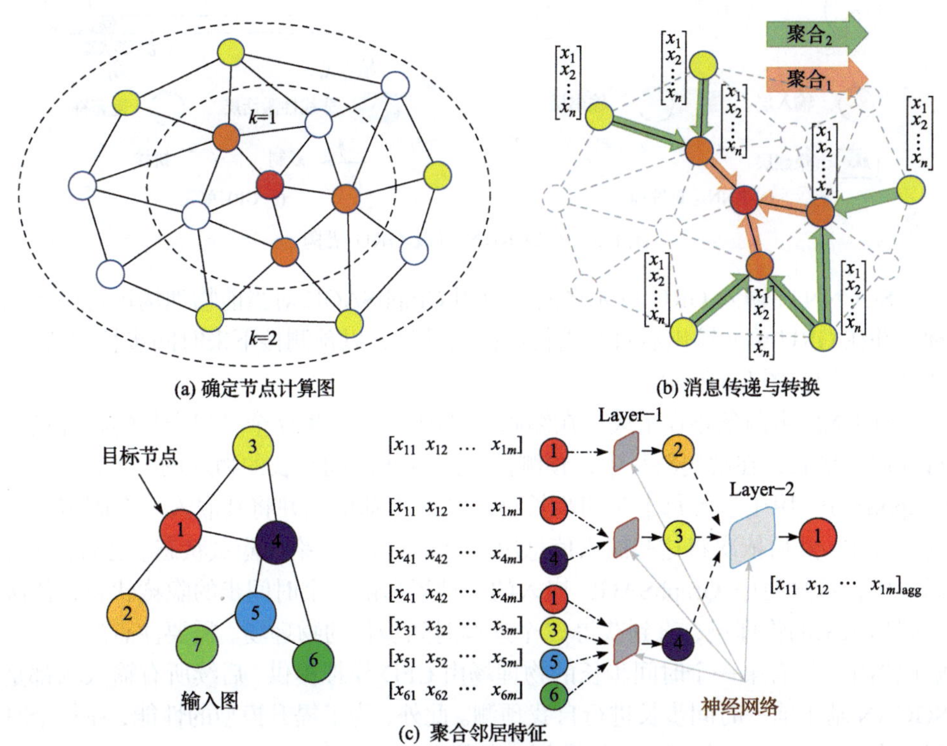

图 8.4　GCN 特征采样和聚合过程

从图 8.4(a)展示的图结构数据中，可以观察到红色节点如何与其相邻节点($k = 1$)及其邻居的邻居($k = 2$)连接，形成一个计算图。GCN 计算图中的每个节点由一个特征向量组成，这些特征向量通过连接结构进行传播，如图 8.4(b)所示。随后，发生了如图 8.4(c)所示的聚合过程。通过这种方式，模型不仅捕捉到了图的结构，还同时获取了节点的特征信息。

SGCNN 采用 GRU 作为 RNN 的基本单元，它能够更好地捕捉时间序列数据中间隔较大的依赖关系，并在反向传播过程中大大减少梯度消失和梯度爆炸的现象。图 8.5 展示了经典 RNN 以及 GRU 架构。其中，RNN 通过隐藏状态变量 $h_t \in \mathbb{R}^N$ 输出信息 y_t，该隐藏状态变量由前一个隐藏状态 h_{t-1} 和当前输入数据 x_t 学习得到。

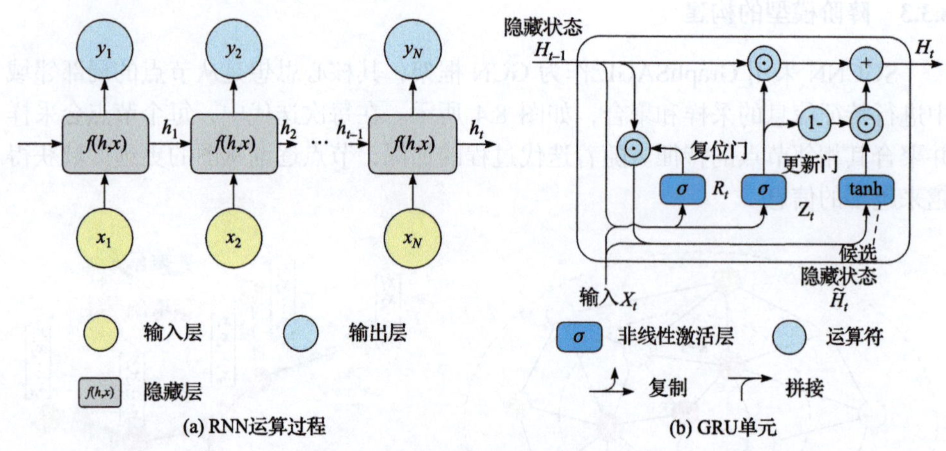

图 8.5　经典 RNN 以及 GRU 架构

SGCNN 在输入 GRU 单元之前，应用 GraphSAGE 对当前物理场进行嵌入处理，并在 GRU 单元输出后对其进行反嵌入处理，以预测接下来时间步长的流场。详细的架构如图 8.6 所示。

SGCNN 由两条路径组成。在编码路径中，对连续 M 个时间步长的物理场进行编码。接着，在解码路径中，预测接下来 N 个时间步长的物理场。具体而言，GraphSAGE 用于学习每个时间步长物理场的内部信息并将其嵌入一个固定大小的矩阵中，然后依次将这些嵌入信息用于更新 GRU 网络的隐藏状态。之后，在解码器中，重复使用 GraphSAGE 嵌入的物理场和前一个时间步的隐藏状态，依次解码出未来的物理场，直到获得 N 个连续时间步长的物理场。需要注意的是，在解码器中，只有第一个时间步长的物理场由 CFD 模拟提供，后续所有输入场都是 SGCNN 基于前一时间步长进行自我预测。此外，为了提升模型的性能，在每个时间状态的 GRU 中添加了一个隐藏层，如图 8.6(a)所示。

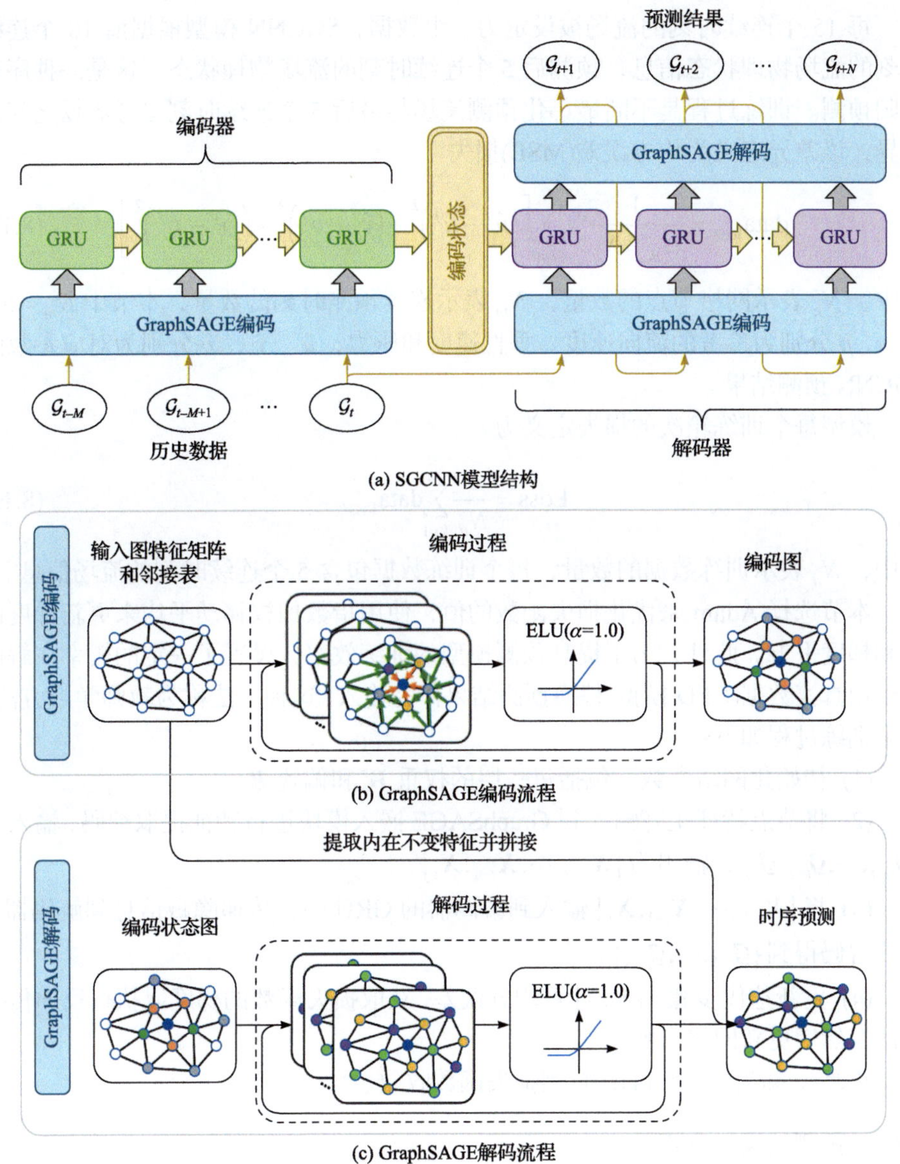

(a) SGCNN模型结构

(b) GraphSAGE编码流程

(c) GraphSAGE解码流程

图 8.6　流程架构

GraphSAGE 由多层组成，每次进入更深层时，节点会额外学习来自更远节点的特征信息，从而得到一个具有更丰富特征的隐藏信息矩阵，增强 GraphSAGE 适应物理问题的能力。最后，关于 GraphSAGE 的反嵌入过程，如图 8.6(c)所示，其类似于 GraphSAGE 嵌入的逆过程。GraphSAGE 编码的信息和前一个时间步长的内在特征共同解码出流场的预测结果。

每 15 个连续时刻的流场被设定为一组数据，SGCNN 模型根据前 10 个连续时刻的流场物理状态信息，预测后 5 个连续时刻的流场物理状态，这是一种序列回归预测。训练过程是不断最小化预测流场与最后 5 个连续时刻参考流场之间的差异，该差异定义为均方误差(MSE)损失

$$\text{data}_{\text{loss}} = \frac{1}{N_m \times N_n}\sum_{j=1}^{N_m}\sum_{i=0}^{N_n}\left[\left(\hat{u}_i^j - u_i^j\right)^2 + \left(\hat{v}_i^j - v_i^j\right)^2 + \left(\hat{p}_i^j - p_i^j\right)^2\right] \tag{8.12}$$

式中，N_n 表示网格节点的数量，N_m 表示连续预测时刻的数量，本节中 $N_m = 5$。u、v、p 分别为参考的流向速度、垂直速度和压力，$\hat{u}$、$\hat{v}$、$\hat{p}$ 分别为对应参数的 SGCNN 预测结果。

模型每个训练轮次的损失定义为

$$\text{Loss} = \frac{1}{N_d}\sum_{k=1}^{N_d}\text{data}_{\text{loss}k} \tag{8.13}$$

式中，N_d 表示训练数据的数量，每个训练数据包含 5 个连续时刻的流场信息。

本节选择 Adam 来优化损失函数的值，使用指数加权移动平均来更新梯度向量和梯度平方。此外，为了提高预测模型的训练效率，设置了一定的概率在解码器中用真实数据(CFD 模拟)替换预测结果作为输入，这种方法称为教师学习方法。整个训练过程如下：

(1) 初始化网络参数，包括每一层的权重 $\boldsymbol{W}$ 和偏置 $\boldsymbol{B}$。

(2) 将节点特征矩阵输入到 GraphSAGE 嵌入模块进行特征提取编码，输入为 $\{\mathcal{G}_{t-9},\cdots,\mathcal{G}_{t-1},\mathcal{G}_t\}$，输出为 $\{\boldsymbol{X}_{t-9},\cdots,\boldsymbol{X}_{t-1},\boldsymbol{X}_t\}$。

(3) 将 $\{\boldsymbol{X}_{t-9},\cdots,\boldsymbol{X}_{t-1},\boldsymbol{X}_t\}$ 输入到编码器的 GRU 中，传递隐藏信息到解码器，连续解码得到 $\{\mathcal{G}_{t+1},\cdots,\mathcal{G}_{t+5}\}$。

(4) 更新迭代步骤 $t+1$，计算均方误差，获取损失函数的梯度以执行反向传播算法，然后更新网络参数。

重复步骤(2)～步骤(4)，直到损失函数收敛。

8.3.4 预测结果与分析

单圆柱绕流设计在特定雷诺数为 200，而双圆柱绕流设计在雷诺数为 400 的情况下进行，以此确保相应的流动处于层流状态。两种算例中模型均使用 1s, 2s,⋯, 150s 的流场进行训练。具体来说，将 1～150s 的流场数据重组为 136 组由 15 个连续时刻组成的数据(1～15s, 2～16s,⋯, 136～150s)。然后，从 141～150s 的 10 个连续时刻的流场开始，SGCNN 预测接下来时刻的流场变化，即 151s, 152s,⋯, 250s。

(1) 单圆柱绕流。

在预测结果中，截取了瞬态流动中 $t=201\sim205\text{s}$ 的 5 个连续时间步长的预测数据，并使用流场图对结果进行展示(图 8.7)。为了进一步详细说明空间预测的情况，图 8.8 中显示了沿截面线 $x=1.5$ 和 $y=1.5$ 方向，截取了 CFD 计算和 SCGNN 估计的速度大小。具体而言，对于 $y=1.5$，速度曲线表现出随时间变化的结果，表明速度随时间发生变化。同时从 $x=1.5$ 的曲线上反映出了圆柱后方的低速区域。此外，大多数红点都落在蓝色曲线上，表明 SCGNN 估计和 CFD 计算的速度大小值非常一致。这证实了 SCGNN 可以在 Re = 200 的情况下准确有效地预测圆柱周围的瞬态流场。

(2) 双圆柱绕流。

与之前的实验过程相同，图 8.9 通过流场图展示了 CFD 求解器和 SGCNN 对速度和压力分布的估计结果。可以看到，在两个圆柱的后方周期性地产生涡旋，这扰乱了流动并使其更加复杂。因此，预测绕两圆柱的流动变得更加困难。随后，还对比了图 8.10 中沿两条截面线($y=0$ 和 $x=1.5$)的预测结果与真实值。显然，可

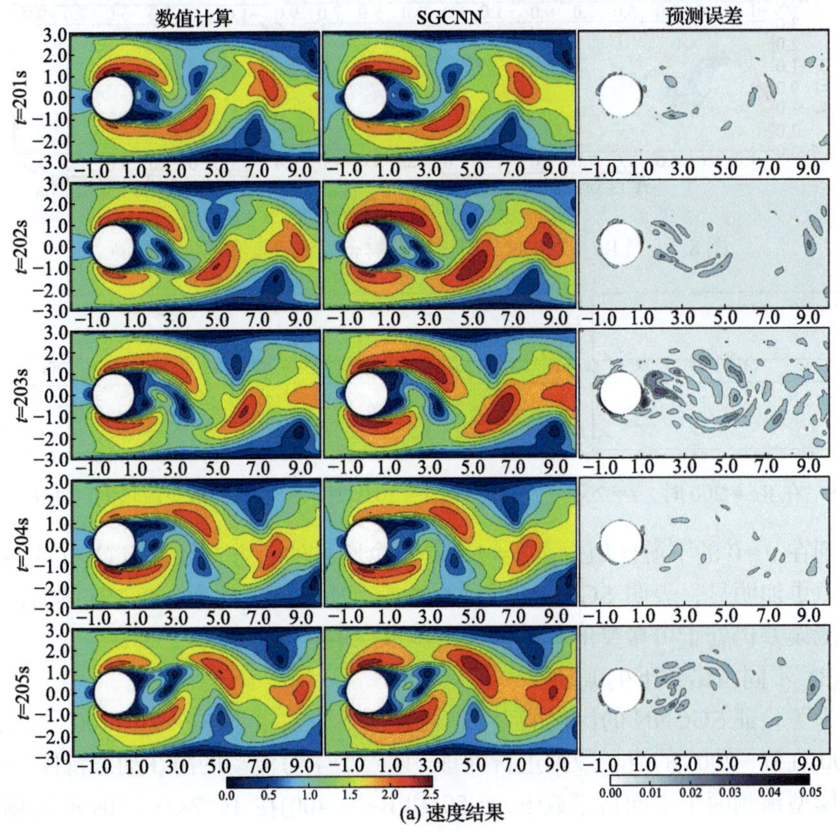

(a) 速度结果

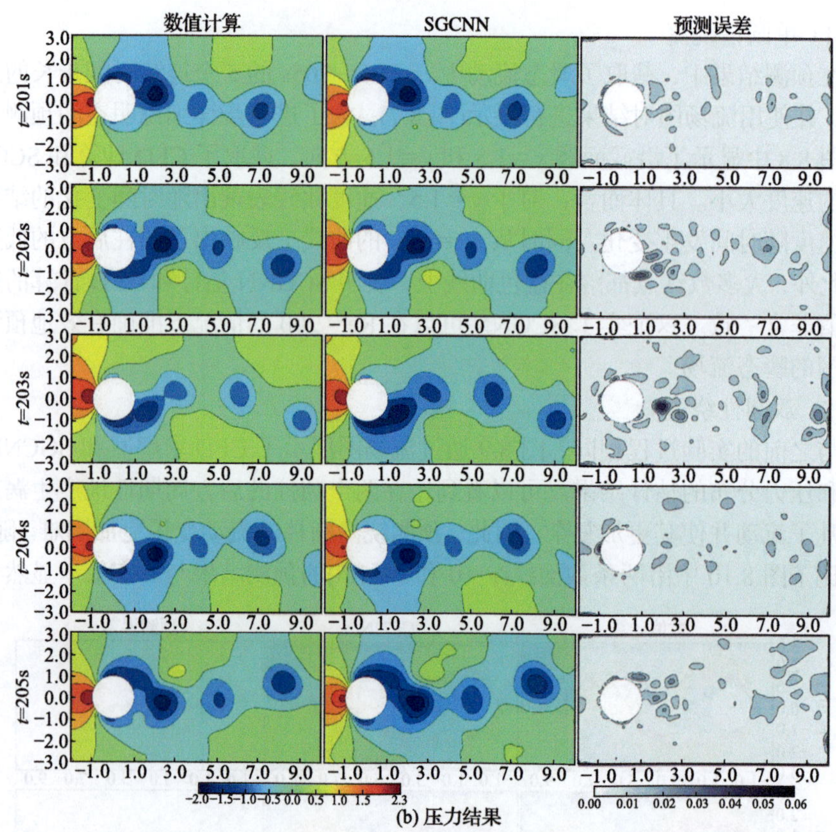

图 8.7 当 Re = 200 时，圆柱周围瞬态流的速度和压力场预测

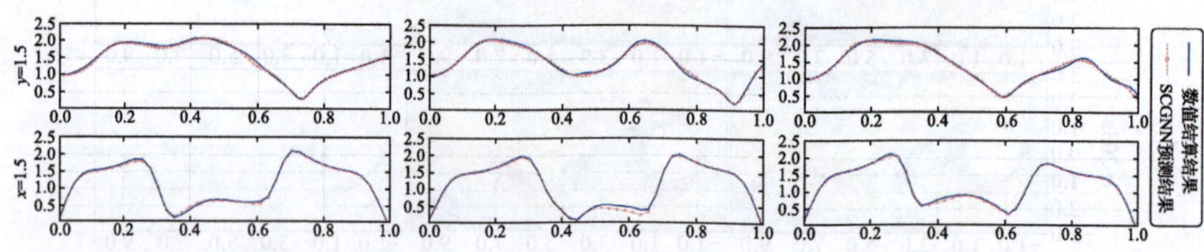

图 8.8 在 Re = 200 时，t = 201s、t = 203s 和 t = 205s 时单圆柱绕流瞬态流场的截线采样结果

以看到在 y = 0 的下游区域以及 x = 1.5 处两个圆柱的后方，红点与 CFD 曲线之间的偏差更加明显，表明 SGCNN 的预测性能有所下降。然而，5 个连续时间步长的预测误差仍处于可接受的范围内，大多数点的相对误差小于 5%。

(3) 不同雷诺数下的流动。

为了验证 SGCNN 的泛化能力，首先使用 5 个雷诺数(Re = 20、100、200、300 和 500)在 0～200s 的流场数据进行训练，让模型学习流动的潜在动态特性。接着，使用模型预测两个不同雷诺数(Re = 50 和 Re = 400)在 1s, 2s,⋯, 10s 的流场基础上，预测其从 11～250s 的瞬态流场。图 8.11 展示了雷诺数为 Re = 50 时，未来 201s、202s、203s、204s 和 205s 的预测结果。可以看到，分离的涡流位于圆柱的后方，流动的速度场、流线和沿 $x=1.5$ 的速度曲线在这 5 个时间步长中几乎没有变化。SGCNN 的预测误差非常小，最大相对误差小于 2%。此外，沿 $x=1.5$ 的预测速度值与 CFD 结果非常接近。

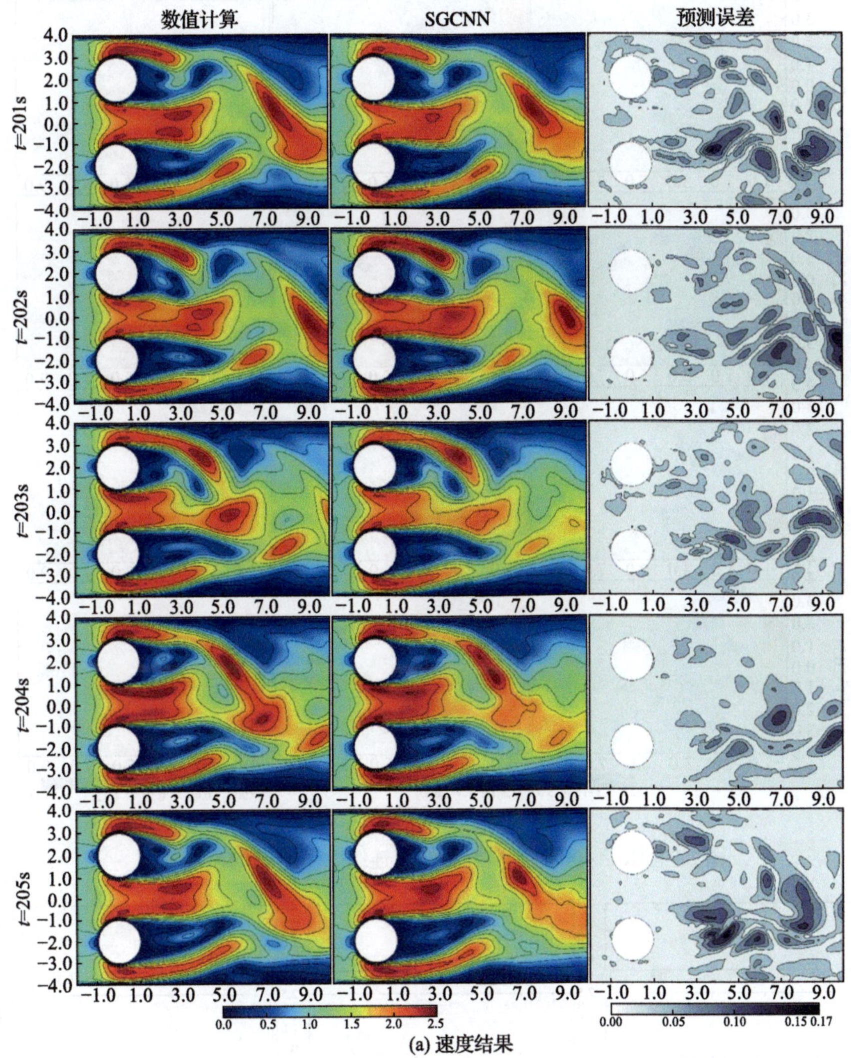

(a) 速度结果

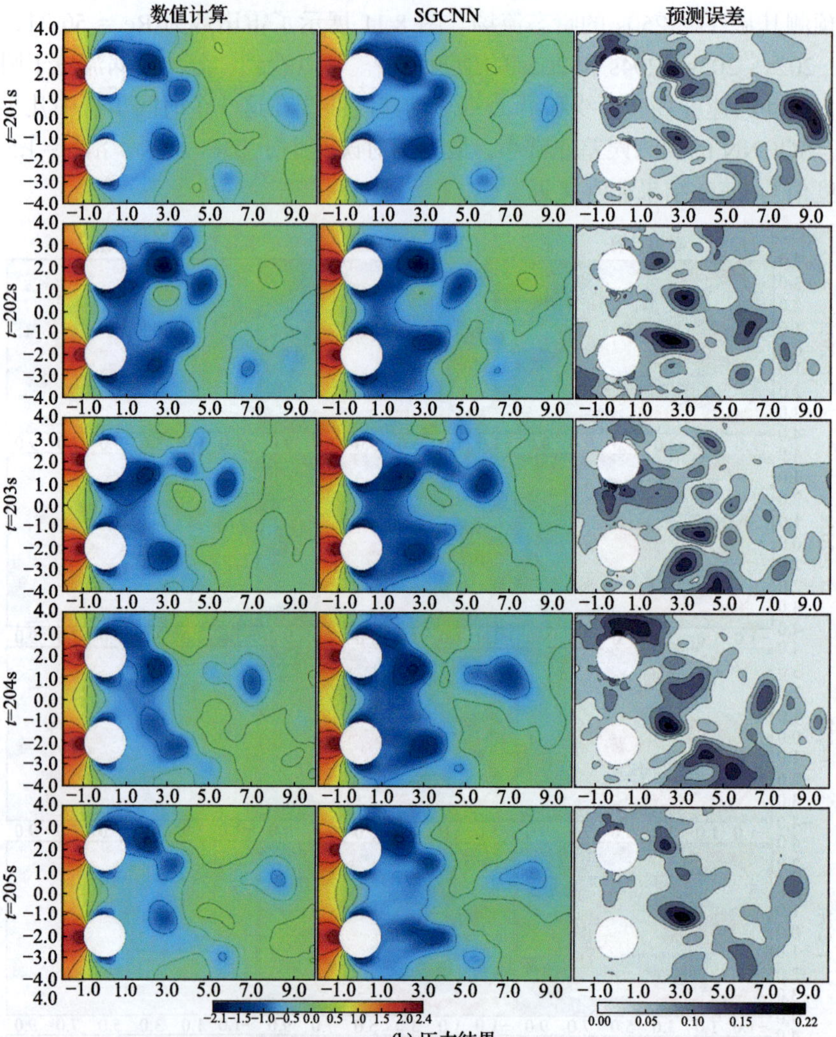

数值计算　SGCNN　预测误差

(b) 压力结果

图 8.9　Re = 400 时，双圆柱绕流连续 5 个时刻的流场预测

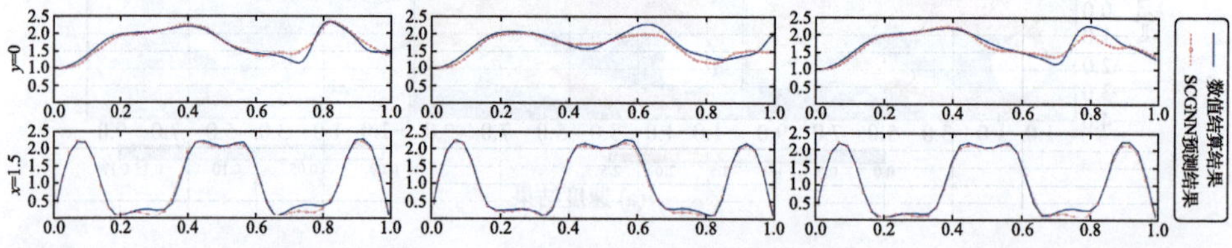

图 8.10　在 Re = 400 时，t = 201s、t = 203s 和 t = 205s 时双圆柱绕流瞬态流场的截线采样结果

雷诺数为 400 时，未来 201s、202s、203s、204s 和 205s 的速度预测结果如图 8.12 所示。可以看到，随着雷诺数的进一步增加，流动变得更加剧烈。圆柱后

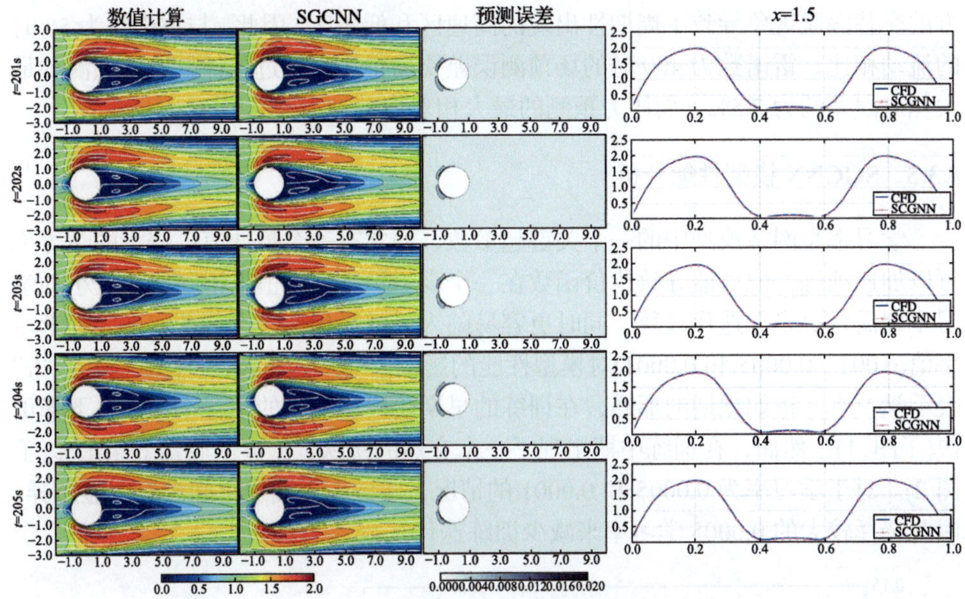

图 8.11　雷诺数为 50 时模型预测的速度场

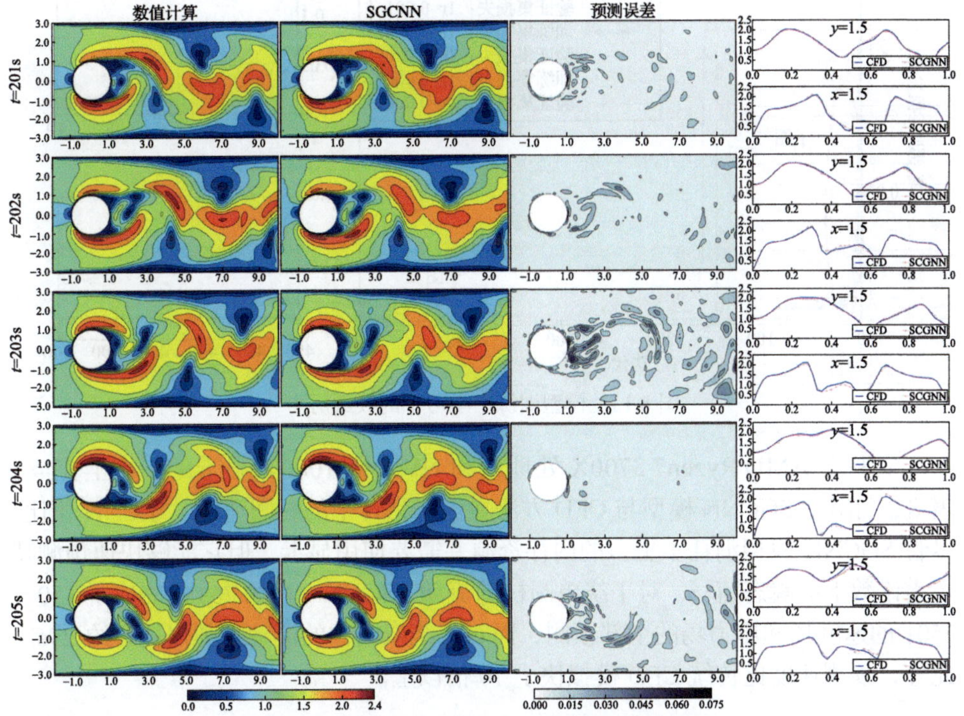

图 8.12　雷诺数为 400 时模型预测的速度场

方的交替涡脱现象导致了周期性出现的高速区和低压区。因此，与雷诺数为 50 时的流动相比，雷诺数为 400 时的场预测误差要高得多。经过统计，速度预测的最大相对误差约为 7.5%，而压力预测的最大相对误差约为 9%。

8.3.5 SGCNN 模型性能分析

学习率是网络模型中的一个关键超参数，通常有一个最佳值：较大的学习率可以加速训练，但可能导致代价函数在一个高于最小值的值上饱和；而较小的学习率则需要更多的迭代次数，同时更容易陷入局部最优值。本节考察了三种学习率值(0.001、0.0005 和 0.0001)对模型性能的影响，结果如图 8.13 所示，其中“lr”表示学习率。正如预期的那样，在训练的早期阶段，较大的学习率使损失下降更快(子图 1)。然而，在训练中期出现了一个突然的跳跃，最终的收敛效果最差(子图 2)。对于学习率为 0.0005 和 0.0001 的情况，收敛历史曲线之间没有明显差异，因此选择较大的 0.0005 学习率来减少训练迭代次数。

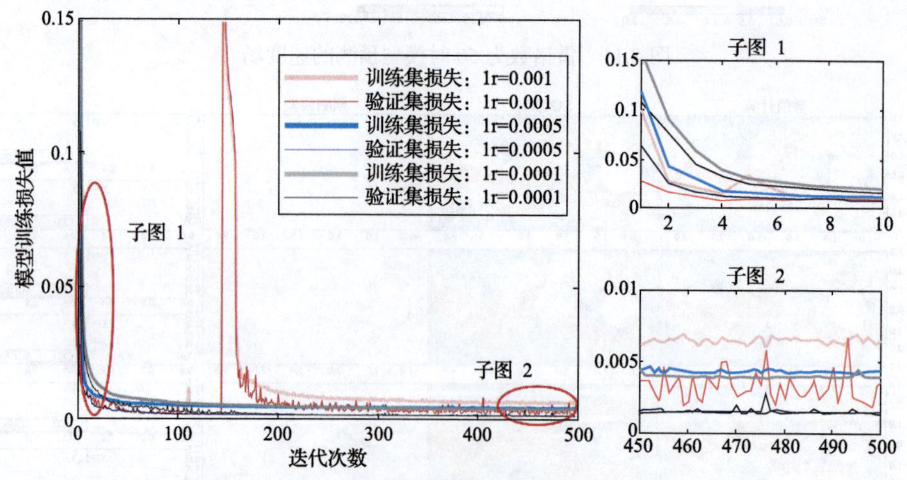

图 8.13 模型训练中学习率的收敛历史

实验在 AMD Ryzen7 3700X 处理器和 NVIDIA 1080Ti 显卡的平台上完成。表 8.2 列出了 SGCNN 模型与 CFD 方法在流场估计中的时间消耗。与 CNN 相比，尽管 SGCNN 模型消耗了更多的内存资源并需要使用显卡，但它能够快速预测特定雷诺数下的瞬态流场。对于绕单圆柱的流动，SGCNN 在约 76s 内完成了 150～250s 的速度场和压力场的全部预测，而对于绕双圆柱的流动，则仅耗时约 29s。此外，预测速度比传统 CFD 模拟快了 10 倍以上。

表 8.2　SGCNN 模型与 CFD 方法在计算成本方面的比较

Re = 200	模型种类	CPU 存储占用/GB	GPU 存储占用/GB	时间成本/s
单圆柱绕流	SGCNN	12.1	9.8	76
	CFD	7.2	—	1457
双圆柱绕流	SGCNN	7.2	5.8	29
	CFD	5.3	—	396

因此，可以得出结论：与 CFD 模拟相比，SGCNN 不仅能够准确预测绕圆柱的瞬态流场，还大大缩短了计算时间。

8.4　案例分析 2——循环神经网络耦合图卷积网络的机翼绕流瞬态流动降阶建模

8.4.1　案例说明

本节研究了不同翼型周围的瞬态流动，特别是针对非结构化流场数据的模型精细化处理[8]。翼型流动问题因其几何形状及攻角等变量的变化，会导致涡流、分离流和其他复杂的流动现象。为此，本节引入了图注意力网络(Graph Attention Network，GAT)，增强模型在处理不规则网格结构、捕捉复杂依赖关系、适应异质网格的能力，确保模型有效预测机翼周围的流场特征。全新降阶模型被称为时空序列图卷积网络(Spatiel Temporal Sequentiel Graph Convolutional Network，ST-SGCN)，其在对特定翼型的瞬态流动预测中，仅利用前 5 个时间步的流场数据，成功预测了后续 100 个时间步的速度场和压力场。此外，ST-SGCN 模型在不同攻角、翼型和雷诺数下的预测任务中稳健性较高，证明了 ST-SGCN 模型在分析复杂机翼绕流特征时的巨大潜力。

8.4.2　训练数据集的生成和预处理

本节的数值求解过程也为二维不可压缩瞬态流动，因此关于物理方程的情况不再赘述，主要介绍机翼绕流算例的设置。

为了验证 ST-SGCN 模型的预测性能，考虑了多种流动场景，包括不同的机翼类型、攻角(AOA)和雷诺数。代表性翼型流场的几何结构图 8.14(a)所示。具体而言，在翼型计算域中，NACA0012 翼型在攻角(AOA)为 12°时被用于参考配置。边界条件的详细信息如表 8.3 所示。

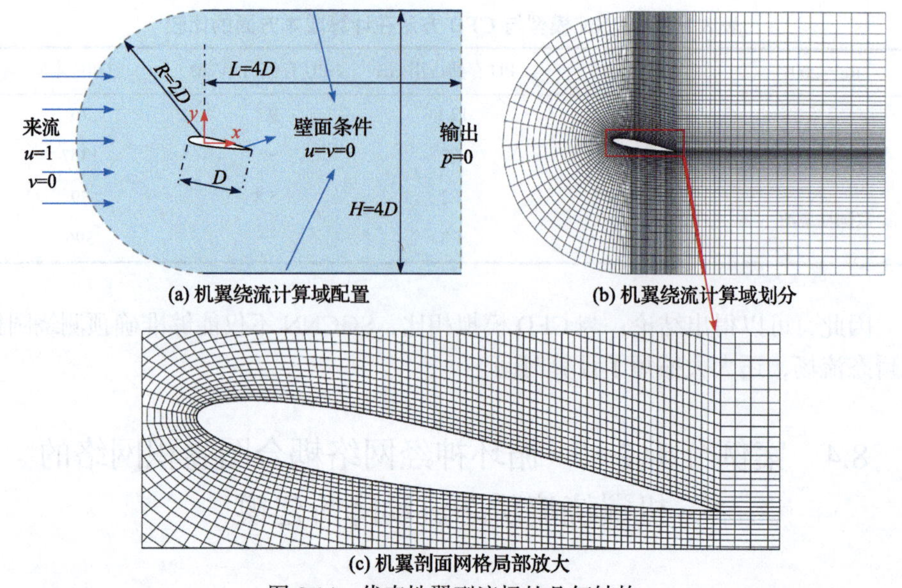

图 8.14　代表性翼型流场的几何结构

表 8.3　机翼算例计算域边界条件设置

边界类型	速度条件	压力条件
输入	Fixed Value (u_0, 0, 0)	Zero Gradient
输出	Zero Gradient	Fixed Value (0)
圆柱	Fixed Value (0, 0, 0)	Zero Gradient
上/下壁面	Fixed Value (0, 0, 0)	Zero Gradient
前/后壁面	Empty	Empty

采用开源工具 BlockMesh 来生成流场网格，采用六面体结构。为了捕捉翼型周围更复杂的流动变化，网格在翼型附近进行了细化。机翼算例同样进行了网格无关性研究，以确定合适的网格密度。数值计算使用 OpenFOAM 进行，瞬态翼型流场通过 OpenFOAM 中的 PimpleFoam 求解器进行计算。

为了验证模型预测结果的时序特征，在计算域内布设了探点用于采集数据。如图 8.15 所示，探针 A 位于机翼轮廓附近，探针 B 位于尾迹区域，另外还有穿过机翼的 $y=0$ 和穿过尾迹区域 $x=2$ 的数据采集截线。

8.4.3　降阶模型的构建

本节提出的 ST-SGCN 模型在结构上引入了全新的 GAT 模块，进一步改善模型在处理不规则网格结构、捕捉复杂依赖关系、适应异质网格的能力。其他结构与 SGCNN 保持一致。

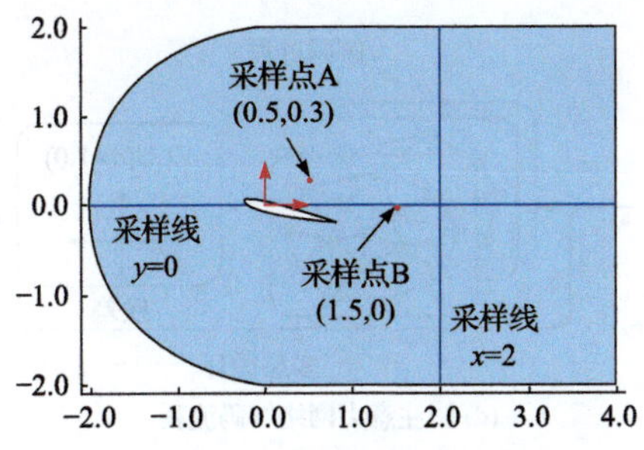

图 8.15　计算域中设置的数据采集位置

简单而言，ST-SGCN 模型使用 GCN 对物理场的内在物理特征信息进行编码，并通过 GAT 对时间维度上的物理特征信息进行编码。将这些编码信息输入到 GRU 单元后，ST-SGCN 学习其内在关联，从而生成未来流场的潜在信息。随后，GRU 单元输出的潜在信息经过解码，得到接下来时间步长的流场预测状态。具体结构如图 8.16(a)所示，ST-SGCN 包括编码器和解码器两个部分。在编码器中，内在特征物理场与跨越 M 个连续时间步长的时间物理场一起被编码。在解码器中，基于编码信息预测后续 N 个时间步长的时间物理场。

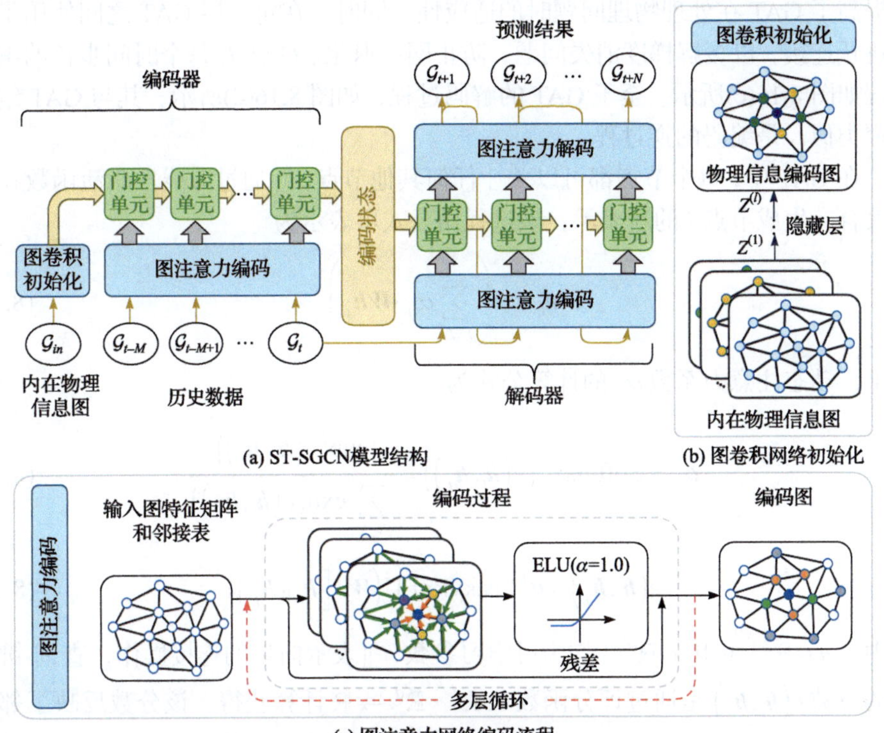

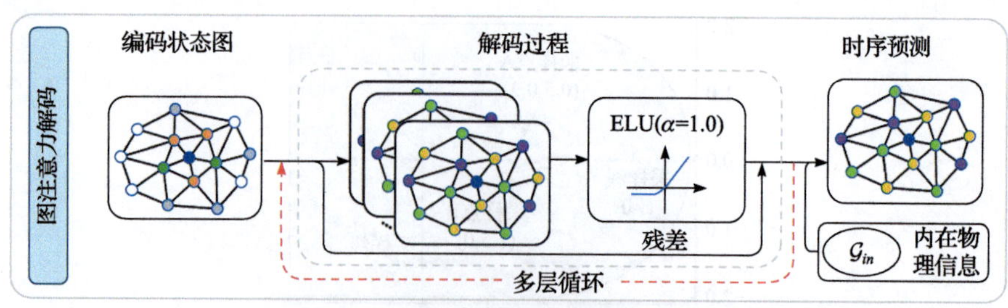

(d) 图注意力网络解码流程

图 8.16 模型构建示意图

需要注意的是，在 ST-SGCN 网络中，时间物理场的特征信息仅在初始输入时来自 CFD 仿真，而后续所有时间步长的输入是 ST-SGCN 预测结果与初始输入信息的组合。在深层 GRU 网络中，选择了两层隐藏层(L=2)以提升模型性能。

GAT 采用自注意力机制聚合相邻节点，这种方法使得不同邻居的权重可以自适应调整，从而提高模型的准确性。本节的 GAT 由多层组成，随着层数的加深，节点会从更多的节点中学习额外的特征，从而获得更丰富的特征隐藏信息矩阵。这提高了 GAT 在处理物理问题时的适应性。同时，在每一层 GAT 之间使用了残差跳跃连接，以缓解梯度消失问题，防止网络退化。GAT 在每个时间步长的编码过程如图 8.16(c)所示。至于 GAT 的解码过程，如图 8.16(d)所示，其与 GAT 编码过程类似，是编码的逆过程。

在 GAT 中，每个节点都可以关注任何其他节点，并通过非线性激活函数σ进行聚合，生成节点i的新表示，该过程用公式可表示为

$$\boldsymbol{h}_i' = \sigma\left(\sum_{j\in\mathcal{N}_i} \alpha_{ij} \cdot \boldsymbol{W}\boldsymbol{h}_j\right) \tag{8.14}$$

式中，动态注意力系数α_{ij}的计算公式为

$$\alpha_{ij} = \text{Softmax}_j\left(e\left(\boldsymbol{h}_i,\boldsymbol{h}_j\right)\right) = \frac{\exp\left(e\left(\boldsymbol{h}_i,\boldsymbol{h}_j\right)\right)}{\sum\limits_{j'\in\mathcal{N}_i} \exp\left(e\left(\boldsymbol{h}_i,\boldsymbol{h}_{j'}\right)\right)} \tag{8.15}$$

$$e\left(\boldsymbol{h}_i,\boldsymbol{h}_j\right) = \boldsymbol{a}^{\mathrm{T}} \text{LeakyReLU}\left(\boldsymbol{W}\cdot\left[\boldsymbol{h}_i \parallel \boldsymbol{h}_j\right]\right) \tag{8.16}$$

式中，$\boldsymbol{a}\in\mathbb{R}^{2d'}$和$\boldsymbol{W}\in\mathbb{R}^{d'\times d}$均为可学习参数，$\parallel$表示向量的连接操作，查询-键值对的分数$e\left(\boldsymbol{h}_i,\boldsymbol{h}_j\right)$是通过评分函数$e:\mathbb{R}^d\times\mathbb{R}^d\to\mathbb{R}$计算获得，该分数反映了邻居节点$j$对于节点$i$的重要性。注意力系数$\alpha_{ij}$是通过对所有邻居$j\in\mathcal{N}_i$的查询-键值

对分数使用 Softmax 函数进行归一化得到。图 8.17(a)展示了 GAT 中动态注意力系数的计算过程。为了增强注意力机制的泛化能力，GAT 使用了 K 组独立的单头注意力层进行连接(图 8.17(b))，并将连接操作替换为平均操作，该过程的数学过程可表示为

$$\boldsymbol{h}_i' = \Vert_{k=1}^{K} \sigma\left(\sum_{j\in\mathcal{N}_i} \alpha_{ij}^{(k)} \boldsymbol{W}^k \boldsymbol{h}_j\right) \tag{8.17}$$

$$\boldsymbol{h}_i' = \sigma\left(\frac{1}{K}\sum_{k=1}^{K}\sum_{j\in\mathcal{N}_i} \alpha_{ij}^{k} \boldsymbol{W}^k \boldsymbol{h}_j\right) \tag{8.18}$$

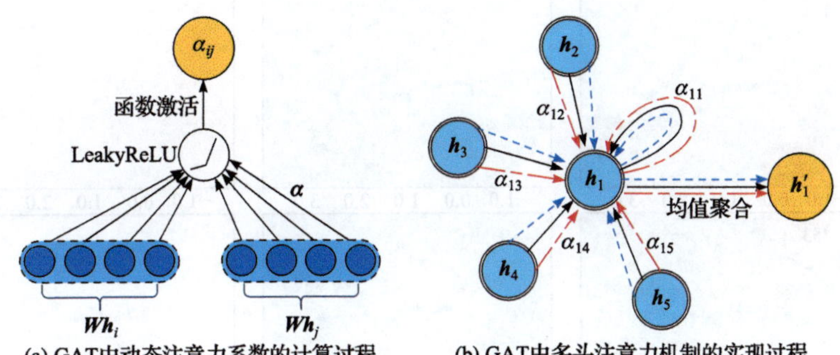

(a) GAT中动态注意力系数的计算过程　　(b) GAT中多头注意力机制的实现过程

图 8.17　GAT 中相关计算

ST-SGCN 模型中定义的损失函数与 SGCNN 模型损失函数一致，模型的训练过程为最小化预测流场与参考流场之间的损失。该过程选择 Adam 优化器对模型参数更新，整个训练过程迭代 500 个周期。在每个周期内，训练数据集以随机顺序输入网络的方式进行训练。训练过程中，学习率调度器会自动调整学习率。初始学习率设置为 10^{-3}，如果连续 15 个周期内没有观察到学习的改善，学习率将自动减半。如果提前达到了预期的性能，则训练过程会提前终止。为了进一步优化预测模型的训练效率，采用了教师学习方法，旨在指导和增强学习过程。ST-SGCN 模型使用 PyTorch 平台和 PyTorch Geometric 库实现，训练在 NVIDIA 2080Ti 图形处理单元上进行。最后，通过 L-BFGS 优化器进行微调。

8.4.4　预测结果与分析

本节主要对 ST-SGCN 模型的时空连续预测、不同类型机翼和不同攻角情况中的流场特征预测进行验证，同时探讨了雷诺数对模型预测能力的影响，并评估其在不同雷诺数工况下的自适应性。

(1) NACA0012 机翼绕流预测。

本节选择了 NACA0012 翼型，攻角为 10°，雷诺数为 10^4。该算例涉及对翼型

周围二维流场的连续预测，重点关注流场的层流状态。构建了一个包含 500 个连续时间步的 CFD 结果样本集，其中 80%(400 个时间步)用于模型训练。训练后，模型基于 396～400 时间步的数据，预测接下来 100 个时间步的流场状态。剩余 100 个时间步的 CFD 数据用作基准，与模型预测结果进行比较。在预测分析中，从瞬态流动的 5 个特定时间步(t = [451, 453, 455, 457, 459])提取模型预测结果，如图 8.18(a)所示。经过比较，ST-SGCN 模型预测的速度场与 CFD 结果之间有良好的一致性。尤其是图 8.18(a)右侧突出显示了网络模型与 CFD 之间的误差分布，揭示了最大的误差发生在尾迹区域，特别是在速度梯度较大的区域。

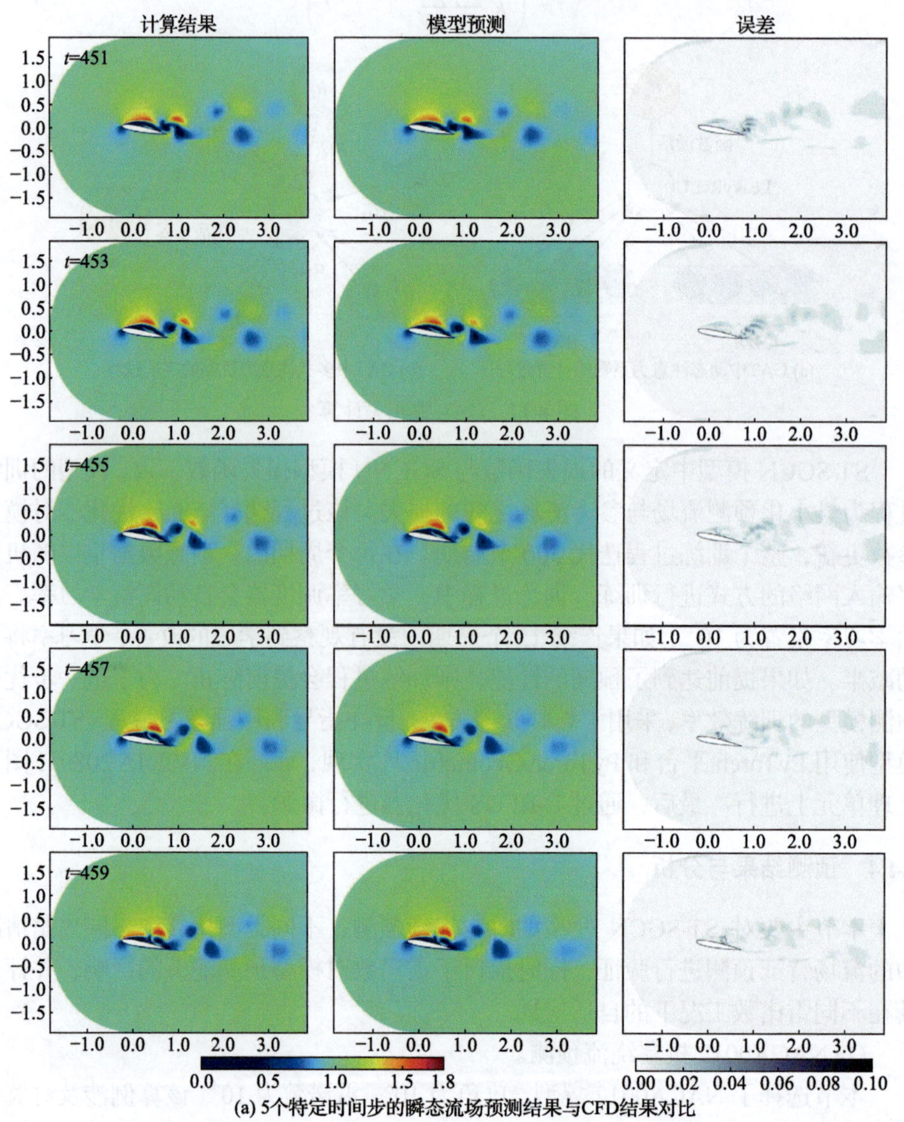

(a) 5个特定时间步的瞬态流场预测结果与CFD结果对比

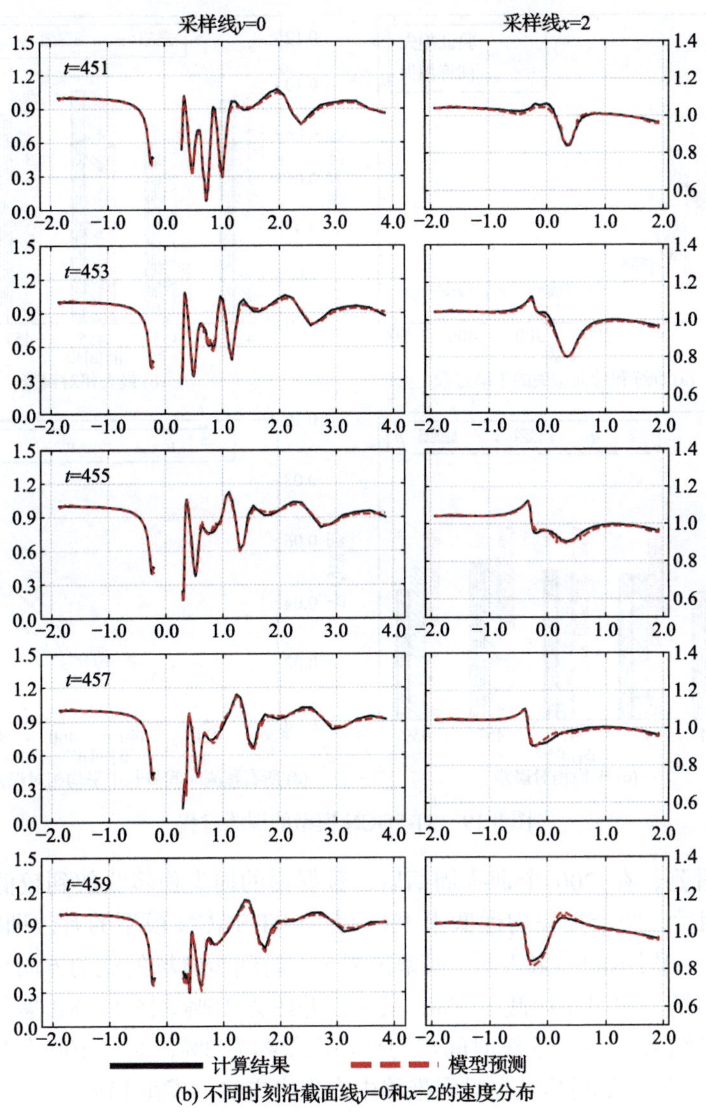

(b) 不同时刻沿截面线y=0和x=2的速度分布

图 8.18　实验结果分析

此外，通过在流场中策略性布置的特征采样点进一步阐明时空预测结果。图 8.18(b)展示了模型在 $y=0$ 和 $x=2$ 截面线上的采样点预测的速度大小，与实际值进行对比。特别是在 $y=0$ 线上，速度曲线表现出显著的时间波动，尤其是在翼型后方区域，表明流动随时间变化。$x=2$ 线上的变化模式类似。此外，绝大多数预测曲线与实际曲线的吻合度较高，表明 ST-SGCN 估计的速度与 CFD 计算的结果非常接近。

最后，图 8.19(a)中记录了 ST-SGCN 模型的训练过程。

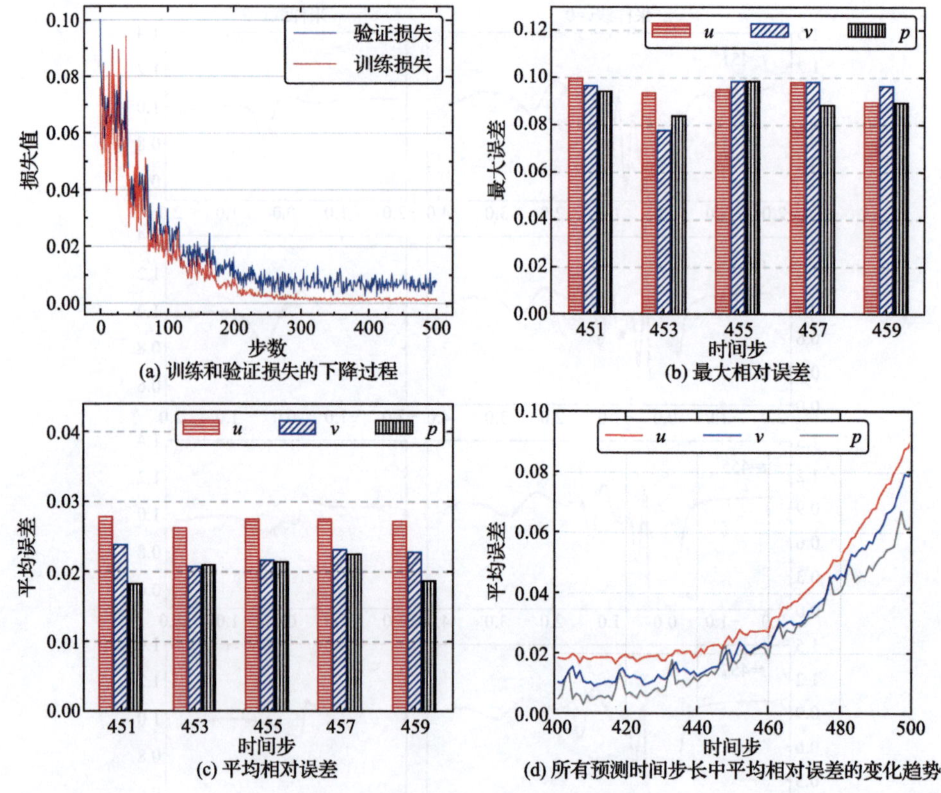

图 8.19 ST-SGCN 模型的训练过程

可以看到，在 200 个训练周期后，数据集的损失稳步收敛到较低水平。在 500 个周期后，两个损失均远低于 1%，表明 ST-SGCN 模型的有效训练和收敛。图 8.19(b)、(c)展示的结果表明，模型预测 5 个时间步流场的流动方向和垂直速度场以及压力场平均误差均低于 3%，最大误差约为 10%。图 8.19(d)展示了长时间预测的测试结果，50 个连续时间步的平均误差约为 3%，而在 100 个时间步时增加至 9%。此外，预测结果在时间推移中表现出更快的发散趋势。

(2) 不同工况下的机翼绕流预测。

下面将通过引入翼型类型和攻角的变化来探索模型的泛化能力，同时保持雷诺数为 10^4。具体而言，训练数据集将扩展为包含多种攻角，如图 8.20(a)所示，包括 2°、4°、6°、8°、10°和 14°。同时，图 8.20(b)展示了一系列翼型轮廓，包括 NACA0012、NACA0018、NACA1212、NACA1215、NACA2415 和 NACA2418。这次扩展总共形成 36 种组合。每种组合收集 100 个连续时间步的流场数据作为训练样本，总计达 3600 个样本。

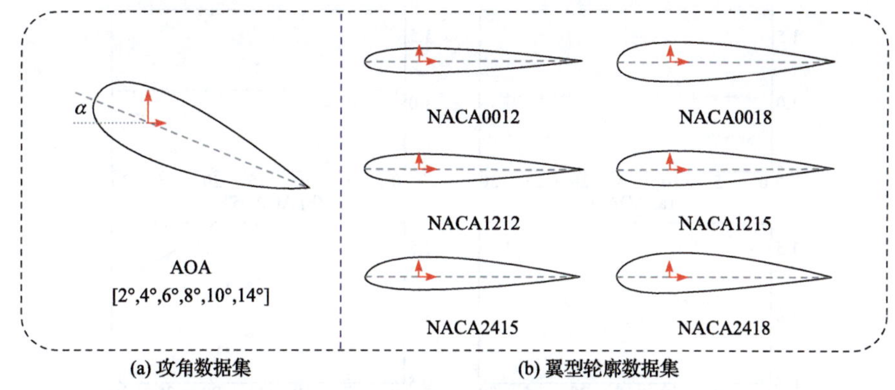

图 8.20　模型训练期间使用的攻角和翼型轮廓

首先是 ST-SGCN 模型对机翼攻角变化的自适应测试。测试将涉及训练集之外的攻角，具体为[0°、5°、12°、15°]。对于每个测试角度，首先将 5 个时间步的流场数据输入模型，然后连续预测接下来的 95 个时间步。这些攻角下瞬时流场预测的结果如图 8.21 所示。模型对速度场的预测普遍与 CFD 结果一致。如图 8.21 中的误差分布所示，在 AOA = 0°时，模型预测与 CFD 计算之间的平均误差相对较小。当攻角增加到 5°时，流动开始分离，尾迹区域观察到显著的梯度变化，此时预测误差主要集中在该区域，而其他区域的预测相对准确，导致整体平均误差轻微增加。然而，在 AOA = 12°和 15°时，流动分离和涡脱落的加剧增加了预测的难度，导致流场中的误差分布更广，平均误差更高。

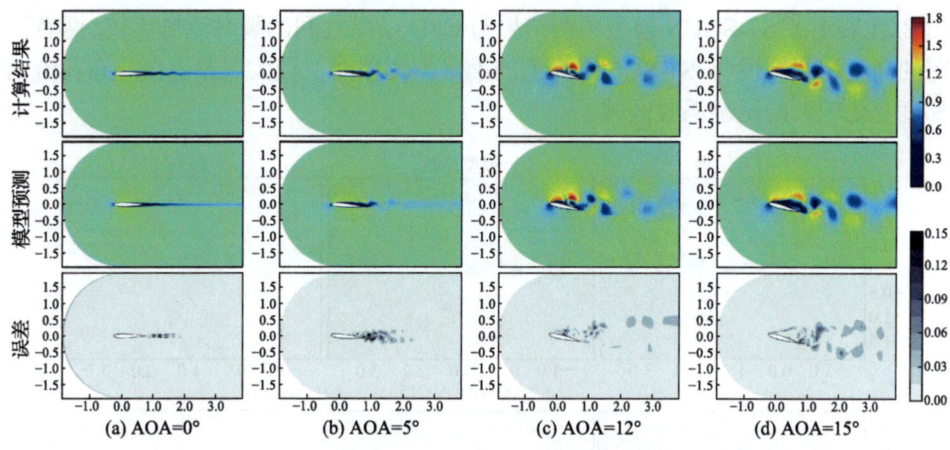

图 8.21　同一时间步长内不同攻角的瞬态流预测与 CFD 结果的比较

在图 8.22 中，ST-SGCN 模型在探针位置 A 和 B 的速度预测分别用蓝色菱形和橙色圆圈表示，连续时间步的结果与红色和紫色曲线(对应 CFD 计算结果)相对应。大多数点与这些曲线的对齐表明模型准确反映了流场的时空变化模式。

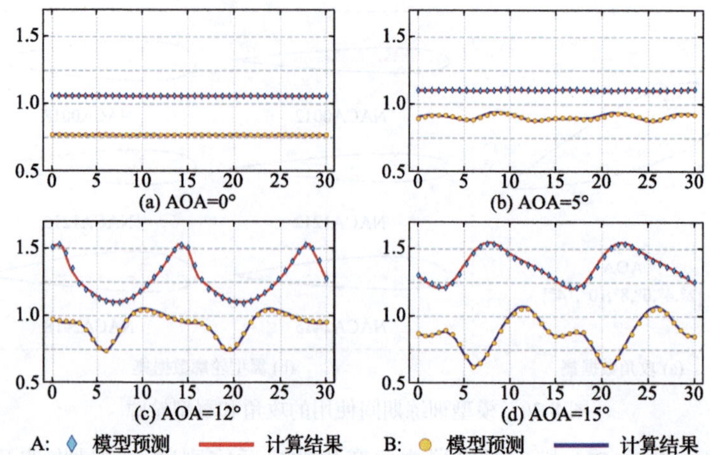

图 8.22　探针点 A 和 B 处同一时刻模型预测与 CFD 结果的速度随时间变化比较

随后是 ST-SGCN 模型对机翼类型变化的自适应测试。选择的机翼类型有 NACA0015、NACA1218 和 NACA2412，如图 8.23 所示。

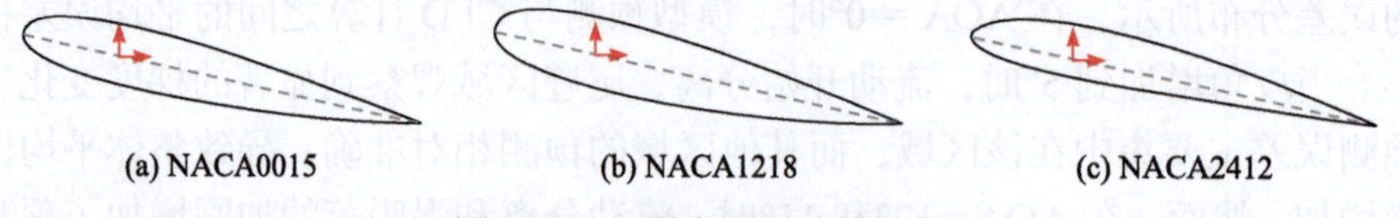

图 8.23　机翼类型测试数据集

为了保持研究的一致性，所有流场数据均来源于第 50 个时间步长的快照。图 8.24 展示了 ST-SGCN 模型预测结果与 CFD 结果之间的瞬时流场比较。两者云图的高度相似性说明 ST-SGCN 模型的准确预测性能，较大误差也仅分布在流动梯度变化较大的尾迹涡脱区域。

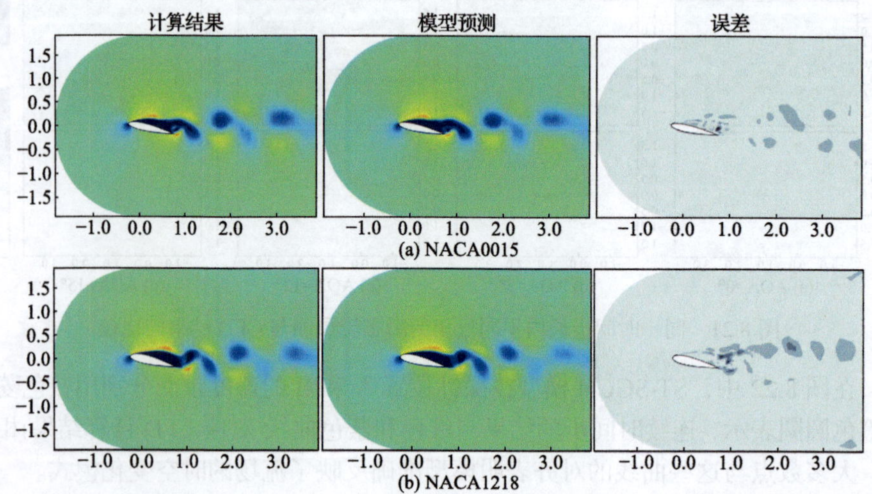

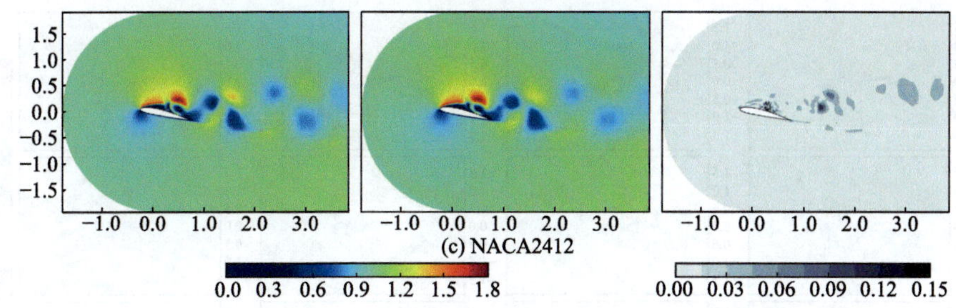

图 8.24　同一时间步长下不同翼型的瞬态流预测与 CFD 结果的比较

在图 8.25 中，ST-SGCN 模型在探针位置 A 和 B 的速度预测结果分别以蓝色菱形和橙色圆圈表示，覆盖连续时间步长。伴随的红色和紫色曲线则展示了相应的 CFD 计算结果。大部分点与这些曲线的对齐表明模型准确反映了流场的时空变化模式。

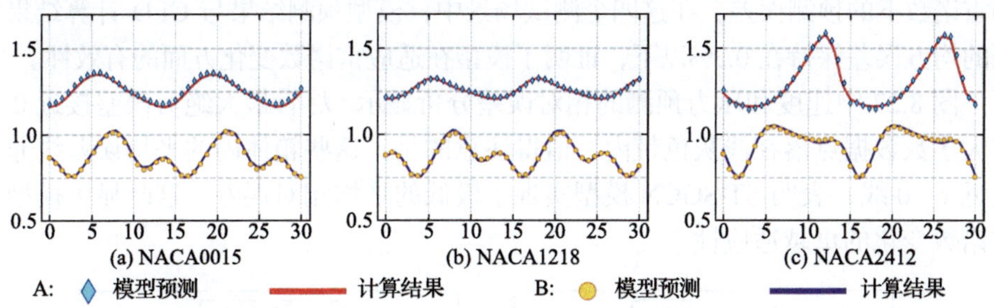

图 8.25　同一时刻探测点 A 和 B 位置处模型预测与 CFD 结果的速度随时间变化比较

(3) 雷诺数对模型预测性能影响。

雷诺数是评估流体条件的重要依据，它显著影响不同水平下机翼的气动稳定性。在低雷诺数下，尽管流动保持稳定，但机翼前缘附近可能会发生气流分离，导致升力降低和阻力增加。相反，高雷诺数可以增加流动的不稳定性，但也会延迟流动分离，从而有助于保持气流在机翼表面的大部分区域上附着。简而言之，雷诺数的波动为机翼周围的动态流场带来了额外的复杂性，这对模型的预测精度提出了更高的挑战。

为探索模型对不同雷诺数的适应性，使用雷诺数为 7000、9000、10000、11000 和 13000 的流场数据作为训练集，使 ST-SGCN 模型能够学习捕捉这些不同雷诺数下流场的时空变化。在测试中，使用雷诺数为 5000、8000、12000 和 15000 的数据。图 8.26 展示了在相同时间步长下的流场预测结果。

可以明显看到，在较低的雷诺数下，流动分离在机翼前缘附近开始，导致早期涡旋脱落。随着雷诺数的增加，流动分离点逐渐向后移动。值得注意的是，在雷诺数为 15000 时，流动分离发生在机翼的后缘之外。图 8.26 中展示了模型在这些不

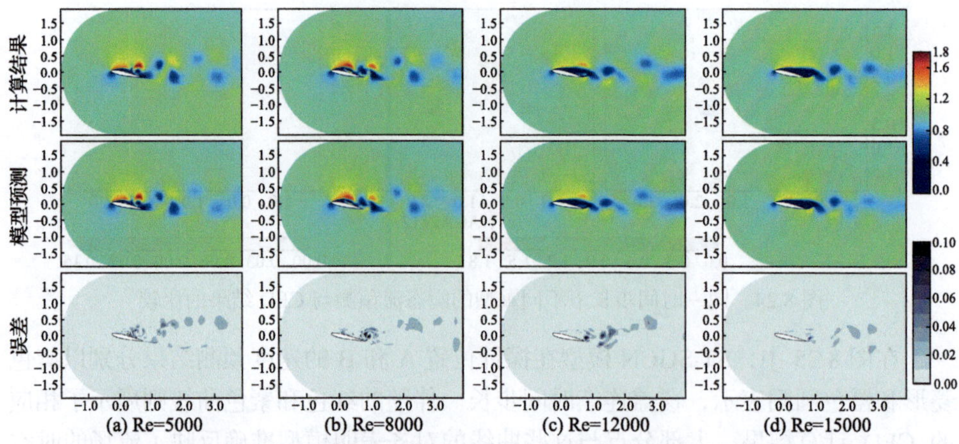

图 8.26　相同时间步长下不同雷诺数的 ST-SGCN 模型预测与 CFD 结果的比较

同雷诺数下的预测误差，在这四个测试场景中，模型预测结果与 CFD 计算结果之间的均方误差保持在 0.2%以下，证明了模型在适应雷诺数变化方面的有效性。

图 8.27 中速度和压力预测的相对误差分析显示，尽管最大绝对误差接近 0.1，但大多数数据点落在浅灰色带内。值得注意的是，这些箱体内的平均误差线非常接近 $x=0$ 线，表明 ST-SGCN 模型实现了极低的平均相对误差。这凸显了模型对雷诺数变化的卓越适应性。

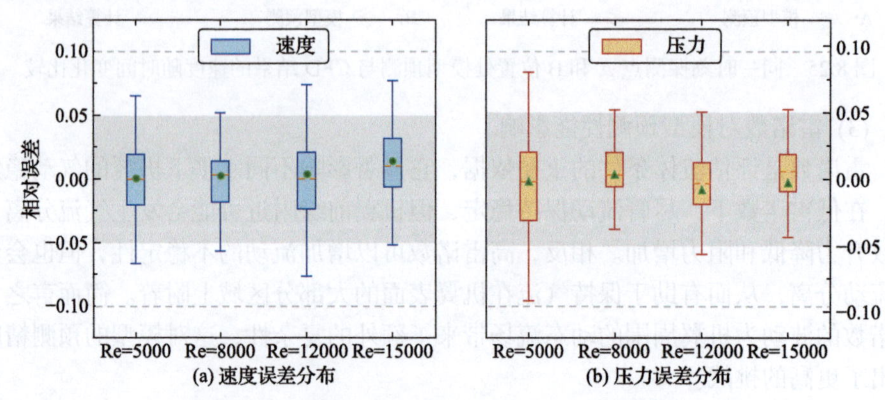

图 8.27　ST-SGCN 模型在不同 Re 工况下的预测误差

最后，本节分析了 ST-SGCN 模型的计算成本。模型是在一个由 AMD Ryzen7 3700X CPU、NVIDIA 2080Ti 显卡和 32 GB 内存组成的计算平台上搭建。尽管 ST-SGCN 模型相比于传统的 CFD 计算需要更多的内存和显卡，但它在快速预测气动翼周围的瞬态流场方面表现出色。表 8.4 展示了 ST-SGCN 模型与 CFD 方法在流场估计上的时间效率。经过训练的神经网络仅需 90s 就能预测 100 个时间步的流场，而 OpenFOAM 执行同样任务至少需要 2100s。这表明 ST-SGCN 模型的速度约为传统 CFD 方法的 23 倍。

表 8.4　ST-SGCN 模型与 CFD 方法在计算成本方面的比较

算例	模型	CPU 存储占用/GB	GPU 存储占用/GB	时间成本/s
特定攻角	ST-SGCN	15.5	11.1	93
	CFD	7.2	—	2392
特定翼型	ST-SGCN	15.5	11.1	89
	CFD	6.8	—	2153
特定雷诺数	ST-SGCN	15.5	11.1	88
	CFD	7.6	—	2571

8.5　本章小结

本章结合图神经网络与循环神经网络，构建了用于气动流场降阶分析的瞬态流场预测模型。结合圆柱绕流和机翼绕流两种典型案例，探索了降阶模型自适应雷诺数变化、圆柱数量和机翼形状变化的构建与训练方法。并通过与高精度数值计算结果的比较,验证了降阶模型具有更高的预测准确性和更低的计算时间成本。

所提出的 SGCNN 模型与 ST-SGCN 模型都在时空流动预测任务中取得了优异的表现，但需要认识到，随着流动过程复杂性的增加，其预测能力往往会减弱。此外，随着预测时间步的增加，模型预测结果的累计误差也逐步提升。这些现象均强调了对模型持续改进的必要性。为此，可进一步整合 PINN 和 Transformer 模型来优化网络架构，以提升性能。PINN 通过最小化损失函数并在训练过程中嵌入物理信息约束，显著改善模型性能。因此，PINN 的整合有望大幅增强模型对物理现象的理解。另一方面，Transformer 模型依赖于多头自注意机制，计算“查询-键-值”对之间的相似性，为每个位置分配权重。这使得有效捕捉输入序列中位置之间的相互依赖成为可能，并具有提供并行计算、处理长期依赖关系、捕捉全局信息和灵活性等优势。利用这些方法，改良的模型能够更准确地预测瞬态流动，并更好地适应复杂流动场景。

参 考 文 献

[1] 胥涯杰, 鲜勇, 李邦杰. 基于 BP 神经网络改进遗传算法的导弹总体参数快速优化方法[J]. 电光与控制, 2022, 29(2): 20-24.

[2] 张立峰, 王智. 基于多元经验模态分解与卷积神经网络的气液两相流流型识别[J]. 计量学报, 2023, 44(1): 73-79.

[3] 刘建伟, 宋志妍. 循环神经网络研究综述[J]. 控制与决策, 2022, 37(11): 2753-2768.

[4] 蒋雷, 汤海林, 陈瑜瑾. 基于 Transformer 模型的自然语言处理研究综述[J]. 现代计算机, 2024,30(14): 31-35.

[5] 李嘉, 周正, 文婧, 等. 基于深度学习的大流量高速公路交通预测方法研究[J]. 中国交通信息化, 2024, (7): 102-105, 112.

[6] Reddy S B, Magee A R, Jaiman R K, et al. Reduced order model for unsteady fluid flows via recurrent neural networks[C]//International Conference on Offshore Mechanics and Arctic Engineering, 2019, 58776: V002T08A007.

[7] Xie H R, Hua Y, Li Y B, et al. Estimation of sequential transient flow around cylinders using recurrent neural network coupled graph convolutional network[J]. Ocean Engineering, 2024, 293: 116684.

[8] Xie H R, Wang Z Q, Li Y B, et al. Fast spatiotemporal sequence graph convolutional network-based transient flow prediction around different airfoils[J]. Physics of Fluids, 2024, 36(10): 105114.